粉丝生产技术

FENSI SHENGCHAN JISHU

杜连启　主编

李香艳　副主编

化学工业出版社

·北京·

内容简介

本书简要介绍粉丝生产概况相关理论，重点介绍了粉丝生产原料和各类粉丝生产技术，同时介绍了生产企业建设指南及粉丝生产副产品的综合利用途径。

本书内容条理清晰，理论和实际相结合，具有实用性和可操作性，可供我国生产粉丝（条）的食品加工企业、乡镇企业、个体户，以及从事各种粉丝（条）加工技术研究的科研人员及有关食品专业院校师生参考。

图书在版编目（CIP）数据

粉丝生产技术 / 杜连启主编. —北京：化学工业
出版社，2022.7
　ISBN 978-7-122-41146-4

　Ⅰ.①粉…　Ⅱ.①杜…　Ⅲ.①粉丝-食品加工
Ⅳ.①TS236.5

　中国版本图书馆 CIP 数据核字（2022）第 057986 号

责任编辑：张　彦
文字编辑：张熙然　陈小滔
责任校对：王　静
装帧设计：刘丽华

出版发行：化学工业出版社
　　　　　（北京市东城区青年湖南街 13 号　邮政编码 100011）
印　　装：三河市延风印装有限公司
710mm×1000mm　1/16　印张 14¾　字数 283 千字
2022 年 8 月北京第 1 版第 1 次印刷
购书咨询：010-64518888　　　　售后服务：010-64518899
网　　址：http://www.cip.com.cn
凡购买本书，如有缺损质量问题，本社销售中心负责调换。

定　　价：69.00 元　　　　　　　　　　版权所有　违者必究

前言

粉丝（粉条）是我国的传统美食材料，在我国至少已有 1400 年的历史。不仅我国人民喜欢食用粉丝，东亚、东南亚很多国家的人民亦对粉丝钟爱有加。但从总体上看，95%以上的粉丝生产企业集中在我国，其他国家（如越南和泰国）的产量很少。随着科学技术的不断发展和新技术在粉丝生产中的应用，我国粉丝的生产发生了巨大的变化，由传统手工生产发展到利用各种机械部分代替手工生产，再到全部机械化生产；粉丝的品种也不断增加，由传统粉丝到方便粉丝、无明矾粉丝、保鲜粉丝，粉丝的年产量逐年增加，2019 年达到 134.30 万吨。目前，国内粉丝、粉条行业中，大中型生产企业产品占据了大部分市场份额。随着我国城市化进程的加快，人民消费水平的逐步提高，以及国家扩大内需政策的实施，"十四五"期间，国内消费市场将迎来快速发展。粉丝产品也将面临更广阔的市场——消费者更加注重品牌消费，关注粉丝的安全性，对中高端粉丝产品的需求将逐步增加。

近年来，随着科学技术的不断发展，粉丝生产的理论和技术都有很大的发展，为了适应我国粉丝行业的发展，将最新的技术介绍给广大读者，我们编写了本书。本书由杜连启主编，李香艳副主编，参加编写工作的还有张文秋、李德全、韩连军、张建才、朱凤妹、何丽玲、姜会、李润丰。

由于时间仓促，加之作者的水平有限，不妥之处在所难免，恳切希望广大读者、同仁及专家提出宝贵意见，在此表示感谢。

杜连启

2022 年 5 月

目录

第一章
概述

第二章
粉丝生产的理论基础

第三章
粉丝生产原料

第四章
豆类粉丝生产技术

第五章
薯类粉丝生产技术

第六章
新型粉丝生产技术

第七章
无矾粉丝生产技术

第八章
粉丝生产企业建设指南

第九章
粉丝生产副产品综合利用

附录

参考文献

第一章
概述

第一节　粉丝生产概况

一、粉丝生产的历史

粉丝又称粉条、线粉、细粉、干粉等，是中国常见的传统食品之一，它是利用淀粉糊化后形成具有弹韧性的胶体，从而制成的一种淀粉产品，其丝条匀细，纯净光亮，整齐柔韧，洁白透明，烹调时入水即软，吃起来清嫩适口，爽滑，风味独特。它不仅在国内具有良好的市场，在国际上也很受欢迎。作为受广大消费者喜爱的传统食品，它具有老少皆宜、食用便捷、贮藏良好、口感独特等特点。粉丝的直径一般在 0.5～0.7mm，这也是它的"丝"之名的由来。

利用淀粉加工粉丝，在我国至少已有 1400 年的历史。民间虽有孙膑发明粉丝的传说，因无文字记载不能为据。北魏贾思勰所著《齐民要术》中，粉英（淀粉）的作法是"浸米""淘其醋氮""熟研""袋滤""杖搅""停置""清澄"。"其中心圆如钵形，酷似鸭子白光润者，名曰粉英"。和现在酸浆法提取淀粉的工艺基本一致，并在粉饼法中记载："割取牛角，似匙面大，钻作六七小孔，仅容粗麻线。若作'水引'形者，更割牛角，开四五孔，仅容韭叶。取新帛细绅两段，各方尺半，依角大小，凿去中央，缀角著绅，以钻钻之，密缀勿令漏粉……裹盛溲粉，敛皿角，临沸汤上搦出，熟煮"。尽管其生产方法相当简单，但与现在机械化漏粉丝的原理基本相同。

宋代陈达叟著《本心斋疏食谱》中写道："碾破绿珠，撒成银缕"，形象地描述了绿豆粉丝的作法。粉丝在宋代称为"索粉"，"索粉"一词最早见于北宋孟元老所撰《东京梦华录》一书中，书中还记述了汴京市场上"索粉"出售的情况。明代李时珍《本草纲目》载："绿豆处处种……磨而为面，澄滤取粉，可以作饵顿糕，荡皮搓索，为食中要物"，记载中的搓索就是做粉丝。"粉丝"的名称至清代才开始出现，清汪自祯《湖雅》一书中有"搓豆粉作细长条，挂入沸汤成索粉，亦曰粉丝，亦曰米粉"。

粉丝的销售历史也十分久远，明初年间就已经有粉丝销往国外，到明末清初，各种专门经营粉丝业务的粉庄应运而生，1916 年龙口港开埠后，粉丝便可直接运往中国香港等地和东南亚各国，龙口成为粉丝的集散地，龙口粉丝也因此而得名。另外，河北省的粉丝、粉条生产企业也呈现区域聚集现象。河北省卢龙县粉丝加工有近一个世纪的历史，卢龙县是中国北方甘薯主产区，有"薯县""粉乡"之称，粉丝年产量 8 万吨左右卢龙粉丝于 2004 年获得地理标志产品保护。外国友人将粉丝称为"玻璃面条""龙须""春雨"，经过 300 多年的发展，如今的粉丝选用优质的淀粉原料，结合传统的制作工艺，采用现代科学生产技术精制而成，其丝条匀细，整齐柔韧，纯净光亮，洁白透明，入水即软，食用方便快捷，不易糊汤和断条，清嫩适口，爽滑耐嚼，具有良好的赋味性，凉拌、热炒、煲汤均可，具有较高的品尝价值。

二、粉丝工业的现状和发展趋势

1949 年以前，粉丝加工都是一些很简陋的个体手工作坊，生产效率低，卫生条件差。从 1960 年以后，生产动力由牲畜改为柴油机，后又发展到电动机。生产设备逐步进行更新换代，生产规模逐步扩大，产量逐步增加。很多工序也都由手工操作逐渐发展到半机械化和机械化生产。随着生产规模的逐步扩大，相应建立了专门生产粉丝加工机械的粉丝设备加工厂，如山东省粮油进出口分公司还在招远设立了龙口粉丝实验厂，作为龙口粉丝开发、研究、检测的中心。

生产工艺和设备的不断改进，使我国每年粉丝的总产量逐年增加，据统计，2012 年粉丝总产量为 110.20 万吨、2013 年为 114.10 万吨、2014 年为 117.80 万吨、2015 年为 120.50 万吨、2016 年为 124.40 万吨、2017 年为 127.70 万吨、2018 年为 131.00 万吨、2019 年为 134.30 万吨。

我国粉丝生产区域主要分布在山东省、河北省、四川省、湖南省、河南省、江苏省等地区，其中山东省粉丝产量最高，占全国粉丝产量比重的 46%，其次是河北省，粉丝生产量占比为 10%，然后是四川省，占比为 6%，湖南省、河南省以及江苏省粉丝产量占比均为 5%，其他省（区市）粉丝生产量占比均在 5% 以下。虽然全国许多地方的粉丝都在迅速发展，如汉口粉丝、湖南粉丝、河北粉丝、上海粉丝、北京粉丝、天津粉丝等都有了很大的发展，部分产品已进入国际市场，但其产品质量和生产数量都远不及龙口粉丝。

从粉丝生产企业数量看，目前，我国有 200 多家粉丝生产企业取得了食品生产许可证和卫生许可证，区域分布特征明显。生产企业主要集中在山东、四川、河北三省，三省份粉丝企业数占全国 60% 左右。其中，山东省招远市粉丝生产企业数量占全国粉丝企业总数的 40% 以上，是龙口粉丝的主要产地，该地区龙口粉丝年产量占全国粉丝总数的 80% 以上。招远也因此被命名为"中国粉丝之都"。

虽然我国粉丝行业发展较快，但是也存在一些问题。目前，国内粉丝行业发展存在的问题主要有：产品质量标准体系和生产控制体系问题、行业集中度不高、行业竞争激烈、行业知名品牌缺乏、行业标准缺失、新产品及新产品类型开发不足等。

针对上述问题，今后我国粉丝行业的发展主要应该体现在以下几个方面：建立粉丝从加工原料、加工过程、销售、运输、消费全过程的质量监督体系；建立粉丝行业协会，推动企业进行技术创新，制定统一的质量标准，规范市场，促进当地粉丝行业的健康发展；加强粉丝加工技术的基础理论研究，使粉丝加工科学化、合理化、规范化；加快研制开发新产品的步伐，促进企业技术创新，努力开发适应现在生活水平变化、满足市场需求的、有利于企业竞争力的新产品，保证企业的可持续发展；改进和完善粉丝生产设备，努力推出机械化、自动化程度更高、能耗更小、生产效率更高的粉丝生产成套设备；树立品牌企业和品牌产品；集中分散的、小型的粉丝生产企业，走集团化发展的道路；加快粉丝加工专业技术人才队伍的建设。

第二节 粉丝的种类和质量标准

一、粉丝的种类和特点

1．按照生产原料分

粉丝按其原料不同，一般分为绿豆粉丝和杂粮粉丝两种。

由山东省粮油进出口公司经营的龙口粉丝，全部采用优质绿豆加工而成。除此以外，我国台湾地区生产的"龙口粉丝"及河北、北京等地生产的绿豆粉丝，虽然也用绿豆为原料，但由于工艺技术和自然条件上的差异，质量都不如山东的龙口粉丝。

杂粮粉丝是除了用纯绿豆加工的粉丝以外的粉丝。如豌豆粉丝、蚕豆粉丝、豇豆粉丝、菜豆粉丝、小豆粉丝、甘薯粉丝、马铃薯粉丝、玉米粉丝及几种原料混合加工的粉丝等，都称杂粮粉丝。其质量也都远不及绿豆粉丝。

2．按其形状分

主要有细粉丝、粗粉丝（又称粉条）和扁粉丝三种。细粉丝的条细均匀，易于烹调加工。泡发后柔软爽口，以凉拌冷食和做汤菜效果最好。粗粉丝和扁粉丝比较耐煮，咀嚼感好，最适做火锅及热菜。

3．按其成型工艺分

按照成型工艺可分为传统工艺和机制工艺。传统工艺是经打芡（少量淀粉糊化）、调制面团、漏粉、煮粉糊化、冷却或冷冻（老化）、干燥等工序制成。采用这种工艺生产的粉丝，光洁度高，韧性大、食用时口感弹性好。机制工艺是先将和好的淀粉糊化，再经挤压、冷却成型。机制工艺分为一步法和二步法，一步法工艺即在调制面团后，一次完成加热糊化和成型，再冷凝、干燥；二步法是在调制面团后，挤压成颗粒蒸熟，再用粉条机成型，经冷凝、干燥而成。这种粉丝加工容易，技术较易掌握，对原料要求不高。但这种粉丝的光泽较差，硬脆易断，食用时口感弹性较差。

4．按粉丝的产地分

按产地分则品种多不可数。如招远粉丝、北京粉丝、天津粉丝、汉口粉丝、河北粉丝、湖南粉丝、上海粉丝、云南粉丝等。

5．按粉丝的干湿分

通常我们食用的各种粉丝，都是干制品。近些年市面上出现了湿粉丝，即粉丝成型后不用干燥就出售。生产这种粉丝既省去了干燥工序，烹调时又不必用水泡，比较方便，价格又便宜。但不易保藏和运输。

6．按食用方法分

按照食用方法可分为传统粉丝和方便粉丝。传统粉丝食用时，直接下锅煮 6min 以上，边烹调边调味，操作复杂，适合在家烹调或到餐馆购买。方便粉丝是以淀粉为主要原料，经调浆、熟化、成型、干燥等工序加工而成，食用时直接加入配制好的料包，冲入沸水泡4～6min即可食用，适合在旅途或任何地方食用。

二、粉丝的质量标准

1. 感官要求

粉丝的感官要求应符合表1-1的规定。

表1-1 感官要求

项目	要求
组织形态	丝条粗细均匀，无并丝，弹性良好
色泽	具有该品种相应的色泽
气味与滋味	具有该品种应有的气味和滋味
杂质	无肉眼可见外来杂质

2. 理化指标

粉丝的理化指标应符合表1-2的规定。

表1-2 理化指标

项目		要求				
		粉丝	干粉条		湿粉条	
			豆类、红薯粉条	马铃薯粉条	红薯粉条	马铃薯粉条
水分/(g/100g)	≤	15.0	15.0	17.0	60.0	75.0
淀粉/(g/100g)	≥	75.0	75.0	70.0	35.0	20.0
断条率/%	≤	10.0	10.0			
丝径/mm		≤1.0	>1.0			
灰分/(g/100g)	≤	0.80				

3. 卫生指标

粉丝的卫生指标应符合表1-3的规定。

表1-3 卫生指标

项目		要求
二氧化硫残留量（以 SO_2 计）/(mg/kg)	≤	
铅（以 Pb 计）/(mg/kg)	≤	
总砷（以 As 计）/(mg/kg)	≤	应符合 GB 2713 规定
黄曲霉毒素 B_1/(μg/kg)	≤	
铝（以 Al 计）/(mg/kg)	<	应符合 GB 2762 规定

第三节 粉丝的性质和成分

一、粉丝的性质

粉丝是一种由淀粉糊化、成型，再在一定条件下老化（回生），干燥而成致密胶囊结晶结构的固体。密度为 1.5g/cm³，不溶于冷水，无明显味道。颜色洁白或灰白、淡黄色（因原料不同而异）。粉丝在水中加热后表皮有少量又可糊化。质量好的粉丝煮沸 40min 用筷子捞起不断，其糊化率仅有 5%。而差一点的杂粮粉丝煮沸 20min 即难以捞起，其糊化率在 10% 以上。粉丝在油中或干热至 160℃即膨化，膨化了的粉丝酥脆并有一股香气。粉丝的含水量一般在 14% 左右，含水量过高易霉变，而过低易酥脆，如受潮后再干燥则更易酥脆。其韧性在 −10～60℃之间，随温度的升高而增大，在 0～20℃之间最为明显。粉丝的化学性质与淀粉基本相同，具体可见淀粉的理化性质。

二、粉丝的成分

粉丝主要由淀粉、水分组成，同时含有微量蛋白质、脂肪、灰分、无机盐类及维生素等。不同原料和不同产地的粉丝，其成分含量也有差别。从表 1-4 可以看出粉丝的营养成分比较单一，因此，烹调时最好与含蛋白质较高的原料搭配使用。在今后的粉丝新产品的开发过程中，研发营养型粉丝是十分必要的。

表 1-4　粉丝成分表

品名	水分 /(g/100g)	蛋白质 /(g/100g)	脂肪 /(g/100g)	糖类 /(g/100g)	热量 /(kJ/100g)	粗纤维	灰分 /(g/100g)	维生素
河北粉丝	11.9	0.6	0.8	83.1	1473	0	0.2	微
江苏粉丝	16.0	0.4	0.2	84.4	1405	0	0.3	微
湖北粉丝	15.0	0.5	0.2	84.1	1423	0	0.2	微
湖南粉丝	14.0	0.5	0	85.1	1432	0	0.2	微
北京粉丝	13.7	0.9	—	85.1	1439	0	0.2	微
甘肃粉丝	13.5	0.2	0.1	86.2	1448	0	0.1	—

第二章
粉丝生产的理论基础

第一节　淀粉的分布和分类

淀粉是粉丝生产的原料。对淀粉的分布、分类、结构和性质的了解是粉丝加工和质量控制的基础。

一、淀粉的一般分布

淀粉在自然界中分布很广，是高等植物中常见的组分，也是糖类贮藏的主要形式。大多数高等植物的所有器官中都含有淀粉，这些器官包括叶、茎（或木质组织）、根（或块茎）、球茎（根、种子）、果实和花粉等。除高等植物外，在某些原生动物、藻类以及细菌中也都可以发现淀粉粒。

植物绿叶利用日光的能量，将二氧化碳和水变成淀粉，绿叶在日间生成的淀粉以颗粒形式存于叶绿素的微粒中，夜间光合作用停止，生成的淀粉受植物中糖化酶的作用变成单糖渗透到植物的其他部分，作为植物生长用的养料，而多余的糖则变成淀粉贮存起来，当植物成熟后，多余的淀粉存在于植物的种子、果实、块根、细胞的白色体中，因植物的种类而异，这些淀粉叫作贮存性多糖。

二、淀粉的分类

由于生产淀粉的原料很多，所以生产出的淀粉品种很多，可按不同的分类方法对其进行分类。

1．按淀粉来源分类

（1）禾谷类淀粉　这类原料主要包括玉米、大米、大麦、小麦、燕麦、荞麦、高粱和黑麦等。淀粉主要存在于种子的胚乳细胞中，另外糊粉层、细胞尖端即伸入胚乳淀粉细胞之间的部分也含有极少量的淀粉，其他部分一般不含淀粉，但有例外，玉米胚中含有大约 25%的淀粉。淀粉工业主要以玉米为主。针对玉米的特殊用途，人们开发了特用型玉米新品种，如高含油玉米、高含淀粉玉米、蜡质玉米等，以适应工业发展的需要。这类淀粉在食品中可作为增稠剂、胶体生成剂、保潮剂、乳化剂、黏合剂，在纺织工业中可作浆料，在造纸中可作上胶料和涂料等。

（2）薯类淀粉　薯类是适应性很强的高产作物，在我国以甘薯、马铃薯和木薯为主，三种薯类并称为世界"三大薯类"作物，既是主要的粮食作物之一，也是重要的淀粉原料。主要来自于植物的块根（如甘薯、木薯等）、块茎（如马铃薯、山药等）。淀粉工业主要以木薯、马铃薯为主。薯类淀粉可作为食品的添加剂、填充剂、黏合剂等。

（3）豆类淀粉　这类原料主要有蚕豆、绿豆、豌豆和赤豆等，淀粉主要集中在种子的子叶中。这类淀粉直链淀粉含量高，一般用于制作粉丝的原料。

（4）其他淀粉　植物的果实（如香蕉、芭蕉、白果等）、茎髓（如西米、豆苗、菠萝等）等中也含有淀粉。另外，一些野生植物的果实、块根、种子中也含有淀粉，如蕨根、菱粉、藕粉、荸荠、橡子、慈姑等。以这些原料加工的淀粉多用于食品工业，而橡子淀粉主要用于纺织工业。

2．按照商品淀粉分类

（1）谷类淀粉　主要包括玉米淀粉、小麦淀粉、高粱淀粉和大米淀粉。

（2）块茎类淀粉　主要包括马铃薯淀粉、甘薯淀粉、木薯淀粉、葛根淀粉和髓（西米）淀粉。

（3）蜡质淀粉　主要包括蜡质玉米淀粉、蜡质高粱淀粉和蜡质大米淀粉。

（4）豆类淀粉　主要包括绿豆淀粉、豌豆淀粉和蚕豆淀粉。

目前，我国的商品淀粉主要品种有玉米淀粉、马铃薯淀粉、小麦淀粉和木薯淀粉。

第二节　淀粉的性状、结构和组成

一、淀粉的性状

淀粉是以颗粒形式存在于植物种子、块根和块茎的一种能量贮存性多糖，来源广泛。不同的淀粉具有不同的性状。

1．淀粉颗粒的形状和大小

淀粉是在农作物籽粒、根、块茎中经光合作用合成的，以颗粒结构存在，淀粉颗粒不溶于冷水。淀粉颗粒的形状取决于其来源，植物种类不同，淀粉颗粒的形状和大小也各不相同。一般含水量高、蛋白质少的植物淀粉颗粒比较大，形状比较整齐，多呈圆形和椭圆形，如马铃薯淀粉；相反则颗粒较小，形状大多呈多角形，如稻米淀粉。

几种常见淀粉的颗粒形状为：玉米的为圆形或多角形，稻米的呈不规则多角形，马铃薯的为椭圆形或圆形，木薯的为圆形或金元宝形，小麦的为扁平圆形或椭圆形，蚕豆淀粉为卵形而更接近肾形；绿豆淀粉和豌豆淀粉颗粒则主要是圆形和卵形。

同一种来源淀粉粒也有差异，如马铃薯淀粉颗粒大的为椭圆形，小的为圆形；小麦淀粉颗粒大的为扁平圆形，小的为椭圆形；大米淀粉颗粒多为多角形；玉米淀粉颗粒有的是圆形有的是多角形。

同一种植物的淀粉颗粒也不是固定不变的，淀粉颗粒的形状常常受种子生长条件、成熟度、直链淀粉含量及胚乳结构等影响。如马铃薯在温暖多雨条件下生长，其淀粉颗粒小于在干燥条件下生长的淀粉颗粒，随薯块成熟度的增大，淀粉含量提高，淀粉颗粒直径变大，卵形颗粒的相对密度也随之增高。玉米的胚芽两侧角质部分的淀粉颗粒大多为多角形，而中间粉质部分的淀粉颗粒多为圆形，这是因为前者被蛋白质包裹得紧，生长时遭受的压力大，而未成熟的或粉质的生长期遭受的压力较小。玉米的直链淀粉含量从 27% 增加至 50% 时，普通玉米淀粉的角质颗粒减少，而更近于圆形的颗粒增多，当直链淀粉含量高达 70% 时，就会有奇怪的腊肠形颗粒出现。

淀粉颗粒的大小以长轴的长度表示。不同种类的淀粉颗粒大小存在很大的差异，同一种淀粉颗粒的大小也是不均匀的，彼此存在差异，通常用大小极限范围和平均值来表示淀粉颗粒的大小。薯类淀粉颗粒要比谷类淀粉颗粒大，其中，以马铃薯淀粉颗粒最大，为 5~100μm，平均 33μm，番薯淀粉颗粒 15~55μm，平均 30μm，木薯淀粉颗粒 5~35μm，平均 20μm。在谷类淀粉中，玉米淀粉颗粒大小很不一致，小的 2~5μm，最大的 30μm，平均约 15μm，稻米淀粉颗粒最小，在 3~8μm，平均只有 5μm，而小麦淀粉的颗粒尺寸呈双峰分布，一组为 2~10μm，另一组为 20~30μm，处于中间状态者很少，大颗粒虽只占总数的 20%，质量却占 90%。借助高倍光学显微镜或扫描电子显微镜，可以观察到大小不一、形状各异的淀粉颗粒，以此可以区别淀粉的种类。

几种淀粉颗粒的性质可见表 2-1。

表 2-1　淀粉的颗粒性质

主要性质	玉米淀粉	马铃薯淀粉	小麦淀粉	木薯淀粉	蜡质玉米淀粉
淀粉的类型	谷物种子	块茎	谷物种子	块根	谷物种子
颗粒形状	圆形、多角形	椭圆形、圆形	扁平圆形、椭圆形	圆形、金元宝形	圆形、多角形
直径范围/μm	2~30	5~100	2~30	5~35	2~26
直径平均值/μm	15	33	15	20	15
比表面积/(m²/kg)	300	110	500	200	300
密度/(g/cm³)	1.5	1.5	1.5	1.5	1.5
每克淀粉颗粒数目/×10⁶	1300	100	2600	500	1300

2. 淀粉颗粒的轮纹结构

在显微镜下观察淀粉时，可以看到有些淀粉颗粒表面呈若干环状细纹，称为轮纹结构。轮纹的样式和树木年轮相似，其中以马铃薯淀粉轮纹最为明显，呈螺壳形。木薯淀粉也较清晰，而玉米淀粉、小麦淀粉和高粱淀粉等的轮纹则不易见到。

各轮纹层围绕的一点叫作"粒心"或"脐"。禾谷类淀粉的粒心常在中央，称为"中心轮纹"，马铃薯淀粉的粒心常偏于一侧，称为"偏心轮纹"。粒心的大小和显著程度因植物不同而异。不同淀粉颗粒根据粒心及轮纹情况可分为"单粒""复粒""半复粒"和"假复粒"。单粒只有一个粒心，马铃薯淀粉颗粒主要是单粒。在一个淀粉质体内包含有同时发育生成的多个淀粉颗粒称为复粒，稻米的淀粉颗粒以复粒为主。由两个或多个原系独立的颗粒融合在一起，各有各的粒心和环层，但最外围的几个环轮则是共同的，称为半复粒。有些淀粉颗粒，开始生长时是单个粒子，在发育中产生几个大裂缝，但仍然维持其完整性，这种团粒称为假复粒，豌豆淀粉就属于假复粒。

在同一细胞中，所有的淀粉颗粒可以全为单粒，也可以同时存在几种不同的类型（图 2-1）。如燕麦淀粉颗粒大部分为复粒，也夹有单粒存在；小麦淀粉颗粒大多数为单粒，也夹有复粒存在；马铃薯淀粉颗粒以单粒为主，偶有复粒和半复粒形成。

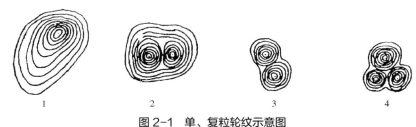

图 2-1　单、复粒轮纹示意图

1—单粒；2—半复粒；3—复粒；4—假复粒

3．淀粉颗粒的晶体构造

（1）双折射性及偏光十字　双折射性是由于淀粉粒的高度有序性（方向性）所引起的，高度有序的物质都有双折射性。淀粉粒配成 1% 的淀粉乳，在偏光显微镜下观察，呈现黑色的十字，将颗粒分成四个白色的区域，称为偏光十字。这是淀粉粒为球晶体的重要标志。

不同品种淀粉粒的偏光十字的位置、形状和明显程度不同，依此可鉴别淀粉品种。例如，马铃薯淀粉的偏光十字最明显，玉米、高粱和木薯淀粉明显程度稍逊，小麦淀粉偏光十字最不明显。十字交叉的位置，玉米淀粉颗粒是接近颗粒中心，马铃薯淀粉颗粒则接近颗粒一端。根据这些差别，通常能用偏光显微镜鉴别淀粉的种类。当淀粉颗粒充分膨胀、受热干燥或受高压挤压时，分子排列变成无定形，晶体结构消失，偏光十字即消失。

（2）淀粉颗粒的晶型　淀粉颗粒不是一种淀粉分子，而是由许多直链和支链淀粉分子构成的聚合体，这种聚合体不是无规律的。它是由两部分组成，即有序的结晶区和无序的无定形区（非结晶区）。结晶部分的构造可以用 X 衍射法来确定。

淀粉颗粒由许多微晶束构成，这些微晶束如图 2-2 一样排列成放射状，看似为一个同心环状结构。微胶束的方向垂直于颗粒表面，表明构成胶束的淀粉分子轴也是以这样方向排列的。结晶性的微胶束之间由非结晶的无定形区分隔，结晶区经过一个弱结晶区的过渡转变为非结晶区，这是个逐渐转变过程。在块茎和块根淀粉中，仅支链淀粉分子组成结晶区域，它们以葡萄糖链先端为骨架相互平行靠拢，并靠氢键彼此结合成簇状结构，而直链淀粉仅存于无定形区。无定形区除直链淀粉外，还有那些因分子间排列杂乱，不能形成整齐聚合结构的支链淀粉分子。在谷类淀粉中，

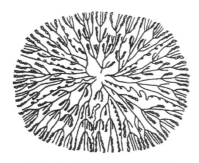

图2-2 淀粉颗粒的结构模型

支链淀粉是结晶性结构的主要成分，但它不是结晶区的唯一成分，部分直链淀粉分子和脂质形成络合体，这些络合体形成弱结晶物质被包含在颗粒的网状结晶中。淀粉分子参加到微晶束构造中，并不是整个分子全部参加到同一个微晶束里，而是一个直链淀粉分子的不同链段或支链淀粉分子的各个分支分别参加到多个微晶束的组成之中，分子上也有某些部分并未参与微晶束的组成，这部分就是无定形状态，即非结晶部分（图2-2）。

4. 淀粉颗粒的持水能力

因为淀粉颗粒中有很多暴露的羟基，所以淀粉具有较强的持水能力。淀粉的持水能力与淀粉颗粒的大小、结构的紧密程度以及环境的相对湿度有关。一般情况下，玉米淀粉的含水量约为12%，马铃薯和甘薯淀粉的含水量约为20%。在一定温度和相对湿度条件下，淀粉的持水性会达到一个平衡状态，此时的水分含量称作平衡水分。如果产品中的水分高于平衡水分，则产品中的水分向空气中转移；如果产品中的水分低于平衡水分，则产品吸收空气中的水分。所以，在一定的水分含量以下时产品可以安全贮藏而不会变质，此时的水分含量又称为安全水分。

二、淀粉的化学结构与组成

淀粉是由葡萄糖转化而来的。在叶绿素的存在下，植物通过光合作用，将水和空气中的二氧化碳合成了葡萄糖，这一过程可用下列反应式表示：

$$6CO_2 \quad + \quad 6H_2O \xrightarrow[\text{叶绿素}]{\text{光能}} C_6H_{12}O_6 \quad + \quad 6O_2$$

二氧化碳　　　　水　　　　　　葡萄糖　　　　氧气

除一部分葡萄糖用于植物的生长和代谢外，多余的葡萄糖则在淀粉合成酶的作用下合成作为能量贮存形式的淀粉。

$$nC_6H_{12}O_6 \longrightarrow (C_6H_{10}O_5)_n + n/2H_2O$$

葡萄糖　　　　　　淀粉　　　　水

科学研究已经证明，淀粉的基本构成单位是 α-D-吡喃葡萄糖，相邻葡萄糖分子

之间脱去一个水分子形成糖苷键，将葡萄糖残基连接在一起即形成淀粉分子。淀粉合成过程中，葡萄糖分子间连接的位置不同，会产生线形和分支形的淀粉，前者称为直链淀粉，后者称为支链淀粉。天然淀粉颗粒中，这两种淀粉同时存在。

1．直链淀粉

直链淀粉是脱水葡萄糖通过 α-1,4 糖苷键连接形成的多聚葡萄糖。

淀粉颗粒中，直链淀粉和支链淀粉的相对含量因淀粉的来源不同而不同（表2-2）。直链淀粉含量的多少对淀粉糊的性质起着决定性的作用。

表2-2 不同来源淀粉中直链淀粉的含量

淀粉来源	直链淀粉含量/%	淀粉来源	直链淀粉含量/%
大米	17	燕麦	24
糯米	0	光皮豌豆	30
普通玉米	26	皱皮豌豆	75
糯玉米	0	马铃薯	22
高直链玉米	70～80	甘薯	20
高粱	27	木薯	17
糯高粱	0	绿豆	30
小麦	24	蚕豆	32

直链淀粉没有一定的分子量，不同来源的直链淀粉的分子聚合度范围为 100～6000，一般为数百。聚合度是指直链淀粉分子中脱水葡萄糖单位的数目。脱水葡萄糖单位的分子量为 162，乘以聚合度即得到直链淀粉的分子量。同一品种直链淀粉的分子量差别很大，不同品种直链淀粉的分子量差别更大。玉米、小麦等谷类的分子量较小，马铃薯、木薯等薯类直链淀粉的分子量较大。因为淀粉的分离方法和分子量的测定方法不同，所以，从文献中看到的结果一般都不相同。直链淀粉分子在淀粉颗粒中并不是完全伸直的直线，分子内羟基间的氢键缔合，而使整个分子卷曲成以每 6 个脱水葡萄糖单位为 1 个螺旋节距的螺旋结构。

2．支链淀粉

支链淀粉是脱水葡萄糖以 α-1,6 糖苷键的形式连接而成的聚合物,结构中具有分支，故而称为支链淀粉。

支链淀粉是由较多的链通过分支连接起来的，每条链都与直链淀粉相似。这些链又分成主链和侧链，每个支链淀粉分子由一条主链和若干条连接在主链上的侧链组成。一般将主链称为 C 链，侧链又分为 A 链和 B 链。主链中每隔 9 个葡萄糖残基（脱水葡萄糖单位）就有一个分支，每一个分支平均含有 15～18 个葡萄糖残基，整个支链淀粉分子是犹如树枝状的枝杈结构。

支链淀粉分子的聚合度为 1000～3000000，一般在 6000 以上，比直链淀粉分子的聚合度大得多。支链淀粉是天然化合物中最大的一种。支链淀粉和直链淀粉有很大的不同。它们的比较列于表 2-3。

表 2-3　直链淀粉和支链淀粉的比较

项目	直链淀粉	支链淀粉
分子形状	直链分子	枝杈分子
聚合度	100~6000	1000~300000
末端基	分子的一端为非还原性末端基，另一端为还原性末端基	分子具有一个还原末端和许多非还原末端基
碘反应	深蓝色	红紫色
碘吸收量	19%~20%	<1%
凝沉性	凝沉性强，溶液不稳定	凝沉性很弱，溶液稳定
络合结构	能与极性有机物和碘产生络合结构	不能与极性有机物和碘产生络合结构
X-射线衍射分析	高度结晶结构	无定形结构
乙酰衍生物	可制成高强度纤维和薄膜	制得的薄膜很脆弱

3．淀粉的直链分子和支链分子含量

天然淀粉粒中一般同时含有直链淀粉和支链淀粉，而且两者的比例相当稳定，如表 2-4 所示，多数谷类淀粉含直链淀粉 20%~30%，比根类淀粉要高，后者仅含 17%~20%的直链淀粉。糯玉米、糯高粱和糯米等不含直链淀粉，全部是支链淀粉，虽然有的品种也含有少量的直链淀粉，但都在 1%以下。天然淀粉没有含直链淀粉很高的品种，只有一种皱皮豌豆的淀粉含有 66%的直链淀粉，人工培育的高直链玉米品种的淀粉中直链淀粉可高达 80%。一些文献中报道的淀粉中直链淀粉、支链淀粉含量常不一致，这是因为不同品种、不同成熟度和同一品种的不同样品间都存在差别（表 2-4）。一般水稻中的粳米要比籼米含直链淀粉多，而未成熟的玉米含有较多较小的淀粉颗粒，仅含 5%~7%的直链淀粉。

表 2-4　常见淀粉的直链淀粉和支链淀粉含量　　　　　　　　　　单位：%

淀粉来源	直链淀粉含量	支链淀粉含量
玉米	26	74
蜡质玉米	<1	>99
马铃薯	20	80
木薯	17	83
高直链玉米	50~80	20~50
小麦	25	75
大米	19	81
大麦	22	78

淀粉来源	直链淀粉含量	支链淀粉含量
高粱	27	73
甘薯	18	82
糯米	0	100
豌豆（光滑）	35	65
豌豆（皱皮）	66	34

4. 直链淀粉和支链淀粉的分离

在利用淀粉时，将直链淀粉和支链淀粉分离开可使其具有多种用途。分离直链淀粉和支链淀粉的方法很多，工业上主要采用硫酸镁法。由于直链淀粉和支链淀粉在硫酸镁溶液中具有不同的溶解度，从而可将两者分离。如在室温下用 10% 的硫酸镁溶液处理马铃薯淀粉，其中的直链淀粉可沉淀析出；若硫酸镁溶液的浓度为 13% 时，支链淀粉在室温下即可以沉淀，而直链淀粉则要在 80℃ 才沉淀析出。此外，用异构酶有选择地切断支链淀粉的 α-1,6 糖苷键，可使之全部变成直链淀粉分子。如在 10%～15% 的淀粉水悬浮液中加入异构酶，在 45℃ 下作用 1～2d，即可分离沉淀聚合度为 300 以上的直链淀粉组分，再冷却到 5℃ 可得到聚合度为 15～50 的短直链淀粉，收率为 95%，且没有支链淀粉。

分离得到的直链淀粉有很强的凝沉性，在冷水中不溶解，其乙酰化衍生物能够制成强度很高的纤维和薄膜。薄膜的强度像玻璃纸一样，具有爽口透油、不透水、不透酒精、透气性也很低的特性，因此，适用于做食品包装材料，还可做硬纸板的黏合剂和耐水涂层。支链淀粉不易凝沉，复水性好，可做调料、增稠剂和稳定剂。

第三节　淀粉的性质

自然界中，淀粉是由葡萄糖缩合而成的，但是，如果条件适宜，淀粉也可以发生逆向的水解反应，转化成不同聚合度（即分子量的大小）的产物，如可溶性淀粉、糊精、低聚糖、麦芽糖和葡萄糖。此外，羟基所具有的性质淀粉同样也有。针对开发淀粉及其深加工产品进行的科学研究、生产和应用，都要依据淀粉的物理、化学性质来进行，所以，研究和掌握淀粉的理化性质十分必要，是工业上生产淀粉转化产品的基础。

一、物理性质

淀粉的物理性质主要包括密度、溶解度、吸附性质和糊化与回生。在这些物理性质中和生产粉丝关系最密切的是淀粉的糊化与回生，这里主要介绍淀粉的密度、溶解度和吸附性质，有关淀粉糊化与回生的内容将在本章第四节中进行详细介绍。

1．密度

淀粉的密度是多变的，这取决于它的植物来源，所受预处理以及测定的方法。用比重瓶测量法可以对淀粉密度进行准确的测量，水或有机溶剂均可用，用水测定的实际是浸没容积或视比容，即1g淀粉加到过量的水中后净增的容积，视比容的倒数称为淀粉的视密度，用此法测得玉米淀粉的视密度为1.637，马铃薯淀粉的视密度为1.617。不同植物来源的淀粉密度有所不同，造成这种结果的原因是颗粒内结晶和无定形部分结构上差异，以及杂质（灰分、类脂和蛋白质等）的相对含量不同。用有机溶剂测定所获得的数值与用水测定有一定差别，因为有机溶剂不能大量渗入淀粉颗粒并使之润胀，而干淀粉粒中有许多微小的"空隙"，水分子可以渗入其中只引致较小的体积增长，所以测得的密度值低于用水测定方法，玉米淀粉为1.50，马铃薯淀粉为1.45。

2．吸附性质

淀粉遇碘的呈色反应，本质不是化学反应，而是物理吸附作用。直链淀粉和支链淀粉对碘的吸附能力明显不同，呈螺旋结构的直链淀粉平均每个螺旋可吸附一个碘分子，被吸附的碘在螺旋内部呈链状排列，碘分子的长轴与螺旋轴平行。1g纯直链淀粉能吸附约200mg碘，即质量的20%。而支链淀粉吸附碘的量很少，不到1%。根据这种性质用电位滴定法可测定样品中直链淀粉的含量。几种淀粉吸附碘的量如表2-5所示。当直链淀粉与支链淀粉同时存在时，若碘的浓度很低，碘只能被直链淀粉吸附，当浓度升至10^{-4}mol/L时，支链淀粉才开始吸附碘。

表2-5　每100g淀粉结合碘量　　　　　　　　　　　单位：g

淀粉来源	全淀粉	直链淀粉	支链淀粉
大米	5.08	20.3	1.62
高直链玉米	9.31	19.4	3.6
玉米	5.18	20.1	1.1
小麦	4.86	19.5	0.98
木薯	—	20	—
马铃薯	—	20.5	—

吸附碘的直链淀粉分子随聚合度的不同呈现不同的颜色反应，聚合度12以下的短链遇碘不呈现颜色反应，聚合度12～15呈棕色、20～30呈红色、35～40呈紫色、45以上呈蓝色。支链淀粉与碘结合后呈现的颜色与分子外侧单位链的链长和分支化度有关，随分支化度的增加和外侧单位链链长的变短，与碘反应的颜色由红紫色转

为红色以至棕色。淀粉与碘形成蓝色复合体溶液，加热至70℃，蓝色消失，这是由于加热使淀粉分子链伸直，形成的络合物解体，冷却后络合物重新形成，又呈蓝色。

3．溶解度

淀粉的溶解度是指在一定温度下，在水中加热30min后，淀粉样品分子的溶解质量比例。淀粉粒不溶于冷水，把天然干燥淀粉置于冷水中，水分子只是简单地进入淀粉粒的非晶部分，与游离的亲水基相结合，淀粉粒慢慢地吸收少量水分。淀粉润胀过程只是体积上增大，在冷水中淀粉粒因润胀使其密度加大而沉淀。天然淀粉不溶于冷水的原因有：①淀粉分子间是经由水分子进行氢键结合的，有如架桥，氢键数量越多，分子间结合越牢固，以至于不再溶于水中；②由淀粉颗粒的紧密结构所决定的，颗粒具有一定的结构强度，晶体结构保持一定的完整性，水分只是侵入组织性最差的微晶之间无定形区。受损坏的淀粉粒和某些经过化学改性的淀粉可溶于冷水，并经历了一个不可逆的润胀过程。

虽然天然淀粉几乎不溶于冷水，但对不同品种淀粉而言，还是有一定差别的。马铃薯淀粉颗粒大，颗粒内部结构较弱，而且含磷酸基的葡萄糖基较多，因此，溶解度相对较高；而玉米淀粉颗粒小，颗粒内部结构紧密，并且含较多的脂类化合物，会抑制淀粉颗粒的膨胀和溶解，溶解度相对较低。淀粉的溶解度随温度而变化，温度升高，膨胀度上升，溶解度增加，由于淀粉颗粒结构的差异，决定了不同淀粉品种随温度上升而改变溶解度的速度有所不同（表2-6）。

表2-6　不同温度淀粉颗粒的溶解度　　　　　　　　　　单位：%

淀粉样品	65℃	70℃	75℃	80℃	85℃	90℃	95℃
玉米淀粉	1.14	1.50	1.75	3.08	3.50	4.07	5.50
马铃薯淀粉	—	7.03	10.14	12.32	65.28	95.06	—
豌豆淀粉	2.48	3.61	6.84	8.30	11.14	12.28	—

二、化学性质

淀粉中的羟基所具有的性质使淀粉进行改性成为可能，从而生产出各种各样的淀粉再加工品，如葡萄糖、淀粉糖浆、饴糖、糊精以及各种淀粉化学品等。

1．淀粉水解

淀粉与水一起加热即可引起分子裂解。当与无机酸一起加热时，可进行水解，其最终产物是葡萄糖。水解过程分几个阶段进行：淀粉→可溶性淀粉→麦芽糖→葡萄糖。

在淀粉酶的作用下，淀粉分子也发生水解，根据利用淀粉酶的种类不同（α-淀粉酶、β-淀粉酶、葡萄糖淀粉酶及异淀粉酶），可将淀粉水解生成不同的产物，如糊精、三糖、麦芽糖、葡萄糖等成分。产物的种类视水解的程度而定，最终的产品为淀粉的基本组成单位——葡萄糖。淀粉的水解按下述步骤进行：淀粉→可溶性淀粉→显红糊精→无色糊精→麦芽糖→葡萄糖。随着淀粉水解程度的加深，淀粉与碘的蓝色反应越来越弱，直至不显色，这一反应被用来检验淀粉的水解程度。

在淀粉水解过程中，有各种不同分子量的糊精产生，它们的特性如表 2-7 所示。

表 2-7　各种糊精的特性

名称	与碘反应	比旋光度	沉淀所需乙醇质量分数
淀粉糊精	蓝色	+190°～+195°	40%
显红糊精	红褐色	+194°～+196°	60%
无色糊精	不显色	+192°	溶于 70%乙醇，蒸去乙醇即生成球晶体
麦芽糊精	不反应	+181°～+182°	不被乙醇沉淀

2. 淀粉衍生物

它是利用淀粉与某些化学试剂发生的化学反应而生成的。淀粉分子中葡萄糖残基的 C_2、C_4 和 C_6 位醇羟基在一定条件下能发生氧化、酯化、醚化、烷基化、交联等化学反应，生成各种淀粉衍生物即变性淀粉。如淀粉可与有机酸或无机酸形成酯：

$$淀粉—OH + (CH_3—\overset{O}{\overset{\|}{C}}—)_2O \xrightarrow{NaOH} 淀粉—O—\overset{O}{\overset{\|}{C}}—CH_3 + CH_3—\overset{O}{\overset{\|}{C}}—Na + H_2O$$

醋酸酐　　　　　　　　淀粉醋酸酯

$$淀粉—OH + POCl_3 \xrightarrow{NaOH} 淀粉—O—\overset{O}{\underset{O—Na}{\overset{\|}{P}}}—O—淀粉 + NaCl$$

磷酸氯　　　　　　　　淀粉磷酸酯
(三氯氧磷)

该反应也称淀粉的交联反应，交联后的淀粉抵抗吸水膨胀的能力增强，淀粉糊的黏度增加，但糊的透明度下降。

淀粉可与羟烷基反应生成醚：

$$淀粉—OH + H_2C\overset{O}{\overset{\diagup\diagdown}{—}}CH_2 \longrightarrow 淀粉—O—CH_2—CH_2OH$$

环氧乙烷　　　　　　　羟乙基淀粉

淀粉分子中的羟基在氧化剂的作用下变成醛基，使淀粉糊的黏度下降，透明度提高。如用高碘酸处理淀粉可制得双醛淀粉。

第四节　淀粉的糊化与回生

淀粉的糊化与回生是淀粉水悬浮液在加热和冷却过程中所表现出的特殊物理现

象,因为这一性质和淀粉的进一步应用有密切关系,粉丝的生产就是合理地利用淀粉的糊化和回生,所以把它单列出来作专门的介绍。

一、淀粉的糊化

(一)淀粉糊化的概念

淀粉在冷水中是不溶解的,在不断搅拌的情况下,可形成均一的悬浮液,如果将淀粉悬浮液进行加热,淀粉颗粒开始吸水膨胀,达到一定温度后,淀粉颗粒突然迅速膨胀,继续升温,体积可达原来的几十倍甚至数百倍,悬浮液变成半透明的黏稠状胶体溶液,这种现象称为淀粉的糊化。粉丝生产过程中的打糊(打芡)就是利用了淀粉的这个性质。

淀粉发生糊化现象的温度叫作糊化温度。即使同一品种的淀粉,因为存在颗粒大小的差异,糊化难易程度也各不相同,较大的颗粒容易糊化,能在较低的温度下糊化,所以糊化的温度不是一个固定值。淀粉颗粒开始出现糊化的温度称为糊化开始温度;待所有淀粉颗粒全部糊化后,所需的温度称为糊化完成温度。糊化开始温度和糊化完成温度相差约 10℃。可见,糊化温度是指从糊化开始到糊化完成的一个温度范围。

不同品种淀粉的糊化温度不同。玉米和小麦等谷物淀粉的糊化温度比马铃薯淀粉、木薯淀粉的高,蜡质玉米淀粉和普通玉米淀粉相同,而高直链玉米淀粉在沸水中也难糊化。几种淀粉的糊化温度见表 2-8。

表 2-8　几种淀粉的糊化温度　　　　　　　　　　单位:℃

淀粉种类	糊化温度范围	糊化开始温度
玉米淀粉	64～72	64
蜡质玉米淀粉	64～72	64
大米淀粉	58～61	58
小麦淀粉	58～64	58
高粱淀粉	69～75	69
马铃薯淀粉	56～66	56
木薯淀粉	59～69	59
甘薯淀粉	58～76	58
绿豆淀粉	61～70	61
豌豆淀粉	64～73	64

(二)糊化的实质

淀粉糊化的实质是在湿、热的作用下,破坏了淀粉颗粒内淀粉分子之间彼此缔合的氢键,晶体结构被拆开,淀粉分子由紧密的有序排列变成散乱的无序排列,这时的淀粉称糊化淀粉，也称 α-淀粉，它是容易分散于冷水的无定形粉末，晶体结构完全被破坏。在糊化过程中，热的作用是增加分子振动的能量，以便拆散晶体结构中的氢键；湿的作用是利用水分子代替另一条淀粉链形成氢键，大量吸水后呈糊化状态。日常生活中我们经常将面粉加热后做成糨糊就是利用淀粉糊化的性质。

淀粉颗粒的形状和颗粒内部淀粉分子间结合的紧密程度决定了淀粉糊化的难易，即糊化温度的高低。颗粒形状为卵形和圆形的淀粉比多角形的淀粉容易糊化，直链淀粉含量低的比直链淀粉含量高的淀粉容易糊化。

（三）糊化过程

淀粉的糊化不是一步完成的，整个糊化过程可以分成 3 个阶段（图 2-3）。

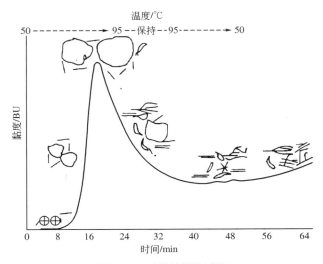

图 2-3　淀粉的糊化过程

第一阶段，当淀粉颗粒在水中加热逐渐升温时，水分子由淀粉的空隙进入淀粉颗粒内部，暴露在淀粉颗粒外部的羟基或颗粒空隙中的羟基与溶液中的水分子通过氢键作用，使得淀粉吸收有限的水分，淀粉颗粒的体积只发生有限的膨胀，而淀粉悬浮液的黏度并没有任何的变化，水分子只是进入了无定形区，而结晶结构没有受到影响，因为偏光显微镜下仍能看到偏光十字。整个淀粉颗粒的外形和性质与原来没有区别。此时若是将水分子在温和的条件（较低的温度）下去除，则可得到原来的淀粉。

第二阶段，水温继续上升，当将淀粉悬浮液加热到前面所述的糊化开始温度时，淀粉颗粒的周边迅速伸长，大量吸水，偏光十字开始在脐点处变暗，淀粉分子间的氢键破坏，从无定形区扩展到有序列的辐射状胶束组织区，结晶区氢键开始断裂，分子结构开始发生伸展，其后颗粒继续扩展至巨大的膨胀性网状结构，偏光十字彻底消失，这一过程属于不可逆润胀。这是由于胶束没有断裂，此颗粒仍然聚集在一起，但已有部分直链淀粉分子从颗粒中沥滤出来成为水溶性物质，当颗粒膨胀体积至最大时，淀粉分子之间的缔合状态已被拆散，淀粉分子或其聚集体经高度水化形成胶体体系，黏度也增至最大。

第三阶段，淀粉糊化后，继续加热膨胀到极限的淀粉颗粒开始破碎支解，最终生成胶状分散物，黏度也升至最高值。因此，可以认为糊化过程是淀粉颗粒晶体区熔化、分子分解、颗粒不可逆润胀的过程。

（四）影响糊化的因素

1. 晶体结构

糊化与淀粉粒的淀粉分子间缔合程度、分子排列紧密程度、微晶束的大小及密度有关。分子间缔合程度大，分子排列紧密，拆开分子间的聚合、拆开微晶束就要消耗更多的能量，淀粉粒就不易糊化；反之，分子缔合得不紧密，不需要很高能量，就可以将其拆散，淀粉粒就易于糊化。因此，不同种类的淀粉，其糊化温度就不会一样。一般较小的淀粉粒因内部结构比较紧密，所以糊化温度要比大粒的相对要高些。直链淀粉分子间的结合力比较强，含直链淀粉较高的淀粉粒相对糊化要难些。最突出的例子是糯米淀粉的糊化温度（约58℃）比籼米淀粉（70℃以上）低很多。

2. 水分含量

淀粉水分含量低于30%时，使其加热，淀粉粒不会糊化，只是淀粉粒在无定形区的分子链的缠结有部分解开，以至少数微晶出现熔融，当加热到较高温度时，颗粒晶体结构发生相转移，聚合物变得有黏性、柔韧，呈橡胶态，这一变化被称为玻璃化相变。淀粉通过湿热处理，发生相转移的过程与糊化相比是较慢的，并且淀粉的膨胀是有限的，双折射性只是降低，并不消失，把这种淀粉的湿热处理过程叫淀粉的韧化。

韧化淀粉与未处理淀粉相比，糊化温度升高，糊化温程缩短。这是因为韧化淀粉冷却时导致了无定形区内淀粉链有机会进行重排，已熔融的微结晶更高程度的缔合或明显的重取向，致使结晶度增高，糊化温度相应也会升高。韧化淀粉开始糊化时，无定形区分子发生重排会对附近的微晶施加应力，加速糊化过程的完成，使糊化温程缩短。

3. 使糊化温度下降的外界因素

（1）电解质　电解质可破坏分子间氢键，因而促进淀粉的糊化。阴离子促进糊化的顺序是：$OH^- >$ 水杨酸根 $> CNS^- > I^- > Br^- > NO_3^- > Cl^- >$ 酒石酸根 $>$ 柠檬酸根 $> SO_4^{2-}$。阳离子促进糊化的顺序是：$Li^+ > Na^+ > K^+ > NH_4^+ > Mg^{2+}$。大部分淀粉在稀碱（NaOH）和浓盐溶液中（如水杨酸钠、NH_4CNS、$CaCl_2$）可在室温下进行糊化，例如玉米淀粉糊化所需要的 NaOH 的量为 0.4mmol/g，马铃薯淀粉为 0.33mmol/g。在日常生活中煮稀饭加碱，就是因为碱有促进淀粉糊化的性质。

（2）非质子有机溶剂　某些极性高分子如二甲基亚砜、盐酸胍、脲等在室温或低温下可破坏分子氢键促进淀粉糊化。

（3）物理因素　如强烈研磨、挤压蒸煮、γ射线等物理因素也能使淀粉的糊化温度下降。

（4）化学因素　一般氧化、离子化使淀粉的糊化温度降低。

4．使糊化温度升高的外界因素

（1）糖类、盐类　糖类和盐类能破坏淀粉粒表面的水化膜，降低水分活度，使糊化温度升高。糖和盐对玉米淀粉糊化温度的影响如表2-9所示。某些糖类如D-葡萄糖、D-果糖和蔗糖能抑制小麦淀粉颗粒溶胀，糊化温度随糖浓度加大而增高，对糊化温度影响的顺序为：蔗糖＞D-葡萄糖＞D-果糖。

表2-9　糖和盐对玉米淀粉糊化温度的影响

因素	添加量/%	糊化温度范围/℃
糖	5	60.5～67～72.5
	20	65.5～72～78
	60	84～90.5～96.5
食盐	1.5	67.0～72～77
	3.0	69.5～74～78.5
	6.0	75～79.5～82.5
碳酸钠	5.0	64～70～75
	20	77.5～82～87
	60	92～98～100
硫酸镁	在1mol/L硫酸镁溶液中加热到100℃仍有双折射性	

（2）脂类　直链淀粉与硬脂酸形成复合物，它可一直糊化即膨润，这种复合物对热稳定，加热至100℃不会被破坏，所以谷类淀粉（含有脂质多）不如马铃薯易糊化，但若在马铃薯淀粉中加入脂类，则膨润及糊化的情况与谷类淀粉相似，如果谷类淀粉脱脂，则糊化温度降低3～4℃。

（3）亲水性高分子（胶体）　亲水性高分子如明胶、干酪素和羧甲基纤维素C（CMC）等与淀粉竞争吸附水，使淀粉糊化温度升高。

（4）物理、化学因素　淀粉经酸改性及交联等处理，使淀粉糊化温度升高。这是因为酸解使淀粉分子变小，增加了分子间相互形成氢键的能力。

（5）生长的环境因素　淀粉颗粒形成时的环境温度对淀粉糊化温度也有影响，例如：生长在高温环境下的淀粉糊化温度高。

（五）淀粉糊的性质

淀粉糊的性质由淀粉的类型、淀粉浓度、蒸煮方式（温度、pH、加热时间、搅拌强度、设备等）以及其他物质的存在所决定。因为淀粉多是经糊化成淀粉糊后应用的，所以了解和掌握淀粉糊的性质是十分必要的。不同品种的淀粉糊在许多性质方面都有差别，如糊的黏度、织纹、透明度、黏度稳定性、抗剪切能力、冷却后生成凝胶体的性质、凝沉性等都会直接影响淀粉糊的用途。

1．淀粉糊的黏度

淀粉糊的黏度由淀粉种类、蒸煮方式和淀粉浓度几个因素决定，淀粉糊的最高黏度用布拉班德曲线的峰黏度表示。通常马铃薯淀粉比其他淀粉糊黏度高，这是马铃薯淀粉中磷酸酯基含量高的缘故，薯类和蜡质淀粉糊的黏度比普通谷类淀粉高。

2．淀粉糊的透明度

淀粉糊的透明度通常以 1%淀粉乳沸水浴中加热 30min 后，调节至原来浓度，冷却至室温，以 650nm 透光率表示。不同品种淀粉的透光率可见表 2-10。淀粉糊以透明度的不同可分为三类：一是透明度非常好，二是透明度一般，三是透明度差。要想得到很好的淀粉糊，应选用颗粒能够完全膨胀、分散的淀粉品种。

表 2-10　不同品种淀粉的透光率

淀粉种类	直链淀粉含量/%	直链淀粉聚合度（DP）	透光率/%
马铃薯淀粉	22	4920	96
木薯淀粉	17	2660	73
小麦淀粉	24	570	62
玉米淀粉	28	710	60

注：测定条件为淀粉乳浓度为 1%（干基），波长 650nm。

在天然淀粉中以马铃薯淀粉糊透明度最佳，木薯、甘薯、蜡质玉米淀粉糊次之，谷类淀粉（如玉米、小麦）糊最差。马铃薯淀粉颗粒大、结构松散，在热水中能完全膨胀糊化，糊中几乎不存在能引起光线折射的没有膨胀糊化的颗粒状淀粉，磷酸酯基的存在能阻止淀粉分子间和分子内通过氢键的缔合作用，引起光线的反射强度减弱，所以有很好的透明度。木薯、甘薯和蜡质玉米淀粉虽能在热水中糊化，糊中也几乎不存在没有完全膨胀糊化的淀粉颗粒，但引起光线反射的淀粉分子间的缔合作用较强，光线不能完全直接透过淀粉糊，使其透明度有所下降，并带有白度。玉米和小麦淀粉颗粒结构紧密，糊化后仍有部分没有完全膨胀糊化的颗粒状淀粉存在，引起光的折射，同时由于淀粉分子间的缔合作用引起光的反射，使得淀粉糊的透明度差，且有很大的白度。块根类以及蜡质淀粉糊可描述为半透明、澄清或透明，普通谷类淀粉糊表现为不透明、混浊、暗淡或无光泽。

应说明的是，淀粉中直链淀粉的含量、通过化学改性及一些介质会影响淀粉糊的透明度。

3．糊的质构

不同品种淀粉的糊具有不同的黏韧性。将一根木片放入淀粉糊中取出，糊丝长、不断，则黏韧性高；糊丝短，则黏韧性低。一般用糊丝的长短表示糊的质构。木薯和黏玉米淀粉属于长糊，但较马铃薯淀粉短。谷类淀粉黏韧性与玉米淀粉相同，属于短糊。马铃薯淀粉糊丝长、黏稠、有黏结力；木薯和蜡质玉米淀粉的糊特征类似于马铃薯淀粉，但一般没有马铃薯淀粉那样黏稠和有黏结力；玉米和小麦淀粉丝短而软，缺乏黏结力。

4．淀粉糊的冷、热黏度稳定性

淀粉糊化后，黏度急剧增高，随温度的上升，增高速度很快，达到最高值以后，继续加热，保持一定温度则黏度下降，若停止加热，任其冷却，黏度又上升。热糊的黏度一般称为糊的热黏度，最高值称为最高黏度，在继续加热期间的下降程度称为黏度的热稳定性，在糊化温度曲线中以 B-E 表示，下降幅度小，热稳定性高。停止加热，维持在一个较低温度上，黏度会上升，冷糊的黏度称为糊的冷黏度，以 50℃开始和终止黏度差表示黏度冷稳定性。黏度曲线表明，马铃薯淀粉糊具有较高的热黏度和较低的热稳定性、冷黏度。

5．抗剪切力

机械搅拌淀粉糊产生剪切力，引起溶胀淀粉颗粒破裂、淀粉糊黏度降低，机械搅拌速度越快，黏度降低的程度越大，但对不同淀粉糊的影响并不一样。马铃薯淀粉颗粒溶胀大、强度弱，受剪切力影响易破裂、淀粉糊黏度降低多。玉米淀粉颗粒溶胀较小、强度较高，抗剪切力稳定性高。机械剪切作用一般会降低淀粉糊的黏度。马铃薯、木薯和蜡质玉米淀粉的糊比玉米和小麦淀粉的糊抗剪切力差。

不同种类淀粉糊的性质比较见表 2-11。

表 2-11　淀粉糊的性质比较

性质	玉米淀粉	马铃薯淀粉	小麦淀粉	木薯淀粉	蜡质玉米淀粉
糊的黏性	中等	非常高	低	高	高
蒸煮后，获得同样热黏度，每份干淀粉与水结合份数	15	24	13	20	22
糊丝特性	短	长	短	长	长
糊透明度	不透明	非常透明	模糊不透明	透明	半透明
黏度热稳定性	较稳定	降低很多	较稳定	降低	降低很多
冷却时结成凝胶性的强度	强	很弱	强	弱	不结成凝胶体
抗剪切	中等	低	中低	低	低
凝沉性（老化性能）	高	中	高	低	低

（六）淀粉糊在粉丝成型中的作用

生淀粉因是颗粒状态，无黏性，无法成丝；糊化了的淀粉经过挤压虽可成丝，但制品韧性差，亮度低。所以，在粉丝制作过程中，首先取少量淀粉使其完全糊化，并在快速搅拌中使其黏性变小，流动性增加，然后与其他生淀粉混在一起，经过漏孔而成细丝。淀粉糊在漏粉时主要起"筋"的作用，糊少了则粉丝易断，糊多了则黏度太大，流动性变小，漏不出丝来，或者虽能漏丝但粉丝粗细不均匀，出现棒状。

二、淀粉的回生

1．回生的概念

稀淀粉糊放置一定时间后会逐渐变混浊，最终可产生不溶性的白色沉淀，而将浓的淀粉分散液冷却，可迅速形成有弹性的胶体，这种现象称为淀粉的回生，也叫淀粉的老化或凝沉。因此，回生是指淀粉基质从溶解、分散成无定形游离状态返回至不溶解聚集或结晶状态的现象。凝沉淀粉为结晶结构，不溶于水。淀粉糊或淀粉溶液的回生具有下列效应：①黏度增加；②显现不透明和混浊；③在热糊表面形成不溶解的结膜；④不溶性的淀粉粒沉淀；⑤形成胶体；⑥脱水收缩。

2．回生的机理

回生是一种复杂的过程。淀粉完全糊化，充分水合，然后降温，当温度降到一定程度之后，由于分子热运动能量的不足，体系处于热力学非平衡状态，分子链间借氢键相互吸引与排列，使体系自由焓降低，最终形成结晶。结晶实质是分子链间有序排列的结果，其过程包括直链分子螺旋结构的形成及其堆积、支链淀粉外支链间双螺旋结构的形成与双螺旋之间的有序堆积（图2-4）。

（1）直链淀粉在淀粉回生过程中的作用在回生过程中直链淀粉起主要作用。溶解的直链淀粉分子之间进行有效的定向迁移，使分子之间能自行平行取向，沿链排列的大量羟基能与相邻链上的羟基靠得很紧，羟基通

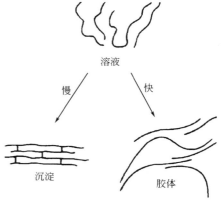

图2-4　直链淀粉回生机理

过链间的氢键相结合，直链淀粉联结在一起形成不溶于水的聚合体。在稀溶液中结合的直链淀粉形成沉淀；在更浓的分散液中，聚合的直链淀粉将水包裹在淀粉分子的网状结构中，形成胶体。曾用X-光衍射法证实了这些凝结沉淀的结晶性结构的存在，若要重新溶解，需要在100～160℃加热。

一般来讲，回生的直链淀粉由结晶区与无定形区混合组成，结晶区可抵抗酸解

和酶解，并可高达体系总量的 65%，晶粒由直链分子分子双螺旋组成。直链淀粉分子链的长度与回生的类型及难易有关，以聚合度 DP 在 100～200 个葡萄糖单位间的回生速率最高，而链的增长或缩短回生速率均降低。原因是长直链淀粉分子不容易迅速移动，与其他链紧密结合，并且难在较长的空间与相邻的链完全排列整齐；较小的直链淀粉分子链短，活动速度过快，不利于相互间完全地结合，不易凝胶化。

（2）支链淀粉在淀粉回生过程中的作用　支链淀粉与直链淀粉相比不易回生。因为支链淀粉的高度枝杈结构，构成了分子链平行取向的障碍，导致链间氢键不易

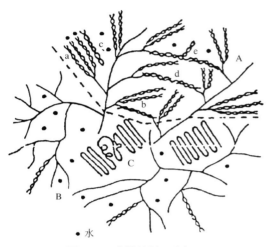

图 2-5　支链淀粉回生机理

形成。只有在极端条件下，如浓度很高或冰点温度，支链淀粉分子侧链间才会结合，使糊化后的淀粉颗粒内支链淀粉重结晶，发生回生作用。支链淀粉的回生是在分子内侧链间进行的，通过外层短支链（聚合度 15 左右）形成结晶构造（图 2-5）。支链淀粉分子结构模型中，A 链和 B 链的外侧是支链链长分布中的短链部分，这些短链有利于形成晶体。分子量与文化度对形成晶体无显著相关性，要形成结晶体，短链的链长要求至少聚合度在 10 以上，才能形成结晶所需的双螺旋结构，而聚合度 6～9 组成的短链则会阻滞回生，因而支链的长短和分布对其回生特征有重要影响。

淀粉颗粒中直、支链两种分子有一定的相互作用，当直链分子含量较高时，会与支链分子发生共结晶作用，很可能是快速形成的直链分子有序区为支链分子的结晶提供了晶种，而支链淀粉组分对直链淀粉组分的回生有一定抑制作用。

3．影响淀粉回生的因素

淀粉的回生作用与淀粉的种类、直链和支链淀粉比例、分子大小、溶液的浓度、溶液的 pH、温度以及盐类等因素都有关系。

（1）淀粉的种类　科学研究已证明，在水分含量 70%的条件下，不同种类淀粉短期回生的速率为玉米淀粉＞马铃薯淀粉＞大米淀粉＞小麦淀粉，长期回生速率为马铃薯淀粉＞玉米淀粉＞大米淀粉＞小麦淀粉。

（2）分子结构的影响　直链淀粉分子是线性分子，呈直链状构造，在溶液中空间障碍相对较小，易于取向，发生凝沉；支链淀粉分子呈树枝状构造，在溶液中空间障碍大，不易凝沉。

（3）分子大小的影响　对于直链淀粉，分子量大的取向困难，分子量小的，易

于扩散，只有分子量适中的才易于凝沉。以聚合度在 $100 \sim 200$ 个葡萄糖单位的分子回生速率最高。对支链分子而言，支链分子较小，支链长度较均一及支化点较少等均会提高初始回生速率。

（4）直链、支链淀粉分子比例的影响　直链分子与支链分子数量的比值，对回生有明显影响，支链淀粉含量高的较难凝沉，蜡质玉米淀粉几乎全是支链淀粉分子，回生过程非常缓慢，在 24h 内仅当浓度小于 20%时才会出现凝沉现象，在此浓度以下，淀粉分子之间只有链间无规缠绕。

（5）溶液浓度影响　溶液浓度大，分子碰撞机会多，易于凝沉；溶液浓度小，分子碰撞机会少，不易凝沉。浓度为 30%～60%溶液最易发生回生作用，水分在 10%以下的干燥状态的淀粉难以回生。

（6）pH 及无机盐的影响　回生速率在 pH5～7 最快，过高和过低的 pH 都会降低回生速率，pH10 以上不发生回生现象，低于 pH2 回生缓慢。

阴离子盐和阳离子盐都会降低淀粉回生作用，回生抑制程度依下列顺序：$CNS^- > PO_3^{3-} > CO_3^{2-} > I^- > Br^- > Cl^-$，$Ba^{2+} > Sr^{2+} > Ca^{2+} > K^+ > Na^+$。通常用硝酸钙和尿素抑制淀粉的回生。

（7）温度的影响　温度对直链淀粉的回生特征影响显著，3.5mg/mL 直链淀粉水溶液，在 5～45℃之间随温度升高，回生速率降低，5℃保温 100d，大多数直链淀粉回生沉淀，45℃时只有较少的小分子级回生并沉淀。淀粉溶液温度下降速度对其回生作用也有很大影响，缓慢冷却可以使淀粉分子有时间取向排列，故可加重回生程度；而迅速冷却，使淀粉分子来不及取向，可以减少回生程度。

（8）脂类对淀粉回生的影响　脂类包括脂肪酸、乳化剂与部分油脂，可与直链淀粉分子形成螺旋配合体，产生凝聚。但支链淀粉与脂类是如何相互作用的，看法不一。

（9）糖类对淀粉回生的影响　糖类主要指单、双寡糖。单、双寡糖因其分子较小，在淀粉糊化过程中，可随水分渗透并进入淀粉颗粒内部，并与淀粉分子相互作用，果糖能显著地提高淀粉的硬化速率，葡萄糖可轻微提高，蔗糖作用很弱。不同糖对回生影响取决于糖分子与水分子间的相容性，相容性好，糖分子可起到类似水的作用，对分子链有一定的稀释作用，延缓了分子链的迁移率，降低回生速率；相反若糖分子与水分子相容性不好，则会加速回生。

（10）淀粉改性对回生影响　化学方法可在淀粉分子上引进亲水性基因，能够减弱或阻止淀粉的回生。而酸解淀粉与交联淀粉则加强了淀粉分子之间的氢键作用，减弱了淀粉分子之间的亲和力，提高了淀粉糊化温度，加快了淀粉的回生凝沉速度。

4. 各种淀粉的回生速率

淀粉的回生速率是以淀粉糊从 95℃冷却至 50℃后增加的黏度来表示。普通谷类淀粉比块茎和根茎类淀粉回生快，蜡质玉米淀粉回生速率最慢。玉米淀粉糊回生最快，主要是因为玉米淀粉的直链淀粉含量高（28%）、聚合度小 （200～1200 之间）

和类脂体含量高（0.8%）。在玉米淀粉糊中，淀粉分子通常以聚合起来的直链淀粉——类脂体复合物的形式存在，这种络合物水合力很弱，对玉米淀粉糊的结合力或增稠力不会起作用。其他普通谷类淀粉的回生情况类似，但回生速率不如玉米淀粉快。马铃薯淀粉回生速率居中，这是因为它的直链淀粉含量相对较低（21%），直链淀粉分子长度大（聚合度 1000～6000），脂肪含量低（0.05%）。块根类淀粉具有低度到中度回生趋向。

5．高温回生现象

通常回生在淀粉糊冷却过程中以及在 70℃ 或 70℃ 以下贮存时发生，然而还有另外一种形式的回生存在，它是在 75～90℃ 贮存玉米淀粉溶液时发生的，并形成均匀的颗粒状沉淀，称为高温回生现象。玉米淀粉经 120～160℃ 糊化，得到的糊在 75～95℃ 贮存时，就发生回生情况。沉淀颗粒是由玉米直链淀粉同游离脂肪酸结合成螺旋络合物而形成的。这些游离脂肪酸在玉米淀粉中天然存在，脱脂玉米淀粉、蜡质玉米淀粉或马铃薯淀粉在 120℃ 以上糊化并在 75～95℃ 贮存就不会产生高温回生现象。普通玉米淀粉在 95℃ 以上贮存时也没有高温回生现象发生，说明直链淀粉同脂肪酸结合形成的螺旋络合物在此温度下被解离。

6．淀粉回生的应用

淀粉回生后性质非常稳定，与生淀粉一样不易被消化，所以较多的情况下都应尽量避免淀粉的回生。比如淀粉含量高的食品，如面包、馒头、米饭等，在温度较低的情况下都会变硬，而加热后又会变得松软，这是我们日常生活中常见到的现象，所以粮食类食品应趁热食用，以防止冷却后淀粉回生而影响食物的口感、结构和可消化性。但是，恰恰相反，粉丝、粉条、粉皮和凉粉等淀粉制品的加工正是充分利用了淀粉回生后凝胶强度加强、性质稳定、不易被水溶解的特性，回生后的淀粉凝胶不仅要有足够的刚性，还要有一定的弹性才能制得质量好的粉丝产品。

第五节　影响粉丝品质的因素

到现在为止，虽然各地有不少大规模的粉丝生产企业，但是我国粉丝的生产还有许多是沿用传统的家庭作坊式，因此，本部分讨论的影响因素主要针对传统的生产方式。影响粉丝品质的因素很多，除原料的差异外，主要有生产用水的品质即水质、自然环境、淀粉性质和工艺因素等方面。

一、水质对粉丝品质的影响

水是粉丝加工业最重要的辅助材料，消耗量非常大，一般来说，粉丝与水的用量比为 1：（20～30），即每生产 1t 的粉丝就要消耗 25～30t 的水，民间有粉丝加工是"水中捞银"的说法（"银"一方面指白色，另一方面指钱），因此，粉丝加工厂（作坊）必须有充足的水资源，才能保证生产的顺利进行。此外，粉丝的质量与水的质量也有非常密切的关系。

水有地表水和地下水之分，前者如江水、河水、湖水、雪水和雨水，后者则如井水、泉水等。不管是何种形式的水，都必须符合食品卫生的要求，否则绝不能用。在水源缺乏的地区，个别农户采用死潭或小水渠里的水，这是很不卫生的，应该严格禁止。

水通常被分成软水和硬水，其中的差别以水的硬度表示。水的硬度由度数表示，硬度1度是指每升水中含10mg的氯化钙。水的硬度大致分为以下几类：极软水0～75mg/L，软水75～150mg/L，中硬水150～300mg/L，硬水300～450mg/L，高硬水450～700mg/L，超高硬水700～1000mg/L，特硬水＞1000mg/L。

凡是水中含有钙和镁时，都能使水的硬度增加。水中只有钙时称为钙硬度，含有镁时称为镁硬度，两者合并称为总硬度。实际上，以碳酸盐形式存在的钙、镁和以非碳酸盐形式存在的钙对水的硬度产生的作用又有不同，因为前者可以通过煮沸后除去沉淀而降低水的硬度，所以，碳酸盐硬度又被称作暂时硬度，而非碳酸盐硬度仅仅通过加热的方式是很难改变的，所以又被称作永久硬度。

粉丝加工用水一般选用未受污染的较硬水，pH值6.5～7.2的中性水。理论上，水的性质对淀粉的提取影响不大，但传统粉丝生产方式采用的是酸浆的自然发酵法，酸浆中起作用的主要是某些微生物，而水中微量的金属离子的存在是微生物生长繁殖的营养素的来源，且某些金属离子又是微生物产生酶的激活剂。必须指出的是，如果水中重金属的含量超过正常标准所允许的范围，不但抑制有益微生物的生长繁殖，而且使微生物产生的凝聚素失去凝聚淀粉的作用，对粉丝的出粉率和粉丝的质量影响较大，另外，残留的重金属会导致人食用粉丝后的生理障碍（食物中毒）。因此，如果水质的硬度较高或卫生指标达不到生活饮用水标准时，必须采取必要的净化或处理措施，方可使用。

二、环境对粉丝品质的影响

环境的因素是多方面的，包括地理环境、气候环境等。

1．地理环境

地理环境的影响有以下几方面的内容：

① 粉丝厂是食品类的作业单位，厂址应选择通风好、空气洁净、风沙粉尘少、工业"三废"（废水、废气、废渣）少的地区。

② 水源充足，水质适合粉丝的加工。

③ 对于利用豆类生产粉丝的企业来说，微生物区系适合粉丝加工用的酸浆。已有的经验证明，在其他材料和工艺都完全相同的条件下，所用的酸浆不同，粉丝的

质量有很大的差别，这说明酸浆在粉丝加工中占有举足轻重的地位。究其原因，酸浆的质量取决于其中的微生物种类、组成和数量。

④ 地理位置还决定空气的相对湿度和温度。这两者除对微生物的影响较大外，对粉丝加工操作中的挂条、冻条和干燥都有很大的影响。

2．气候环境

气候环境与地理环境有密切的联系。纬度越高，湿度和温度就越低。季节的不同也会引起气候条件的变化。对于利用豆类生产粉丝的企业来说，气候条件影响酸浆的质量，也影响粉丝的干燥效果，进而影响粉丝的质量。

例如：龙口粉丝的生产季节，只有春、秋两季。春季从清明到夏至之间，秋季从白露到小雪之间，其他时间生产出的粉丝达不到质量标准。主要原因是冬季气温太低，发酵时乳酸链球菌不易繁殖。晒粉时干燥太慢，甚至结冰，对粉丝质量影响很大。夏季气温太高，发酵时杂菌难以控制，晒粉时因多雨、无风、阳光太曝等原因，也会影响粉丝质量。

生产粉丝理想的气候环境是，天气晴朗、无阳光直射、降雨量少、有微风、空气不过于干燥、温度稍低但不冻等。

还要指出的是，粉丝厂要有足够的场地，交通运输方便。粉丝厂址最佳选择是在水网地带或植被丰富的坡地。

三、淀粉性质对粉丝品质的影响

在淀粉的性质中已经介绍，不同来源的淀粉因其颗粒形状、聚合度大小、直链组分含量等的不同，淀粉糊的黏度、糊化温度、回生后淀粉凝胶的强度等性质有很大的差异。也就是说，淀粉的品种或来源是决定粉丝质量的主要因素。

并不是所有的淀粉都能用于粉丝加工，根据经验，豆类淀粉和薯类淀粉是生产粉丝的原料，而粮谷类淀粉不能用于粉丝生产加工。豆类淀粉和薯类淀粉比较，在粉丝加工方面，豆类淀粉优于薯类淀粉，主要原因是豆类淀粉直链淀粉含量高，其中以蚕豆最高，绿豆次之。但是生产出来的粉丝以绿豆为好，究其原因是绿豆淀粉中不溶性直链淀粉含量较高（达到19.53%，蚕豆为18.14%），这与粉丝的耐煮性成一定的相关性，而薯类淀粉的不溶性直链淀粉含量较低（甘薯淀粉为12.92%）。

从淀粉的形状方面来看，多角形的淀粉是完全不适合传统工艺生产粉丝的，原因在于多角形淀粉的糊化度高，其淀粉凝胶没有黏弹性而更多地表现为刚性（脆性），易破碎。通过粒度分布研究发现，马铃薯淀粉、甘薯淀粉和玉米淀粉颗粒粒度分布呈现正态分布，集中在一区域中，马铃薯淀粉的粒度较大；而绿豆淀粉的粒度分布有其独特性，主要为中等粒度分布的颗粒。粒度大的淀粉因分子间的结合力小，淀粉糊的黏性大而凝胶强度弱，易被热水泡胀，制作的粉丝易糊汤。所以，与豆类粉丝比较，薯类粉丝易糊汤不耐煮，容易断条而不能捞起。

从淀粉分子的分散度来看，绿豆淀粉的分散度要大于玉米淀粉，却小于甘薯淀粉和马铃薯淀粉，这也说明绿豆淀粉中存在很多中等链长的分支结构，可以像直链淀粉一样能够形成局部的微晶束，产生回生。

淀粉的老化作用以老化值（DR）来衡量，它是以一定的淀粉凝胶收缩脱水后经离心分离出的水质量来表示。从对淀粉老化作用的研究结果看，绿豆和蚕豆淀粉具有较高的老化值（绿豆 DR 为 5.18、蚕豆 DR 为 3.52），而甘薯（DR 为 1.22）、玉米（DR 为 2.37）和马铃薯（DR 为 1.40）的老化值较低。这说明老化值和粉丝质量也有明显的关系。

四、工艺因素对粉丝品质的影响

工艺因素对粉丝品质的影响是直接的，加工过程中很多因素会影响淀粉的纯度。无论是传统的自然沉降法还是工业化的机械分离法，在淀粉和其他成分的分离中都采用湿法，如此制得的淀粉的纯度较高，其中非淀粉成分的含量，除灰分外，都低于 1%。在粉丝加工中，纯净的淀粉才能获得高的凝胶强度。迄今为止，在原料的粉碎方法上，一是湿磨，二是干磨，除了由甘薯干加工淀粉采用先干磨后湿的方法分离外，所有的原料几乎都是先打浆或用水浸泡后湿磨的。湿磨的好处在于这种方法能够较好地保持淀粉颗粒的完整性，干磨时由于机械研磨和剪切的作用，使得淀粉颗粒受到较大程度的损伤，损伤后淀粉颗粒的吸水膨胀能力增大，成糊性能变差，凝胶强度减弱，产品得率低。干磨还会因为粉碎过程中产生的热量使部分淀粉变性，最终导致淀粉糊的品质恶化，从而影响粉丝的品质。

五、淀粉糊化度对粉丝品质的影响

淀粉糊化度越高，分子之间的聚合点越少，老化速度也就越慢。糊化度低，则老化速度快。粉丝从入锅到出锅，时间只有 2～3s，经过 97～98℃ 的水加热，外表基本完全糊化，其内部受热正好膨胀开，与水分子结合得很少就被拉出锅，放到冷水中冷却。这样淀粉间结合的机会最多，就最容易老化。所以，粉丝在锅里煮的时间和锅中水的温度高低，是影响粉丝品质的关键工序。时间过短，则淀粉颗粒还没有膨胀开，生产出的粉丝韧性、亮度都很差，时间过长，粉丝糊化度高，膨胀开的淀粉分子与水结合得多，则不易老化，会出现粉丝发黏、晾粉时难晾、晒粉时易出现并条等现象。

第三章
粉丝生产原料

加工粉丝原料必须含有丰富的淀粉。常用的原料主要是豆类和薯类，如绿豆、蚕豆、豌豆、马铃薯和甘薯等。不同原料生产的粉丝其质量有很大的差别，原因是它们的淀粉形状、性状和性质不同。一般来讲，用豆类加工的粉丝其质量比薯类产品优越。

第一节　豆类

一、绿豆

绿豆是菜豆科豇豆属植物中的一个栽培种。它是温带、亚热带和热带高海拔地区广泛种植的粒用豆类，亚洲栽培最多。其中中国、印度、泰国、菲律宾等国栽培最广泛；非洲、欧洲和美洲也有少量栽培。

我国是绿豆的起源中心之一。绿豆在我国已有2000年以上的栽培历史。农书《齐民要术》中，就有绿豆栽培经验的记载。绿豆在我国的分布广泛，主要产区集中在黄河、淮河流域的平原地区，以河南、山东、山西、陕西、安徽、四川等省为最多。

品种方面，有安徽的明光绿豆、河北张家口的鹦哥绿豆以及山东绿豆等地方名贵品种。按绿豆的颜色，可分为绿（深绿、鲜绿、黄绿）、黄、棕、黑和青蓝五种。在粉丝加工行业中，还习惯把种皮蜡质较多、有光泽的绿色豆称为明豆，把颜色暗淡、没有光泽的称为暗豆（又称毛豆、灰豆）。

绿豆是生产粉丝的上好原料，生产粉丝应选择籽粒饱满、无病虫害、无霉烂变质、颗粒较大、淀粉含量高的明豆。颜色应以绿色、有光泽的最好，其他颜色的绿豆不仅出淀粉率低，而且提取的淀粉颜色发暗，影响粉丝的质量。在挑选绿豆时，最好对其化学成分进行分析，挑选含水分少，含淀粉高的绿豆。同时还要了解绿豆的贮存时间，最好选用贮存时间不要超过1年的绿豆。因为贮存时间长的绿豆，做出的粉丝筋小，容易酥碎。此外最好还要了解绿豆的品种、产地及生长条件（如旱薄地、涝洼地等）。因为不同品种、产地和生长条件的绿豆，在泡豆、加酸浆等工艺处理后性状不同，这也是粉丝加工技术人员必须要熟悉的问题。

不同品种、不同地区绿豆化学成分见表3-1、表3-2。

表3-1　不同品种绿豆的化学成分

产地	名称	水分/%	蛋白质/%	粗脂肪/%	淀粉/%	粗纤维/%	灰分/%	磷/%
东北	美国种	13.5	24.3	0.9	53.9	4.0	3.3	—
东北	灰绿豆	13.5	24.8	0.9	52.3	5.2	3.3	—
东北	明绿豆	13.5	23.2	1.0	54.5	4.7	3.2	—
东北	黄绿豆	13.5	23.2	0.9	53.7	5.5	3.3	—
东北	旭绿豆	13.5	23.3	0.9	52.6	6.4	3.3	—

产地	名称	水分/%	蛋白质/%	粗脂肪/%	淀粉/%	粗纤维/%	灰分/%	磷/%
东北	大粒绿豆	13.5	23.0	0.9	54.6	4.8	3.1	—
山东	1 号	12.2	31.2	—	53.5	—	3.1	0.41
山东	2 号	12.4	30.8	—	53.8	—	3.0	0.52
山东	3 号	12.3	20.6	—	64.3	—	3.0	0.94

注：磷属于灰分。

表 3-2　不同地区绿豆的化学成分

地区	水分/%	蛋白质/%	脂肪/%	糖类/%	热量/(kJ/g)	粗纤维/%	灰分/%	钙/%	磷/%
北京	9.5	23.8	0.5	58.5	14.02	4.2	3.2	0.080	0.360
陕西	10.0	21.8	0.8	59.0	13.81	5.2	3.2	0.155	0.417
新疆	9.0	18.9	0.9	64.4	14.27	3.3	3.5	0.165	0.469
江苏	9.9	23.0	1.5	57.8	14.11	4.0	3.8	0.034	0.222
湖南	11.9	22.7	1.2	56.8	13.77	4.1	3.3	0.117	0.362
福建	13.0	20.6	1.5	57.8	13.69	3.8	3.3	0.091	0.220
四川	13.0	21.2	1.1	57.5	13.60	4.0	3.2	0.100	0.345

注：钙、磷属于灰分。

二、蚕豆

蚕豆是野豌豆科野豌豆属豆科植物中的一个栽培种，是人类栽培最古老的食用豆类作物之一。一般认为蚕豆原产于亚洲西南部到非洲北部一带。蚕豆传入我国的时间大约在 13 世纪。

蚕豆广泛分布在世界很多地区，目前世界上种植蚕豆的国家约有 45 个。以亚洲种植面积最大，其次为非洲和欧洲，但主要栽培的国家是中国、印度和巴基斯坦。

我国蚕豆的种植面积目前约 133.33 万公顷，是世界上蚕豆种植面积最大的国家，产量约占世界总产量的 2/3，冬蚕豆的种植主要分布在长江流域，四川省、云南省、江苏省和湖北省的种植面积都在 20 万公顷以上；湖南、浙江、安徽等省的种植面积也在 6.67 万公顷左右。春蚕豆的种植较少，总共 6.67 万公顷，分布在西北地区的甘肃、青海、新疆、内蒙古和西藏等地。

蚕豆是我国种植最多的食用豆类，其中不乏供外销的名品，如北方的张家口蚕豆、青海蚕豆、甘肃蚕豆，南方的宁波蚕豆、启东蚕豆和嘉兴蚕豆等。此外，四川蚕豆和云南蚕豆也都供作外销。各地蚕豆都具有当地品种的特征色泽。

不同地区蚕豆化学成分见表3-3。

表3-3 不同地区蚕豆的化学成分

地区	水分/%	蛋白质/%	脂肪/%	糖类/%	热量/(kJ/g)	粗纤维/%	灰分/%	钙/%	磷/%
北京	13.0	28.3	0.8	48.6	13.12	6.7	2.7	0.071	0.340
福建	17.0	25.2	1.7	46.6	12.67	6.4	3.1	—	—
四川	12.0	24.7	1.4	52.5	13.42	6.9	2.5	0.088	0.320
湖南	11.8	24.6	0.5	59.4	14.25	1.2	2.5	0.072	0.346
湖北	9.0	28.6	2.6	52.9	14.59	2.9	4.0	0.062	0.568
北京	16.0	29.4	1.8	47.5	13.54	2.1	3.2	0.093	0.225
甘肃	10.7	27.3	1.3	57.2	14.63	1.2	2.3	0.051	0.382
新疆	9.0	23.5	1.5	62.2	14.88	1.2	2.6	0.101	0.313
江苏	16.0	29.4	1.8	47.6	13.54	2.1	3.1	0.093	0.225
北京[①]	9.9	31.9	1.4	52.0	13.99	1.4	3.4	0.061	0.560

注：表中最后6个样品为去皮样。钙、磷属于灰分。

① 青皮蚕豆。

三、豌豆

豌豆是野豌豆科野豌豆属植物中的一个栽培种。豌豆原产于地中海沿岸、非洲北部和亚洲西部等地，栽培的历史至少在6000年以上，我国栽培豌豆已有2000多年的历史。目前栽培的豌豆起源于近东和中亚及非洲北部的野生类型。

豌豆是一种适应性很强的作物，地理分布很广，地球上凡有农业的地方几乎都有种植。我国干豌豆的主要产区为四川、河南、湖北、江苏、云南、陕西、山西、西藏、青海和新疆等省区。近年来，我国豌豆种植面积一直保持在9.67万公顷左右，总产量在20万吨左右。

豌豆按品种可分为白豌豆、麻豌豆、绿化豌豆和杂豌豆，按地区可分为加拿大豌豆、甘肃会宁的麻豌豆、河北张家口的绿化豌豆和杂豌豆等。从外形上看，豌豆有光皮和皱皮两种：一般来说，光皮豌豆含直链淀粉30%左右，较适宜用来加工粉丝，而皱皮豌豆的直链淀粉含量高达75%，很难糊化，且淀粉糊的硬度较大，不宜用作粉丝生产的原料。

对粉丝加工业来讲，"正宗"的原料是绿豆，其他豆类都被称为杂豆。因绿豆的原料来源有限，比杂豆少很多，所以杂豆粉丝也已成为豆类粉丝品种的重要组成部分。

不同地区豌豆化学成分见表3-4。

表 3-4 不同地区豌豆的化学成分

地区	水分/%	蛋白质/%	脂肪/%	糖类/%	热量/(kJ/g)	粗纤维/%	灰分/%	钙/%	磷/%
北京	10.0	24.6	1.0	57.0	14.84	4.5	2.9	0.084	0.400
新疆	11.0	24.4	1.3	60.0	13.92	4.6	2.7	0.117	0.313
湖北	8.0	20.0	2.7	60.6	14.50	5.5	3.2	0.076	0.375
湖南	10.9	20.5	2.2	58.4	14.00	5.7	2.3	0.074	0.194
四川	13.0	21.4	1.5	57.2	13.71	4.9	2.0	0.071	0.194
甘肃	10.5	21.7	1.2	56.2	13.46	8.4	2.0	0.082	0.198

注：钙、磷属于灰分。

第二节　薯类

一、马铃薯

马铃薯是茄科茄属植物，又名土豆、山药蛋、地蛋、洋芋和洋山芋等。

我国马铃薯主产区在黑龙江、吉林、辽宁、河北、山西、内蒙古、陕西、宁夏、甘肃、青海以及新疆等省区，栽培面积大而集中，约占全国马铃薯种植面积的50%。黑龙江、内蒙古、甘肃、青海等省区则是我国重要的种薯基地。除了上述主产区以外，湖南、湖北、河南、山东、江苏、浙江、安徽、江西、广东、广西、福建、台湾、云南、贵州等省区也有分散种植。

我国生产上栽培的马铃薯主要优良品种有如下几种。

早熟品种：包括丰收白、白头翁、克新4号、郑薯2号和春薯1号。

中早熟和中熟品种：包括乌盟601、双丰收、克新1号、晋薯1号（双季1号）和克新3号。

中晚熟和晚熟品种：包括高原7号、高原8号、沙杂15号、676-4、米拉、虎头及文胜4号（175号）。

马铃薯鲜薯含水较多，贮藏损失较大，贮藏期的温度、湿度以及光线对马铃薯块茎都有很大影响，应加强管理。

二、甘薯

甘薯是旋花科甘薯属甘薯种蔓生草本植物，又称作番薯、山芋、地瓜、红苕、白薯、红薯、红芋和白芋等。

甘薯原产于中美洲和南美洲的西北部，约在明朝时传入我国，主要栽培在北纬40°以南的热带、亚热带和温带地区。我国南起海南岛，北到黑龙江，东从沿海各省，西达云南、贵州等省（市区）都有甘薯种植，面积在666.67万公顷以上，占薯类作物的70%。

根据栽培期的不同，可将甘薯分成春薯、夏薯、秋薯和越冬薯 4 种类型。根据自然条件和栽培技术的不同，我国甘薯种植区又划分为：北方春、夏薯区，是我国主要的甘薯产区；南方夏薯区；华南秋、冬薯区和东北春、夏薯区 4 个产区。

我国主要的甘薯优良品种有：南瑞苕、胜利百号、蓬尾、台农 27、华北 166、华北 48、惠红早、一窝红、北京 553、遗字 138、湘农黄皮、栗子香、农大红、武功红、红皮早、青农 2 号、河北 351、烟薯 1 号、红红 1 号、浦薯 1 号、湛 64-285、辽 40、南京 92、郑红丸、陕薯 1 号、向阳黄、丰收白、烟薯 3 号、岩齿红、三和薯、川薯 13、普薯 6 号、徐薯 18、宁薯 1 号、宁薯 2 号、丰收 1 号、淮阴 85、济薯 1 号、定陶 69-1、烟薯 8 号等。

甘薯的种植面积大，产量高，目前主要是薯干被用作淀粉工业的原料。鲜薯一般作为生产普通粉丝的主要原料。与豆类粉丝比较，甘薯粉丝的透明度较好，但颜色、色泽和筋道方面则比豆类粉丝差。

对于某些地区而言，选择何种原料来加工粉丝主要取决于购买原料的方便程度和当地消费者的喜好，一般都是就地取材。

以上各种原料的化学成分见表 3-5。

表 3-5　不同地区甘薯的化学成分

地区	水分/%	蛋白质/%	脂肪/%	糖类/%	热量/(kJ/g)	粗纤维/%	灰分/%	钙/%	磷/%
北京	67.1	1.8	0.2	29.5	5.31	0.5	0.9	0.018	0.020
新疆	73.0	1.4	0.6	22.6	4.22	1.3	1.1	0.033	0.025
江苏	75.2	1.1	0.2	21.5	3.85	1.4	0.6	—	0.060
湖南	73.7	0.9	0.2	24.0	4.22	0.5	0.7	0.007	—
福建	82.0	0.8	0.7	15.2	2.93	3.8	0.7	0.014	0.019
北京[①]	10.9	3.9	0.8	80.3	14.38	1.4	2.7	0.128	—

注：① 为甘薯片。钙、磷属于灰分。

三、木薯

木薯又称树薯、南洋薯、木番薯等，属大戟科，亚灌木，很少为草本，是多年生植物。木薯是典型的热带薯类淀粉作物，主要产于南北纬 30°之间，遍及热带地区。我国木薯栽培已有 100 多年的历史，海南、广东、广西、福建、台湾、云南南部以及四川、贵州两省南端的河谷地带广泛种植。

木薯适应性强，产量高，病虫害少，栽培粗放，耐旱性强，除要求气温高外，对地势、土壤、雨量要求不高，贫瘠土地也可用来种植，不与粮争地。木薯加工性能好，被誉为"淀粉之王"。

我国木薯的年产量约 500 万吨。主要品种有广东的"青皮木薯"，海南、韶关等地的"面包木薯",等等。

木薯的化学组成为:淀粉 10%～30%,水分 60%～80%,纤维素 2%,蛋白质 1%,脂肪 0.4%,灰分 0.5%。木薯干基含淀粉 80%左右,比玉米淀粉含量还要高。应说明的一点是,木薯中含有一种有毒物质——氰配糖体,经过一系列降解后可生成有毒的氢氰酸。所以,在提高淀粉以及用其淀粉生产粉丝时,一定要采取相应的方法将有毒物质去除。

四、山药

山药别名薯蓣、大薯、佛掌薯、山薯等,属薯蓣科山药属,是一年生或多年生草本蔓生植物,能形成肥大的地下肉质块茎供食用或药用,营养价值高。按植物学分类,山药在植物学上包括许多种,有药用和蔬菜用种。按起源地可分为亚洲群、非洲群和美洲群三个类群。目前以非洲栽培面积最大,西非及尼日利亚的总产量最高,约占世界总产量的 1/2。我国是山药的重要原产地和驯化中心,其栽培种属亚洲群。我国种植山药的历史悠久,栽培面积广,目前除西藏、东北的北部及西北黄土高原外,其他各地均有栽培,其中陕西、山东、江苏等地为山药的主产区。

我国山药品种资源极为丰富,其中栽培的山药有普通山药和田薯两个"种"。普通山药又名家山药,原产我国,也是日本主要的栽培品种。田薯又名大薯,主要分布在我国的广东、广西、福建、江西和台湾等地。

山药的主要食用部分是地下块茎,可食用率高达 95%,营养物质丰富,山药中含有大量淀粉及蛋白质、各种维生素、微量元素和糖类。据分析,每 100g 鲜山药中,含水分 76.7～82.6g、蛋白质 1.5～1.9g、脂肪 0.75g、纤维素 0.9g、胡萝卜素 0.02mg、维生素 $B_1$0.08mg、维生素 $B_2$0.02mg、烟酸 0.3mg、维生素 C 4mg、钙 14mg、磷 42mg、铁 1.3mg、锌 0.6mg、铜 0.3mg、锰 0.18mg。山药还含有黏多糖、尿囊素、山药素、胆碱、盐酸多巴胺、甘露多糖等生理活性物质,是营养价值很高的药食同源食品。

第三节　其他原料

随着科学技术的不断发展,粉丝生产的原料也在不断增加,除了上述介绍的几种主要原料外,目前用于粉丝生产的原料还包括玉米、芭蕉芋等。另外还有一些常用的辅料。这些原材料的应用,无疑丰富了粉丝生产的原材料,同时,使生产出的粉丝的种类不断扩大,粉丝的产量不断提高,下面对其中几种进行简介。

一、芭蕉芋

芭蕉芋原产于南美洲,后逐渐传入我国,在云南、贵州、四川及广西等地均有大面积种植，芭蕉芋块茎产量可达 22.5～30t/hm^2。芭蕉芋块茎含淀粉 24%，粗蛋白 1%，纤维素 0.6%，灰分 1.4%，水分约 73%。芭蕉芋淀粉的绝大部分为直链淀粉，颗粒较大，呈椭圆状，长度可达 145μm，为层状结构，如将浓度为 3.5% 的淀粉溶液加热后再冷却（完成 α 化和 β 化），可形成晶莹透明的凝胶，是制作粉丝或粉皮的上好原料。

二、玉米

玉米是我国用于生产淀粉的主要原料，利用玉米淀粉生产出的粉丝颜色洁白、透明度好，但是在实际生产中，玉米淀粉不能用于粉丝的生产，主要原因是玉米淀粉中不溶性直链淀粉含量比较低，致使生产的粉丝不耐煮、易糊汤、易断条。随着对变性淀粉的不断研究和应用，使利用玉米淀粉生产出高质量的粉丝成为可能，本书中将介绍利用变性淀粉生产高质量玉米粉丝的技术。

三、大米

大米，亦称稻米，是稻谷经清理、砻谷、碾米、成品整理等工序后制成的食物。大米是中国大部分地区人民的主要食品。

大米中含糖类 75% 左右，蛋白质 7%～8%，脂肪 1.3%～1.8%，并含有丰富的 B 族维生素等。大米中的糖类主要是淀粉，所含的蛋白质主要是米谷蛋白，其次是米胶蛋白和球蛋白，其蛋白质的生物价和氨基酸的构成比例都比小麦、大麦、小米、玉米等禾谷类作物高，消化率 66.8%～83.1%，也是谷类蛋白质中较高的一种。

米粉丝是我国的传统主食之一，在我国以大米为原料生产粉丝有着悠久的历史，以其外观晶莹透亮、口感爽滑细腻，而深受广大群众喜爱。目前我国米粉丝加工规模达到 100 亿元左右，在稻米加工中占有重要地位，其产地主要分布在广东、广西、湖南、湖北、云南、贵州等华南和西南地区。

四、魔芋

魔芋，又名蒟蒻芋、蒟蒻、雷公枪，是天南星科魔芋属植物的泛称，在我国有很悠久的栽培历史。魔芋营养丰富，茎中含有高达 44%～64% 的葡甘露聚糖（KGM），此外还含蛋白质、氨基酸、维生素、矿物质、淀粉及其他多糖。国内外研究证实，KGM 是一种优良的水溶性膳食纤维，对营养不平衡症状有重要的调节作用，例如降血脂、降血糖、减肥、防治便秘、抗癌等，因此，魔芋被誉为第 7 类营养素保健食品。魔芋由于其独特的口感深受日本和中国人民的喜爱，利用魔芋的强凝胶性可以做出丰富多彩的食品，如魔芋豆腐、魔芋粉丝、魔芋糕点等；另外，魔芋还可以应用于生产果酱、果冻、调料品等。正因为如此，魔芋食品被人们誉为"魔力食品""肠道的扫把"等，越来越受到人们的青睐。

五、芋头

芋头为天南星科多年生草本植物的块茎，我国南方及华北各省（市区）均有栽培。芋头中含蛋白质 1.75%～2.30%、淀粉 69.6%～73.7%、脂类 0.47%～0.65%、钙 0.059%～0.169%、磷 0.113%～ 0.274%、铁 0.0042%～0.0050%，含有多种维生素、微量元素、矿物质和游离氨基酸。由于芋头资源丰富，具有营养和药用价值，研究报道较多，开发利用报道较少。鉴于芋头中含有较高的淀粉，淀粉颗粒细小，消化率可达 98.8%，可以在充分利用芋头淀粉特点和保留营养、药用价值条件下制成易于储运的粉丝。对于品质良好的芋头粉丝复水后不易老化特别适于凉加工食品。芋头粉丝加工蕴含着较大的经济价值和社会意义，利于带动农业经济的发展。

六、葛根

葛是一种名贵的天然野生植物，广布山区。葛根的淀粉含量高达 20%，是一种营养独特、药食兼优的绿色保健食品，富含人体必需的 13 种氨基酸和铁、钙、硒、锌、锗等微量元素，还含有黄豆贰、葛根素等黄酮类物质，具有清心明目、扩张血管、降血压、抗癌等作用。经常食用葛粉，能强筋壮骨、美容健身、延年益寿。因此葛粉在世界上被誉为"长寿粉"，国内外市场需求旺、容量大、价值高。我国葛根资源丰富，开发葛粉系列保健食品潜力大，市场广阔。

七、菱角

菱角为菱科菱属植物，中国每年种植面积在 4 万平方千米以上，年产 24 万吨左右，菱角属于高产的水生作物，广泛分布于湖北、湖南、江苏等十几个省（市区），具有多种重要的保健功能。已有研究表明，菱角富含淀粉，且其直链淀粉含量以及不可溶性直链淀粉含量均高于绿豆淀粉，是制备粉丝的良好原料。以其为原料生产粉丝，拓展了菱角的开发利用领域，增加了粉丝的花色品种。

八、蕨根

蕨根为凤尾蕨科植物蕨的根茎，在秋、冬采集"蕨"的根部，洗净、晒干，即为蕨根。蕨根富含淀粉，还含有多种医药成分，具有安神、降压、解热、抗癌的功能。利用蕨根为原料可以提取淀粉，制得的淀粉可制作蕨根粉丝和宽粉条，其产品富含蛋白质及多种微量元素，清香味浓，细嫩可口。

九、辅料及食品添加剂

在粉丝生产过程中，由于原料及其他方面的原因，会造成粉丝的质量较差，主要表现在粉丝强度不够、不耐煮、易糊汤、质脆易断等质量问题。为了很好地解决这方面的问题可以通过加入辅料及一些食品添加剂来解决。下面就对在粉丝生产过程中，常用的一些辅料添加剂进行介绍。

1．精盐

精盐在粉丝加工中的作用主要是增加原料淀粉的凝沉性，同时，粉丝中由于添加了精盐而具有一定的吸潮性，既增加了粉丝的强度，又使粉丝具有一定的湿润感。实验证明，以添加1.2%的精盐制出的粉丝煮炒性能较好。在米粉条生产中，精盐也是最常用的添加剂。添加量根据生产季节的不同掌握在0.1%～0.5%。过量使用会使米粉条变脆，且在潮湿季节易吸潮。

2．羧甲基纤维素钠

羧甲基纤维素钠（CMC-Na），是一种良好的食品增稠剂，具有良好的膜形成性，在粉丝加工过程中添加0.1%～0.2%中黏［400～800CPS（1kCPS=1Pa·s）］的CMC-Na，可防止浑汤，增加弹性，干燥时减少断碎。

3．钾明矾

钾明矾在粉丝制作过程中具有增加凝沉性和黏性（交联淀粉）的作用。据研究，以添加0.1%的钾明矾制出的粉丝综合食用品质较好。应说明的是，钾明矾含有铝离子，铝不是人体必需的微量元素，摄入过多可能会影响人体健康。所以，在粉丝生产中要严格按照食品添加剂标准控制其添加量，或者使用其他对人体无害的粉丝加工助剂代替钾明矾。粉丝生产中，使用钾明矾替代品是粉丝健康发展方向之一。

4．改性大豆磷脂

加工粉丝时，常加入干淀粉量0.1%～0.3%的改性大豆磷脂（油剂）作辅剂。因为，改性大豆磷脂能与直链淀粉络合形成复合体，能够防止淀粉成分在蒸煮过程中分离出来，从而防止了粉丝表面发黏和与此相关的粘连，并能增加面团的弹性，改善面团强度和加工性能，从而易于加工，减少断碎率，提高了生产效率，并能在沸煮时降低糊汤程度，改善食感。此外，还能提高粉丝的筋力，具有更好的复水性，防止老化和氧化变质，延长保藏期。

5．沙蒿胶

沙蒿胶具有很强的吸水能力，吸水后能迅速膨胀，在水中能形成黏稠的溶液，具有良好的持水性、黏着力和化学稳定性。试验证明，沙蒿胶有利于淀粉的回生，可提高粉丝的食用品质，可以作为明矾的替代品用作粉丝加工助剂。沙蒿胶的添加量在0.2%～0.3%时效果较好。

6．变性淀粉

在变性淀粉发展过程中，人们从单一改性开始，到复合变性，技术已日臻成熟，将原淀粉进行适当的变性，在原淀粉分子上引入适当的基团或改变分子的大小、颗粒形貌，使之具有其所欠缺的品质，这使粉丝品质得到完善，使之比原淀粉更适合于粉条、粉丝的加工。

目前应用粉丝加工的变性淀粉有交联淀粉、磷酸酯淀粉以及复合变性淀粉等。

（1）交联淀粉　交联淀粉是通过淀粉的醇羟基与交联剂的多元官能团形成二醚键或二酯键，使两个或两个以上的淀粉分子之间"架桥"在一起，生成具有多维空间网络结构的淀粉衍生物。交联淀粉在粉丝加工中的作用是增大分子链，降低粉丝的膨胀力，有效地抑制了淀粉的膨润度，使粉丝韧性增加，从而更容易搓粉，且交联淀粉能够很好地提高糊化温度，加快生产进度，提高粉丝的质量。目前研究较多的是马铃薯交联淀粉、木薯交联淀粉、甘薯交联淀粉及玉米交联淀粉。

（2）磷酸酯淀粉　磷酸酯淀粉为淀粉阴离子衍生物，其黏度、透明度和凝胶性等性质与原淀粉相比都有较大的改善，且冻融稳定性显著提高，食品加工中可作为增稠剂、稳定剂、悬浊剂和乳化稳定剂。根据有关研究，在粉丝加工过程中添加干淀粉量6%～10%，便可基本解决纯淀粉黏性弱、强度低等问题。从品质和经济效益上考虑，以添加8%的淀粉磷酸酯为适宜，使制作出的粉丝粘连性降低，耐蒸煮性提高，咀嚼性提高。研究较多的是玉米磷酸酯淀粉、小麦磷酸酯淀粉、木薯磷酸酯淀粉和马铃薯磷酸酯淀粉。

（3）复合变性淀粉　复合变性淀粉是指淀粉经过两个或两个以上不同改性手段后得到的双重或多重变性淀粉，复合变性淀粉拥有不同变性淀粉的特性，使不同变性淀粉的优点得到很好的综合，更好地提高粉丝的品质。目前已进行研究的包括：羟丙基二淀粉磷酸酯淀粉、磷酸酯交联木薯淀粉、交联氧化复合变性甘薯淀粉等。

7．米粉条常用食品添加剂

（1）复合磷酸盐　米粉条生产中添加的复合磷酸盐主要是磷酸氢二钠或焦磷酸钠。两者均为白色粉末，易溶于水，也是一种食品营养强化剂。其作用机理是随着温度的升高，复合磷酸盐能促进淀粉的可溶性物质的渗出，以增强淀粉间的结合力，磷酸根离子具有螯合作用，能使淀粉分子、蛋白质分子螯合成更大的分子，以增强米粉条的抗拉强度。这样便可增加筋力和韧性，增加米粉条光泽。

添加方式：可用冷水溶解后在拌粉时加入，添加量为0.1%～0.4%。过量使用会使米粉条变成微黄色或黄色。

（2）蒸馏单硬脂酸甘油酯　蒸馏单硬脂酸甘酯是一种常见的乳化剂，它不溶于水，但与热水强烈振荡混合时可分散在水中。为微黄色蜡状固体。常温时一般以β-态晶体存在。这种构型较难转变为活化态（α-态），不易与淀粉、蛋白质作用。在水中加热到一定程度后，会由 β-态转变为 α-态，极易与淀粉、蛋白质作用达到改善食品品质的目的。

一般认为，米粉条生产中单甘酯的加入，能使大米粉末表面均匀地分布有单甘酯的乳化层，迅速封闭大米粉粒对水分子的吸附能力，阻止水分进入淀粉，妨碍了可溶性淀粉的溶出，有效地降低了大米的黏度。单甘酯还能与直链淀粉结合成复合物，而且这个复合物的形成是一个不可逆转的过程，这对防止方便米粉老化，缩短复水时间有益。

添加方式：用冷水浸透后加热至糊状，拌粉时加入。添加量在 0.3%～0.6%酌情掌握。过量会使米粉条变黄，筋力差。

（3）焦亚硫酸钠（亚硫酸钠）　焦亚硫酸钠（亚硫酸钠）为白色粒状粉末。在米粉条生产中，主要作漂白剂使用，其作用原理是在酸性条件下放出二氧化硫，对大米某些天然色泽进行漂白。

采用干法生产，浸米时按 0.5%的比例加入，用醋酸调节 pH 值。在浸米时用清水漂洗，确保残留的二氧化硫浓度小于 20mg/kg。湿法生产时，在磨浆的用水内，加入 0.5%的溶液，也用醋酸调节 pH 值。

（4）醋精（醋酸）　用于调节 pH 值。大米粉浆中酸度的提高，糊化后可加速其老化过程。

第四章
豆类粉丝生产技术

第一节　绿豆粉丝

虽然全国各地几乎都有粉丝厂（坊），但是质量最好的、名气最大的产品还是山东的龙口粉丝。随着科学技术的发展，粉丝的加工工艺中或多或少地引入了技术水平不等的机械设备。龙口粉丝的生产厂家目前都已采用较高程度的半机械化生产方式。从本质上讲，粉丝加工仍然沿用了千百年来的作坊式作业，这是由淀粉的分离方式决定的。这里以龙口绿豆粉丝的工艺为例说明传统粉丝的生产过程，其生产工艺流程如下：

绿豆→清理→浸泡→捞豆→磨浆→筛分→粗淀粉乳→沉淀→沉淀→筛分→淀粉→成型→打糊→作面→漏粉→熟化→回生→成桄→吃浆→理水→晾粉→冻粉→解冻→干燥→包装→成品粉丝。

一、酸浆

1．酸浆的来源

酸浆即沉淀淀粉时的上清液。因其有酸味，故名酸浆。

酸浆质量的好坏及用量多少，直接关系到淀粉提取率及粉丝质量。因此，人们把培养和使用酸浆的技术，视为制作龙口粉丝的最关键技术。

酸浆又可分为头合浆、二合浆、三合浆（盆浆）、黑粉4种。各种酸浆的生产详见图4-1。

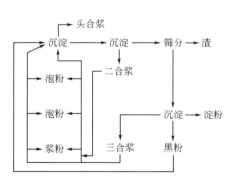

图4-1　不同酸浆的来源与用途

第1次沉淀的上清液为头合浆；弃去头合浆，加水后，第2次沉淀的上清液为二合浆；弃去二合浆，加水过小箩，第3次沉淀的上清液为三合浆；在三合浆与淀粉之间，有一层由淀粉、蛋白质、纤维素及半纤维素等杂质混合在一起的浓浆，称为黑粉。

酸浆的制备实际上是一个微生物培养的过程，因为微生物来源于自然环境（空气、水、豆料），所以这又是一个自然发酵过程。这一过程是影响传统粉丝加工中淀粉的分离效果和质量的主要因素。酸浆可由以下几种方法得到。

（1）原始酸浆　开始生产前，取少量绿豆（20～50kg）泡好后，磨成浆（粗淀粉乳），放在容器中以 30℃培养，这时原料中带进或空气中落进的微生物开始生长繁殖。随着微生物代谢产物的产生，pH 值不断下降。1 周后，粗淀粉乳 pH 值下降到 4.5 左右，有明显的酸味，水面布满泡沫。取其上清液即为原浆。把这些原浆加到新磨好的粗淀粉乳里进行沉淀，即可制出头合浆、二合浆、三合浆及黑粉。在正常生产的时候，头合浆是不再加进粗淀粉乳里进行沉淀的，但在原始养浆期间，要适当加进一些，随着浆劲的逐渐增大，加量也逐渐减少，直至不加头合浆。一般情况下，在养浆期间，酸浆中的霉菌、酵母及放线菌和耐酸能力弱的细菌等杂菌较多，而乳酸菌较少，酸浆的质量不太好，这是正常现象。经过几天的生产，其他杂菌会逐渐被淘汰掉，而有用的乳酸菌则会不断地得到纯化，在酸浆中占的比例也会逐渐增大，酸浆的质量会不断提高。7d 左右，酸浆即达到正常标准，这时可正常使用。

（2）存浆　生产一旦正常运行，酸浆可不断产生，反复使用。由于传统工艺受季节限制，通常只有春、秋两季才能生产，中间相隔 3 个多月，所以生产将要结束时要对酸浆进行保存，生产单位用瓶子把酸浆装好，口封严，深埋在地里或放到深井里。有条件的单位可在低温条件下保存，生产时取出来用。用这种方法保存的酸浆中，大多数乳酸菌已死亡，剩下只有 10%左右，使用时可像制备原浆一样逐渐培养，纯化出优质酸浆来。保存的酸浆尽管质量不太好，仍需要培养、纯化，但比没有酸浆，需要重新制造要快得多，所以多被采用。

（3）引浆　引浆即从别的生产单位引回少量酸浆，再经逐步培养、扩大后使用，这是最便宜的一种方法。

（4）纯种培养　条件好或规模较大的生产单位应尽可能建立自己的菌种室，进行纯种培养，并进行经常转接，制成试管菌种，保证菌种不退化。进行纯种培养，首先要分离出纯菌种或引进纯菌种，置试管内于 0～4℃条件下保藏。生产前，取出原种，活化后接入种子瓶或三角瓶进行扩大培养，3d 后即可使用。纯种培养的酸浆，菌种纯，质量高。

2．酸浆的用途

头合浆因含蛋白质、纤维较多，一般不再用于粉丝生产。可提取蛋白质、氨基酸、做饲料、肥料、酱油或用作发酵工业的氮源等。

二合浆和三合浆，主要在提取淀粉时，加在粗淀粉乳中，利用酸浆中的乳酸菌及其代谢产物——乳酸，使淀粉与其他杂质相分离，得到纯淀粉。其中一部分用于浆粉和泡粉。

黑粉中的一小部分加到粗淀粉乳中，用于提取淀粉。剩下的黑粉，可用碱调到pH值9左右，过120目筛，去掉细渣，再冲洗、中和、沉淀出黑淀粉。黑淀粉不能用于制作粉丝，可用作饲料或发酵原料。

3．酸浆的化学成分

酸浆主要由水、蛋白质、粗纤维、淀粉及乳酸、多肽、氨基酸、可溶性低聚糖、单糖、灰分等组成。不同的酸浆其成分含量不一样。各种酸浆中蛋白质、淀粉、粗纤维的含量列于表4-1。

表4-1　酸浆的化学成分

种类	蛋白质/%	淀粉/%	粗纤维/%	pH值
头合浆	12.8	0.1	2	6.2
二合浆	5	0.02	0.8	4.5
三合浆	2.6	0.01	0.2	5.1
黑粉	16	80	1.5	5.1

4．酸浆中的微生物

酸浆中含有丰富的营养物质，有利于大量微生物的生长繁殖，总菌数可达 8×10^9 株/mL。其中主要是乳酸菌，如乳酸链球菌、植质乳酸杆菌、酪素乳酸杆菌、乳酸短杆菌、纤维二糖乳酸杆菌、草绿乳酸杆菌、巴氏乳酸杆菌等；其次是酵母菌，如啤酒酵母、八孢裂殖酵母、汉逊氏酵母等。还有一部分霉菌、放线菌，细菌中大部分是产芽孢的杆菌。

酸浆中对淀粉分离纯化有作用的微生物是乳酸链球菌（豆类淀粉）和短杆菌（薯类淀粉）。科学试验已经证明，乳酸链球菌能使豆类淀粉粒凝聚，具体起凝聚作用的是附在乳酸链球菌体壁上的一种具有辨识和特异结合能力的功能蛋白质，它能够辨识和使淀粉颗粒凝聚成团，成团后的淀粉粒，由于重力加大而沉淀下来。

5．影响酸浆质量的因素

能使蛋白质变性的各种物理因素及化学因素，如加热、紫外线照射、超声波以及苯酚、三氯乙酸、甲醛、来苏水等，都能使乳酸菌凝聚淀粉粒的作用完全丧失，用糜蛋白酶处理菌体后，菌体凝聚淀粉粒的作用也完全丧失。影响乳酸菌对淀粉凝聚作用的因素有以下几点。

（1）温度　乳酸链球菌对淀粉的凝聚作用，在45℃以内，随温度的升高反应速度加快，但温度达65℃以上时速度变慢，这可能是因为凝聚作用的蛋白质变性所致。

（2）pH值　在不同的pH值条件下，乳酸菌对淀粉凝聚的作用也不一样。由表4-2可见，只有在pH值5.5～8.5的范围内，菌体才能使淀粉粒聚团沉淀，其中以

pH 值 6.0～6.2 为最好。在此 pH 值范围内，不仅淀粉粒凝聚速度快，而且淀粉与杂质分层清楚。

表 4-2　pH 值对淀粉凝聚作用的影响

pH 值	凝聚情况	淀粉与杂质分离情况
<5.0	不能聚团	混杂
5.3	聚团很小	分层不清
5.5～5.8	正常聚团	分层较清
6.0～6.2	正常聚团	分层清楚
6.5～7.0	正常聚团	分层较清
8.0～8.5	聚团很小	分层不清
>8.5	不能聚团	混杂

（3）离子　乳酸菌使淀粉粒凝聚沉淀，除了与温度、pH 值有关外，还必须有某些金属离子的参与。试验表明，用去离子水多次洗涤的菌体和淀粉，在去离子水溶液里不能发生凝聚现象。而阴离子和一价阳离子及 Sr^{2+}、Ba^{2+} 对淀粉的凝聚不起作用，其他二价以上的阳离子都起作用，并且阳离子价数越高，引起淀粉凝聚所需的体积越小，也就是说，阳离子价数越高，对淀粉凝聚的效果也就越大。其影响作用的大小参见表 4-3。

表 4-3　几种阳离子对淀粉凝聚作用的影响

被试验菌液（0.025mol/L）	引起聚团所需最小体积/mL	被试验菌液（0.025mol/L）	引起聚团所需最小体积/mL
$SnCl_4$	0.11	$MgSO_4$	0.28
$AlCl_3$	0.16	$CuSO_4$	0.28
$Cr(NO_3)_3$	0.18	$NiSO_4$	0.31
$Fe_2(SO_4)_3$	0.19	$CoCl_2$	0.35
$FeSO_4$	0.25	$CaCl_2$	1.12

试验还表明，在菌量足够且固定不变的条件下，阳离子需要量随沉淀淀粉的数量增加而增加。这更进一步说明了菌体中的凝集素与淀粉结合时需要一定量的阳离子参加。

龙口粉丝生产一般都用井水或泉水，各种阳离子含量都较高，pH 值一般在 6.8～7.0 之间，粗淀粉乳中加入酸浆后 pH 值一般在 6.0～6.2 之间，温度在 10～20℃之间，生产条件是比较合适的。但同样的原料，用不同的水生产时，泡豆温度、时间和酸浆加入的数量都是不一样的。这是龙口粉丝生产的技术人员所必须掌握的。

二、酸浆法提取淀粉

酸浆法提取淀粉的工艺程序是：绿豆洗净清理后加水浸泡，浸泡好的绿豆经过捞豆（漂洗）除去杂质，然后磨碎，经过筛分去掉粗渣得到绿豆粗淀粉乳。把粗淀粉乳加酸浆进行两次沉淀，除去蛋白质及一些较细的纤维素，再进行一次筛分，除去剩下的细渣，然后再进行一次沉淀，弃去上清液，刮去黑粉，即得到纯度很高的绿豆淀粉。

1．原料清理

绿豆在收获后和运输过程中难免有一些杂质混入其中，这些杂质主要包括包装碎片、绳丝、豆荚、豆秆和沙石等杂质，生产淀粉前需进行清理。绿豆的清理包括筛选、去石和磁选几部分。一般情况下磁选不是必需的。

（1）筛选　绿豆的筛选可用两道组合在一起的筛子来完成，一道筛的筛孔较大，允许绿豆通过，而豆荚、豆秆、绳丝等轻杂质留存筛面，这道筛可选用栅栏式或网格式；第二道筛孔较小，允许沙石等小杂质通过而不允许绿豆通过。其他豆料的清理可以采用同样的方式，筛选的设备可以选用粮食加工机械中的定型产品，将筛网的规格作适当的调整后就可使用。常用的筛型有两种，一是溜筛，又叫淌筛，其工作原理是筛体固定而物料运动，这种筛不需要额外的动力消耗，但需要较高的厂房；另一种是振动筛，这种筛的筛体作往复或回转运动，物料随之运动，这种筛的清理效果较好，占地少，同时可以除去灰尘，适合大型的工厂使用。

（2）去石　一些颗粒与绿豆大小相同的沙石，利用筛选不能除去，可以根据绿豆和沙石的相对密度和在运动中的惯性不同，通过去石机的机械振动和空气悬浮作用，将绿豆中的沙石及其杂质除去。

2．浸泡

（1）浸泡的作用　为了便于淀粉与其他成分的分离，磨浆前需对绿豆进行浸泡。浸泡的作用有以下几方面。

① 清洗原料　浸泡前虽然对绿豆进行了除杂，去除了大量的杂质和浮灰，但还有大量附着在绿豆表面的灰尘无法清除，通过浸泡可以进一步洗去附着的灰尘——清洗原料。

② 软化绿豆　干豆的组织较坚硬，含水量在 10%～15%，直接磨浆不能磨得很细，不利于淀粉的分离提纯。浸泡后绿豆充分吸水膨胀，使组织软化，容易磨碎，在破碎时淀粉粒才能游离出来，利于提取出比较纯净的淀粉。

③ 溶出一部分可溶物　在浸泡过程中，较长时间的浸泡使水分充分渗透到细胞内部，使绿豆中可溶性蛋白质、低分子肽及氨基酸大部分被溶出，同时，一些以钙镁盐为主的灰分、水溶性糖类、单宁等也被浸出，利于后续淀粉的分离和质量的保证，减少有色物质的生成。

④ 分散蛋白质网络　在浸泡过程中，绿豆中的部分蛋白酶被激活，酶解一部分蛋白质网的束缚。同时乳酸菌发酵产生的大量乳酸有分解蛋白质网的作用，使蛋白质网络解体而溶解，使包裹在蛋白质网络中的淀粉颗粒释放出来，在对绿豆破碎时，淀粉粒能顺利地游离出来。

⑤ 培养部分有益的乳酸菌　在浸泡过程中，随着浸泡时间的延长，浸泡水的温度、营养、pH 均有利于乳酸菌和一些其他微生物的繁殖，但是随着乳酸的不断产生，pH 不断下降，其他微生物被抑制，而乳酸菌仍能继续生长产生乳酸，对绿豆的软化和蛋白质网的破坏有一定的促进作用，所以，乳酸菌是有益菌。

（2）影响浸泡效果的因素　浸泡的效果受加水量（料水比）、温度和时间影响。

① 温度　温度是影响粉丝质量和淀粉提取率最关键的因素，温度过高可能造成蛋白质变性和淀粉糊化，不能进行淀粉分离或得不到未改性的淀粉，同时使乳酸菌不能存活；温度过低，绿豆吸水速度慢，浸泡时间延长，浸泡效果变弱，微生物及其产生酶的活性降低，低分子物质的溶解和转化程度减小，可溶性成分的溶出减少，淀粉品质下降，粉丝筋力不强。通常浸泡的温度以 30～40℃ 最为适宜，因为乳酸菌的生长温度为 40℃ 以下，蛋白质的变性温度为 65℃ 左右，65～70℃ 以上淀粉开始糊化。

② 时间　浸泡时间与温度有相互关系，温度高时间可短，温度低则时间宜长。温度一定的情况下，浸泡时间过短，豆粒吸水不充分，组织软化不够，不易磨浆，影响淀粉和蛋白质的分离，淀粉的提取率降低；浸泡时间过长，豆粒吸水过多，组织韧化，同样不易磨浆，淀粉的分离效果和提取率都受到影响，同时，绿豆可能发芽，产生生命活动，豆粒的有机物因代谢而损失，化学组成发生变化，淀粉转化成糖类。

③ 加水量　加水量不足，豆粒吸收水分不完全，组织不能充分软化，造成过多的僵豆；加水量过多，造成水源的浪费和后处理的负担。豆子与水的比例通常为（1∶1.7）～（1∶2）。

浸泡的最佳条件是 30～40℃，20～30h。一般情况下，生产单位没有保温措施，实际操作时往往先将水温升高至适当温度后，加入清理过的绿豆，使最终的温度保持在 30～40℃。加豆的同时需不断搅拌，以防止局部温度过高而使豆子变性。浸泡过程中由于微生物的作用，温度会有一定程度的上升，6～9h 后可加入适量的凉水使温度下降。浸泡的程度以容器表面出现均匀的泡沫并布满整个表面，用手指挤捏豆粒，以豆皮脱落、豆瓣易折断发脆、中心无硬心为好。

（3）浸泡的设备　可以采用瓷、铁罐（桶）、池等容器，根据加工的规模和条件选择。小规模生产如家庭或小作坊可选用瓷缸；中小型厂可采用地下水泥池；大中型厂可选用内涂防腐材料层的镀锌铁罐（桶），如外加夹套可实现保温，处理的能力较大，浸泡条件稳定。

3．捞豆（漂豆）

（1）捞豆的目的 捞豆是将浸泡过的绿豆经过漂洗，把个别没有浸泡开的僵豆选出来。因为在绿豆中，特别在新绿豆中，有一部分绿豆的珠孔很小或被蜡质堵塞，水分不易进去。尽管用温水浸泡 20h 以上，水分仍无法进入，仍和未浸泡过的豆一样，人们称这种豆为僵豆。僵豆由于没有经软化，细胞组织坚硬，蛋白质网也没有被分解，淀粉颗粒很难通过破碎游离出来。如果混在浸泡好的绿豆中一起加工，不仅淀粉提取率降低，浪费了原料，而且还会影响淀粉的质量，同时给提取淀粉的下几道工序带来很多的麻烦，所以必须选出。选出的僵豆等下一次泡豆时再加进去，一般都能浸泡开。

绿豆通过浸泡，有很多单宁、可溶性蛋白质及无机盐类被浸出，如随绿豆带进粗淀粉乳中，必然影响淀粉的质量，通过捞豆工序可以冲洗干净。捞豆还可以除去一部分杂菌。

（2）捞豆的原理 捞豆是利用泡好的绿豆密度比没有泡开的僵豆密度小这个性质，通过捞豆筛床，绿豆在水中振荡漂浮。密度小的豆随着振荡的水流跃过一道道的挡板流走，密度较大的僵豆和沙子沉在筛子底部，然后被收集起来。

（3）捞豆的过程 捞豆时，首先把浸泡水全部放掉，再打开自来水管往里冲水，打开泡豆池（或罐）的放料阀门，使水带着绿豆一起流出，加水量正好等于放料管的出水量。绿豆经过流豆槽，进入捞豆筛子；启动捞豆筛子，打开捞豆筛子的冲水阀门，浸泡好的绿豆则通过筛床流出，而僵豆和沙子则被留在筛床底部，工作一段时间，检查僵豆沉积量，数量较多，则可放出。

僵豆的多少因绿豆的新、陈、品种、生长条件不同而不同，与泡豆温度也有关系。新产的绿豆，僵豆多一些，泡豆水温度太低，僵豆也会多一些，反之则少一些。僵豆的量一般在 0.1%～5%，如果僵豆太多，泡豆时可用沸水泡 2～3min 后，再冲入凉水，水温调到合适的温度，僵豆会明显减少。

（4）捞豆的设备 主要是捞豆筛，由筛架、筛床、挡板、电机、变速箱、偏心轮、连杆等主要部件组成。筛床一般长 2m，宽 0.6m，高 0.1m，挡板是一个正好能嵌入筛床内的框架，高 0.02m，共有 4 道模挡板，可拿出清理筛床。筛床的进料端有一个"U"形存僵豆的斗，斗的一边有一个放僵豆的口，可随时放出僵豆，筛床上有 4 个小轮在筛架上滚动，筛床通过一个拉杆与偏心轮连接，使筛体作往复运动。

4．磨浆（破碎）

（1）磨浆的目的 捞出的绿豆要马上磨浆，放的时间一长就要发芽，一部分淀粉发生转化而影响淀粉的提取率。所以，磨浆的目的就是把浸泡好的绿豆进行细胞组织破碎，使淀粉颗粒从细胞组织中游离出来，以便于提取。淀粉粒游离出来的越多，淀粉提取率越高。同时，在淀粉粒充分游离的情况下，渣子越粗，则提取淀粉越容易。

（2）磨浆的方法　捞豆完毕的绿豆，首先要脱水，严防捞豆水入磨，因为捞豆水中混有泥土。在沉淀时小厂子可人工加料，大厂子可用提升机把绿豆运送到磨浆机上部的贮料斗。贮料斗上安装一个水龙头，不断定量地将绿豆冲入磨浆机中。

（3）磨浆的设备　主要有石磨、锤式粉碎机、砂轮磨、针磨等。

物料从进料口进入粉碎盘和固定齿盘之间的工作区，借助粉碎盘上钢棒和固定齿盘之间相对运动所产生的撞击和撕裂作用，使物料粉碎，粉碎后的物料通过筛上的筛孔排出机外。粉碎机的转速为 4000r/min，筛孔尺寸 1.0～1.2mm。

5．筛分

筛分即去渣，就是将磨好的粗淀粉乳用泵打进筛子进行筛分，把淀粉粒与粗纤维、绿豆皮等杂质分离开。

筛分的设备主要有平筛、旋转筛、离心筛和曲筛等。平筛因占地面积大、工作效率低，已被淘汰。曲筛成本较高，目前很少采用。生产厂现多采用旋转筛和离心筛，筛网孔径 80 目。

（1）旋转筛　旋转筛主要由筛底、筛盖、刷子、喷水管等部分组成。筛底和筛盖组成一个圆筒状。绿豆粗淀粉乳从一头进入，经过刷子的旋转，使淀粉颗粒及很细的纤维通过筛网，而较粗的渣子从另一头出料口流出。旋转筛的长度一般在 1.5～2m 之间，直径在 0.7m 左右。刷子镶在中间大轴上，并向不同的方向均匀分布，刷子都向同一个方向倾斜 5°～10°，以便使物料从进口到出口有一个推进力。旋转筛网一般采用 80 目。筛网与刷子之间的松紧可通过调节螺丝调整。在筛盖上方有一个钻有两排小孔的喷水管，不断地向筛内喷淋清水，使渣子与淀粉分离得更彻底。

筛分前要先把筛子冲刷干净，然后开机。机器运转正常后，打开进水管。进水量一般控制在每千克绿豆出 23kg 粗淀粉乳为宜。再打开进料泵。工作完毕时，先停止进料 5min，再关闭进水阀门，然后停机。如果先进料后开机或先关机后停料，都会出现淀粉流失现象。工作完毕后，要开盖冲刷干净，防止微生物生长繁殖或残渣干后堵住筛孔。

（2）离心筛　离心筛主要由机壳、筛板等主要部件组成。筛板是一圆锥体，水平镶在一横轴上，筛板上有很多小孔，也可内衬筛网。当筛板旋转时，由于离心力的作用，淀粉透过筛孔，沿离心筛边缘流出，而粗渣则停留在筛板内，借离心力作用，由内向外滑动，旋转到下方开口处时被甩出机外。

筛分后的淀粉乳里仍有一部分细渣和蛋白质，可流到沉淀罐中进行沉淀。粗渣中如含淀粉量高，可再进行一次磨碎和筛分，以提高淀粉提取率。

6．沉淀

沉淀是制作龙口粉丝提取淀粉的重要工序。主要包括第 1 次沉淀、第 2 次沉淀、过筛、第 3 次沉淀、提取黑粉及粉浆处理等环节。本工序不仅操作复杂，而且时间性、技术性要求特别强，必须安排有经验的工人精心操作。

本工序的主要目的是分离细渣和蛋白质。分离的基本原理是利用淀粉和细渣、蛋白质之间密度的不同。淀粉颗粒的密度约 $1.6g/cm^3$，而蛋白质和细渣的密度为 $1.2g/cm^3$ 左右，两者沉降速度差别较小。特别是一些淀粉与细渣、蛋白质吸附在一起，如果靠自然沉降分离则需要很长的时间，才能得到很好的分离，这样沉淀时，不仅需要的时间很长，而且沉淀物是淀粉、细渣和部分蛋白质的混合物。

由于酸浆中含有大量的乳酸菌，这些细菌外壁上的外源凝集素，可以在几秒钟内把周围的淀粉颗粒聚集成 1mm 左右的团状物或片状物。这样，淀粉粒不仅脱离了渣子中一些纤维的吸附作用，而且使其沉降速度大大加快，在重力效果方面约相当于 1000 倍的重力场的加速效应。而渣子和蛋白质因密度较小，沉陷速度明显小于淀粉。

本工序具体操作过程如下：

（1）兑浆　兑浆即把各种酸浆按一定的比例加入粗淀粉乳中。一般每千克绿豆产生粗淀粉乳 20～25kg，加二合浆 2～3kg，三合浆 1～1.5kg，黑粉 0.2～0.5kg。这 3 种浆虽然都有使淀粉集团沉淀的作用，但性质有所差别，在生产中可根据情况调整其使用数量。

黑粉中含乳酸菌数量最多，一般情况下有 6×10^9 株/mL 左右，能使淀粉聚集成团的作用最大。但加多了可以看到像雪花一样的片状淀粉沉淀，这样不仅会使沉淀的速度变慢，而且能夹带一些纤维下沉，使淀粉沉淀不实，杂质较多。同时由于第 2 次沉淀停放时间较长，黑粉的 pH 值较二合浆高一些，有利于杂菌生长。气温高的季节酸浆加多了会出现发粉团的现象，即淀粉中的一些细菌和酵母产气而使淀粉发泡。

三合浆中乳酸菌的含量次于黑粉，pH 值在 4.2～5.3 之间，其性质类似于黑粉。使用量因气温不同而异，气温高时用量较少，气温低时用量较多，但用量过多会使粉丝白干无筋。

二合浆中乳酸菌的含量在 6×10^8 株/mL 左右，但酸度较大，pH 值一般在 3.5～4.5 之间。它除了提供一部分乳酸菌外，还有一个调整 pH 值的作用，即把粗淀粉乳 pH 值调整在 6.0～6.2 之间。pH 值过高，蛋白质呈胶状物，使混合液浓度变大，淀粉沉淀不完全，出现"跑粉"现象；pH 值过低，粗淀粉乳中的蛋白质因达到等电点而凝聚成絮状物，也会出现"混脑""跑粉"现象，而且生产出的粉丝发黄发暗。

在了解了各种酸浆的性质以后，还要根据具体情况确定兑浆的多少。需要考虑的因素主要有：

① 绿豆浸泡温度高或时间长（泡得热），加浆量较少。浸泡温度低或时间短，加浆量较多。不同的绿豆，加浆量也有差异，这主要凭经验掌握。

② 酸浆劲大（即酸浆中乳酸菌含量多、pH 值较低），可以少加一些，反之则多一些。

③ 气温、水温较高时，加浆量可少一些，反之则多一些。

④ 水质较硬或 pH 值较高时要多加浆，水质较软或 pH 值较低时要少加浆。

⑤ 根据上次沉淀的情况和淀粉质量及生产出的成品粉丝的质量好坏酌情增减。

兑浆的方法主要分一次兑浆、多次兑浆和连续兑浆 3 种。

一次兑浆即把多种酸浆（黑粉、二合浆、三合浆）按一定比例一次性加到粗淀粉乳中，搅拌均匀后进行沉淀。

多次兑浆即把黑粉、三合浆一次性加到粗淀粉乳中，二合浆根据容器大小兑上一部分，或先把各种浆放到容器里，然后再放入粗淀粉乳。要边放粗淀粉乳边搅拌，等沉淀好后即"拔缸头"（即弃掉一部分上清液），再加一部分二合浆，流入一部分粗淀粉乳。这样重复 2～3 次。

连续兑浆即把黑粉、三合浆一次性加到容器里。把二合浆和粗淀粉乳按一定的比例一起连续加进容器，这种方法在当前粉丝生产中使用最多。因为二合浆加的数量比较多，单独往容器里放不仅麻烦，而且占用时间较长。这样只要把盛二合浆的容器用一管道连在流粗淀粉乳槽处，定好流量（粗淀粉乳的流量也要定好），不管拔几次缸头，二合浆都会和粗淀粉乳按一定比例兑好。

为了使粗淀粉乳和酸浆充分混合，使乳酸菌分布均匀并增加与淀粉颗粒接触的机会，同时使聚集成团的淀粉一块旋转下沉。避免先聚集成块的淀粉和密度较大的渣子下沉，而后聚集成团的淀粉把渣子压住，使淀粉不纯。在加入酸浆时需不断搅拌，使整个体系均匀。

搅拌都采用搅拌机来完成，较小的生产单位也可人工用木棒搅拌。搅拌时，要按一个方向旋转，使粗淀粉乳在容器内形成旋涡。搅拌机可采用活动式叶片搅拌机，即在一排沉淀容器的上方安装两条轨道，搅拌机在轨道上能来回活动。当需要搅拌某个容器时，启动行走按钮，使其行走，并在相应位置停下，放下螺旋桨即可搅拌。搅拌完毕后，提起螺旋桨，可再到需要的地方进行搅拌。螺旋桨可根据容器的大小而定，一般用两片即可，螺旋桨要伸入容器，离底部 5cm 左右，桨宽 5cm，长度要小于容器半径 10cm，并带有 30°～43°斜度。螺旋桨转速以 60r/min 为宜。

（2）第 1 次沉淀　当粗淀粉乳充满容器后（一般粗淀粉乳要离容器上沿 5cm 左右），继续搅拌 3～6min，容器内呈一中间低四周高的旋涡，即可停止搅拌，开始沉淀，并注意计时。

鉴别沉淀好坏的方法，可在停止搅拌时，用一量筒或透明玻璃杯，将沉淀容器内搅拌均匀的混合液盛于试杯中，计时观察沉淀情况。如果生产正常，混合液入杯后，可看到淀粉粒凝聚成团开始沉淀，在 45～60s 之间沉淀结束，分成 3 层，淀粉层与细渣层之间越齐越好。同时要注意沉淀容器的观察孔（在容器的一边镶一块有机玻璃，并标有刻度，可观察到容器内的沉淀情况），以淀粉层平齐时为准。因容器大，沉淀慢，一般 7～9min 沉淀即能结束，可以开始拔缸头。

正常情况下，如淀粉凝聚团粒发绿，原因可能是：一是豆子浸泡温度较高或时间较长；二是酸浆加得少或者酸浆没有劲。上述原因都能造成乳酸菌数目变少，这样凝聚淀粉的能力变弱，而使淀粉粒较小，沉淀得较快，淀粉沉淀层较结实。同时由于乳酸菌数量少，产酸能力弱，粗淀粉乳与酸浆混合液的 pH 值上升。绿豆中的色素是随着 pH 值的变化而变化的，在 pH 值 5～8 之间，pH 值越高则颜色越绿，pH 值越低则颜色越白。如果淀粉凝聚颗粒大，呈片状，沉淀慢，浆发白、起脑，最上层出现清浆现象，原因可能是：一是豆子浸泡温度高了或时间长了；二是酸浆多了或者酸浆劲太大。以上两种原因都能使乳酸菌数目增多，凝聚淀粉的能力加强，而使淀粉颗粒增大，沉淀速度变慢。同时由于 pH 值的下降，粗淀粉乳颜色变白，部分蛋白质和氨基酸达到等电点，开始凝聚成絮状物（绿豆中多数蛋白质的等电点在 pH 值 4.8～5.8 之间，被分解成的各种氨基酸的等电点也大部分在 pH 值 5～6 之间），这就是所谓的"起脑"。轻微起脑问题不大，如果严重起脑，会影响淀粉的沉淀、出现淀粉层不齐的现象，即一部分淀粉被隔在细渣与絮状物的上面而无法沉底，出现跑粉现象。

如果豆子浸泡的温度、时间合适，酸浆的劲大小适中，加浆量适当，游离的淀粉粒会全部凝聚成大小合适均一的团片状一起沉淀。pH 值在 6.0～6.2 时，绝大部分蛋白质还没有达到等电点，只有极少数蛋白质和游离的氨基酸等达到或接近等电点并开始凝聚，它们还没有阻止成团淀粉粒的能力，而对一些细渣却有一定的阻止或减缓沉淀速度的能力，使其落后于淀粉的沉淀或悬浮在上清液中，而有利于淀粉的提纯。每千克绿豆之所以作成 20～23kg 粗淀粉乳，加浆后在 24～27kg 的道理也正是如此。如果粗淀粉乳浓度过低，要保持混合后 pH 值仍在 6.1 左右，必须加大用浆量，以使乳酸菌数增多，混合液的浓度降低，从而使细渣的阻碍作用变小。

（3）拔缸头　拔缸头即把沉淀好了的上清液弃去一部分，然后再加入一定量的粗淀粉乳和二合浆，搅拌后再沉淀，这样重复 2～3 次。拔第 1 遍缸头一般弃去容器内总量的 3/5，拔第 2 遍缸头弃去容器内总量的 1/2，拔第 3 遍缸头弃去容器内总量的 2/5。

拔缸头常用的方法主要如下。

① 倾滗法：这是农户等小规模生产时采用的方法，即用杠杆将缸的一端撬起让上清液由低的一边流出。

② 导管法：即利用一根上下可活动的导管把上清液放掉。其方法是在离沉淀容器底部 5cm 左右，开孔安一个直径 6～10cm 的铁管，在容器内的一端安一个弯头，弯头的另一端接一个内六角，然后在内六角的另一端再接一个弯头，这个弯头要求能活动而不漏水。弯头的另一端接一根塑料管子，塑料管子的长度要求是竖起来和

容器上口齐平。当管子竖起来时，管口高于液面，粗淀粉乳流不出去，当管子放倒时，缸头则顺导管流出，用一根铁丝调节管子放倒的角度，则可以控制弃去缸头的多少。塑料管的顶端还可用白铁皮做一个扇面的小簸箕，以利于把缸头弃尽。

由于这种方法操作简便，一个人可以同时照管很多沉淀容器，因此多被采用。

（4）撇大缸　撇大缸也就是最后一次拔缸头。其沉淀时间和操作方法与拔缸头基本一样，只是撇大缸留下的部分一般不高于淀粉层 10cm。在撇到最后时，要小心不能把淀粉撇走。

撇大缸留上清液多少，要根据实际情况确定。如果留得太多，在冲二合浆后，菌体较多；留得太少，菌体较少。一般在气温较高、浆劲较大、豆子泡得较热（浸泡时间长、温度高）的情况下可适当少留一些，反之则多留一些。

（5）第 2 次沉淀　第 2 次沉淀的目的：一是分离剩下的蛋白质等杂质，二是培养酸浆、留下菌种。头合浆因杂质、杂菌较多，不能作为菌种保留；二合浆中的菌种绝大部分是第 1 次沉淀时凝聚淀粉沉淀的菌种，因此较纯，可作为下次生产用菌种。

其操作方法是：向容器内冲入一定量的清水。冲水量要根据气温、酸浆劲大小等具体因素来定。气温低、浆劲小可少冲一些水，气温高、浆劲大，冲水可多一些，一般每千克绿豆冲水 1.3～1.8kg。冲水后开始搅拌，当搅拌均匀后停止搅拌，进行沉淀并注意计时。

在停止搅拌时，要用试杯取样观察，可见到试杯中仍然出现 3 层，淀粉层越齐越好。如果二合浆冲水太少，沉淀慢，三层不明显，淀粉层上沿不齐；如果冲水太多，二合浆沉淀快，色淡水清。冲水太多能把二合浆中的乳酸菌及营养物质冲淡，不利其繁殖，会使二合浆没有劲（又叫掉浆），影响以后淀粉的提取。

（6）撇二合　撇二合即把第 2 次沉淀的上清液撇去。从沉淀开始，一般需 1.5～2h 才能开始撇二合。具体时间除了看试杯进行判断外，还要看容器里的沉淀情况。生产中一般采用探杆摸底的办法，即用一根木杆，轻轻捅淀粉层，感觉淀粉层较实，微有黏性即可。如淀粉层不很实，不黏探杆，则可延长沉淀时间，不可操之过急。有几句古老的加工粉丝的歌谣："紧凑大缸，浪当二合"，"浆轻豆子嫩，浊缸不浊盆"（盆是指第 3 次沉淀的容器），"二合沉淀不离浆，三合不表黑粉"。说明在第 1 次沉淀，撇缸要快，而在第 2 次沉淀时，撇缸不要急，撇二合时间过早会掉浆，在第 3 次沉淀时，淀粉沉淀得慢而不实，淀粉与黑粉区分不开。轻者黑粉太多，重者出现"淤泥团"，如出现淤泥团，不采取有力措施挽救，就可能出现倒缸现象。

撇二合的方法与撇大缸基本相同，撇去的多少，以不撇走淀粉为准。

二合浆撇出后，要放到罐子或池子中沉淀发酵 20h 左右。在这期间，一方面乳酸菌增殖，产生大量乳酸，同时随着 pH 值的降低，浆中的一些蛋白质及纤维素、半纤维素等有机物沉淀到底层。沉淀物中蛋白质等浓度很高，干物质占 2%～4%，可以做酸浆或其他综合利用。上清液即为第2天向粗淀粉乳中加的二合浆。

（7）过小箩　第1次筛分除去粗渣又称过大箩，第2次筛分除去细渣也叫过小箩。第1次因纤维素的渣数量多，用的筛孔较大，以便去除大量粗渣，但仍有不少细渣混杂在淀粉乳中，所以需要进一步筛分去除。这时可用100目或120目的筛网分离。

由于把绿豆磨成豆粕时，粗淀粉乳中的细纤维、蛋白质等物质黏性都比较大，筛网较细会出现糊筛网的现象，因此，只能用80目左右的筛网除去粗渣。经过两次沉淀分离以后，粗淀粉乳中的蛋白质、氨基酸、较细的纤维素及半纤维素已绝大部分被分离掉，只剩下一小部分密度、颗粒较大的细渣，这时黏性已很小。被凝聚成团的淀粉粒并不很结实，经过冲水搅拌，在过筛时又可变成游离的淀粉颗粒。这样，在筛分时淀粉颗粒透过120目的筛网，一些细渣被除去。这时淀粉的纯度已经很高。

其操作方法是：向撇二合剩下的淀粉层中冲入适量的清水，然后搅拌成淀粉乳。冲水量不宜太多，以能把淀粉搅成流动的淀粉乳送到小箩为准。

过小箩时与过大箩基本一样，要先开机，后进料，先停料，后停机。过小箩加水量，一般控制在每千克料加水2～2.5kg。

（8）第3次沉淀　经过小箩筛分后的淀粉乳，用泵打进第3次沉淀池，搅拌均匀后，开始沉淀（又叫上盆）。经过二合冲水、撇浆和小箩冲水后，淀粉乳的pH值逐渐上升，达到6.8左右。在这种pH值条件下，虽然乳酸链球菌对淀粉颗粒的凝聚能力变弱，但由于这时残留的纤维素、半纤维素及蛋白质已很少，并且在这种pH值条件下，蛋白质已达到溶解的状态，还是淀粉首先沉下。随着时间的延长，乳酸菌又开始繁殖，并产生乳酸，使pH值下降，这时一些蛋白质又开始凝聚，与纤维素、半纤维素及蛋白质一起沉淀在淀粉上。这样经过8～16h（气温高时间可短一些，气温低时间可长一些），第3次沉淀即可结束。这时可明显看出分成3层，上层淡乳白色的上清液即是三合浆，可直接用于生产，中层灰黄色的叫黑粉（油粉），最下层是淀粉。工作时可先移去三合浆，再移去黑粉。由于这时淀粉已凝固，黑粉仍呈较稀的状态，也可利用容器倾斜的方法把黑粉滗去。滗出黑粉后，再淋上少量清水，把淀粉洗净，然后把冲洗的水与黑粉放到一起。

（9）淀粉的成型与干燥　目前生产龙口粉丝用淀粉的提取和成型还都是人工操作，即用刀把淀粉割成几块，然后搬出。在搬出时要注意最底部可能有泥沙等杂质，可用刀切去，再沉淀提纯。把割出后的淀粉放到约60cm见方的白布上，兜起来，一方面脱水，一方面成型。有条件的工厂，也可放到振动成型机上进行脱水成型，可以大大提高生产效率，减轻劳动强度。成型后的淀粉一般叫作粉团，每个粉团质量一般在15～20kg，含水量约40%。

淀粉干燥的方法主要有日晒和烘干两种。在天气晴朗、阳光充足时可用日晒。空气混浊、阴雨天时可用蒸汽或热炕烘干，但注意烘干温度不能太高，超过60℃就会影响漏粉和粉丝质量。一般干燥后的粉团含水量25%～30%即可漏粉丝。

三、粉丝成型

用酸浆法制作的淀粉团子，经过日晒或烘干至含水量为 25%～30%时，即可用于漏粉。漏粉前先要把粉团子打碎，搓成面粉状，最大块不大于1cm³，以备打糊和和面用。如果是用卧式"O"型、"S"型、齿型和面机，则可将整个淀粉团子放入而不用搓面子，只需把打糊用的一小部分搓细即可。

其工艺流程如下：淀粉处理→打糊→作面→漏粉→熟化→冷却→成桄→吃浆→理水→晾粉→泡粉→搓洗→吃浆→找绺→冷冻→干燥。

1．打糊

打糊是制作粉丝的关键工序，用糊的多少和打糊的质量，不仅关系到漏粉时能否漏出，是否断裂，而且关系到晒干的粉丝韧性大小和亮度、光洁度，所以应精心操作。

在打糊以前，首先要根据淀粉的干湿、泡豆的冷热、上次漏粉的情况来确定每百千克淀粉用多少淀粉糊，在一般情况下用淀粉糊量为 3%～4%。用水量约占和面子时用淀粉数量的 12%～16%。

打糊主要有人工打糊法和机械打糊法两种方法。

（1）人工打糊　根据要和面子的多少，把打糊用的淀粉称准后，倒入"V"型大盆中，取一定数量的热水（60℃左右），把淀粉和匀，以没有颗粒状淀粉为准。一个人用一根长 1m 左右的木棍慢慢搅动，使淀粉不能沉淀在盆底。另一个人取一定数量的沸水（沸水用量等于总用水量减去调淀粉用水量），迅速倒入大盆中，搅动的人一开始慢搅 5～8 下，淀粉已经糊化成浆糊状，开始快速上下搅动、甩打，要求速度越快越好。一个人搅动几十下则已力尽气喘，需另换人搅动，2～3min 后糊即可打好。打好后的糊晶莹透亮、劲大丝长，这时如用手指挑起一点向空中扔去，能呈3m 多高的细丝而不断。打好后的糊需迅速和面子，稍一停顿则不能用。

人工打糊法，不需要什么设备，操作方便，适用于农户、小型工厂、作坊，但劳动效率低，强度大，不适宜大、中型工厂生产。

（2）机械打糊　机械打糊法的作用原理与人工打糊法一样，只不过用机械搅拌代替了人工搅拌。按其加热方式可分为沸水加热和蒸汽加热两种。沸水加热方式与人工打糊法基本相同，不再详述。蒸汽加热法即把沸水烫糊改为蒸汽烫糊。因不加沸水，调淀粉时应多用温水（总用水量减去蒸汽冷凝水的数量），打糊时，先把搓好的淀粉称重后倒入打糊机内，加入适量的 60℃水，开动搅拌机，在最低速度下搅拌约 1min。通入蒸汽，然后逐渐加快搅拌速度；当淀粉完全糊化后，停止通蒸汽，再继续搅拌 1min，停止搅拌，糊即打好。打糊机的搅拌容器可用不锈钢做成

粉丝生产技术

上大下小的圆桶状，上面有一能活动的盖，搅拌叶片做成图 4-2 的形状。打完糊后，提起搅拌叶片，使搅拌容器倾倒，将糊直接倒入和面机中。打糊机搅拌的速度要从慢到快。现在工厂使用的打糊机有变速箱分级调速和可控式无级调速两种，后一种效果最佳。由于机械法打糊效率高，劳动强度小，质量好，多数大、中型粉丝厂都采用。

图 4-2　打糊机叶片示意图

2．作面

作面即用打好的糊把淀粉和成能漏粉丝的面子。主要有人工作面和机械作面两种。

（1）人工作面　将搓碎的淀粉加入打糊的盆中。此盆要放在一个盛有 40℃左右水的木制或铁制的容器内，以保证面子温度的恒定，在天气较冷的季节，需经常添加热水或换水。由四五个人，每人将左手连臂伸入糊盆（右手扶住盆沿），上下搅拌，一直拌和到盆中看不见生面子为止，此为和面。

和好的面子不能直接漏粉丝，还必须进行揣和。其方法是：四五个人围立盆边，旋转揣和。工作中要有节奏，左手沿盆边向下按去，同时右手拔出，接着再右手按下左手拔出，如此交替进行，并绕盆移位工作，一般左手按时左脚落地，右手按时右脚落地。面子在盆中进行的路线是从盆的四周被按下去，经过盆底，又从中间突出来。这样经过揣和 5～10min，由于面子不断从中间突出来，向四周分散，其中的小气泡到达表面会由于减压而破裂，淀粉与糊之间也已揣和得相当均匀，表面油亮发光，如将手伸入面中慢慢拉出，整个手指会被面子黏着，如急速拔出，却不黏手。用双手捧起一团面子，就会由指缝中柔滑地流下成细长的丝状而不断，流下的面丝重叠在一起会遗留痕迹，要经过 3min 才能消失。如双手捧起一团面子，急速在手掌中翻转，既不黏手，也不能流下。如两手按住面子表面向两边分开时，面子会裂开一道很深的缝，这时面子已经揣好。

人工作面既费时又费力，但不需什么设备，投资很少，许多小厂、作坊仍采用人工作面。

（2）机械作面　机械作面的原理和作用与人工作面相同。机械代替人工可以减轻劳动强度，提高工作效率，便于产品质量控制。

机械作面主要有螺旋式和真空搅拌式两种：

① 螺旋式：螺旋式和面机是粉丝生产中应用最多的一种和面机。虽无定型产品，但各厂制作的都是大同小异。主要由支架、电机、变速箱、升降螺杆、搅拌螺旋、铁盆等主要部分组成。变速箱可用 130 汽车变速箱代替，而升降螺杆可使搅拌螺旋提升和下沉。螺旋主要起搅拌作用，可用不锈钢制作。螺旋与螺杆互相咬合并用插

销固定，可拿下来清洗。铁盆也是用不锈钢做成上口大、下口小的倒圆台形，并做成夹层，内放温水，以保证面子温度恒定。同时还可做一个打糊用的搅拌叶片，当打糊时，装上打糊搅拌叶片，打好糊后，再把和面搅拌螺旋换上，这样可以一机两用。为了连续操作，有的工厂做两个能移动的铁盆，当这一盆面子作好后，推出去漏粉，另一个铁盆再继续打糊作面，因作好的面子必须不停地搅拌或者揣和，所以，作好的面子还要一边漏粉一边揣和，又需要一或二人操作。为了解决这个问题，有的工厂在支架的另一端，再做一个铁盆和搅拌螺旋，这样既可连续操作，又省掉人工揣和。

为了使面子揣和均匀，变速箱要能正、反转，螺旋正转时，面子在螺旋的带动下，顺螺杆上升，升至表面，又沿铁盆的边下降；反转时，中间的面子被压到盆底，而沿盆边上升，再补充中间凹陷的部分。这样反复几次搅拌，则面子不仅调和得细匀油光，而且其中的小气泡也会绝大部分被排除，即可进行漏粉。

② 真空搅拌式：真空搅拌式是当前粉丝生产中最先进的作面设备。从打糊作面，到送料漏粉，可全部实现机械化，效率高，产量大，质量好，又卫生，是大型粉丝厂的理想设备。真空搅拌式作面设备主要由打糊机、和面机、传送带、小搅拌、真空搅拌、送料、真空泵等主要机械组成。

打糊机：最好用无级调速式打糊机，以上介绍过，不再详述。可装在和面机的上方，铁盆能够倾倒。当打好糊后，把糊直接倒进和面机内。

和面机：采用食品行业用的和面机即可，其搅拌装置"O"型、"S"型、齿型皆可以，装淀粉时不用搓细，整个粉团可直接放进。

传送带：可用白橡胶做成，带宽 25cm 左右。其一端在和面机的底部，另一端在小搅拌的上面。和好的面子从和面机出料口不断地流出，落到带子上进到小搅拌而被刮下。传送带主要起传送和提升的作用。

小搅拌：与和面机相同，只是小一点而已，主要是起中间储料的作用。因和面机是断续式工作，当第 1 次和好的面子放完后，第 2 次的面子还没和好时，利用小搅拌储存的面子继续工作，而不至于中断。揣和好的面子稍一停放则会结成硬团，所以必须不停地搅拌。

真空搅拌：其进料口与小搅拌的下料口密封连接，中间隔一块不锈钢板，板上钻有很多直径约 3mm 的小孔。因真空搅拌机内是负压，淀粉会很顺利地透过小孔成细条流进真空搅拌腔。由于淀粉面子中有很多小气泡.如果直接漏粉的话，这些小气泡中大一点的，当从漏粉瓢中流出成丝状时，则会出现断头现象，即使一些小一点的气泡，在细丝中间，当细丝入锅煮沸时，气泡受热而急速膨胀，也会出现断头。这样漏出的粉丝就会乱头无绪，无法成桄。有一些极小的气泡，虽不能使粉丝断头，但是会使粉丝透明度小、光洁度低、韧性差，看上去白而无光、人们称为"白干条"。当以细丝状态的淀粉进入真空腔后，由于真空腔内真空度很高，约在 86.450kPa，即使一些极小的气泡也会因突然膨胀而破裂，这样面子中的气泡就会绝大部分被抽出，漏粉时不仅不断，而且生产出的粉丝晶莹光亮。真空腔中还装一个旋转的横轴，上面有十几个搅拌齿，一方面防止面子停放时间长了变硬，同时在搅拌中，一些小气泡不断地暴露在表面而破裂，提高了面子的质量。真空搅拌机外边还有一个夹层，内加温水，使面子温度保持在 30～35℃之间。

送料器：主要由缸套、活塞、单向阀门组成，缸套的中上部有一进料口与真空腔直通，有一阀门可调整下料量。当活塞退到缸套后部时，面子吸进缸套，当活塞前进时顶开单向阀而把面子送出。

3．漏粉

漏粉即把作好的面子通过漏粉瓢，形成细丝状，然后煮熟定型。

漏粉是通过漏粉机来完成的，当前漏粉机分锤打式和螺旋式两种，以锤打式效果较好。锤打式漏粉机主要由机架、电机、曲轴锤、漏粉瓢及升降部分组成。

打锤可用硬质木材或塑料制作，直径 10cm 左右，下部呈半球形，行程 10cm 左右。每分钟锤打 100～140 次。漏粉瓢可用 0.6mm 的镀锌白铁做成高 15～20cm、下底直径 10～20cm、上口直径 25～30cm 的盆状，漏粉瓢下底稍突出，上面钻有整齐的小孔，孔径 0.7～0.8cm，孔数可根据实际情况确定，一般在 100～600 孔之间。漏粉机可安在煮粉锅的一侧，漏粉瓢在漏粉锅的侧上方。整个漏粉机可通过升降螺杆上下调整。漏粉时，作好的面子由送料器送到漏粉瓢，开动打瓢机，面子在打锤的振动下，通过漏孔，呈丝状下垂，上头粗，越往下越细，在入锅时直径约 1mm 左右。如果漏的粉丝太粗，可提升打瓢机，如果太细则使打瓢机下降。一般情况下，瓢底离锅面距离 30～50cm。漏粉速度在 40m/min 左右；应该注意的是，开始下面和工作将结束时，漏出的粉丝粗细不一，不能入锅。开始时可用一个圆盘在锅上接住，当漏下的粉丝粗细均一、符合质量要求时，把圆盘往上一抬，然后猛往下拉，迅速把圆盘抽出，则漏下的粉丝会很整齐地在接盘处断开，然后进入锅里。当工作将要结束时，可用一木棍猛扫漏下的粉丝中部，然后迅速放上接盘，则上部粉丝会全部漏进盘中，接出的面子还可以再用。

螺旋式漏粉机是用螺旋推进面子代替了锤打振动，其他都与锤打式相同。制出的粉丝不如锤打式，因此采用很少。

4．熟化

从漏粉瓢下来的粉丝要经过煮沸才能定型。煮沸加热的形式主要有煤火加热和蒸汽加热两种。

（1）煤火加热　即用直径 80cm 左右的生铁锅，放在砌好的炉灶上加热，砌灶时注意火不在锅的底部中央，而是偏向漏粉瓢的一侧。为了保持漏粉间的卫生，烧火处要与漏粉车间隔离。因为漏粉时锅内要不时添加热水，可在灶内安装热水器，即利用灶内余热，把水加热到80～90℃，不断补充锅内消耗的水分。如不具备条件也可另安一个热水炉，以不断补充锅内消耗的水分。

漏粉时，锅内水面要保持在离锅边3cm左右，水温在97～98℃之间，全锅只有下粉丝处稍有波动，其余水面保持无波动状态。粉丝头进入锅后，要用两根木棍做成的大筷子，把粉丝头抓住后，向右旋转半圈（而不是直接从锅底）捞出水面，放到冷却器内。这样锅内水形成一个向右旋转的涡流，使以后进锅的粉丝都绕锅半圈后被拉出水面。一般粉丝在锅内停留2～3s，时间太短，粉丝不热，晒干后无亮光，韧性差，出现白干条。如果粉丝在锅中时间太长，就会叠在锅里，出现乱条，粉丝表面由于吸收水分太多出现"溶化"现象，这样不仅使出粉率降低（可降低2%～4%），锅水发浑，而且煮出的粉丝黏性大，拉力小，晾粉时难晾，洗粉时难洗，晒粉时出现并条现象。锅内温度一定要保持恒定，如果温度太低，粉丝入锅后会沉锅底，时间太短，煮不熟，时间太长，则拉不成索；如果水温过高，达到沸腾，粉丝一下锅就会被冲断。锅内水温主要通过控制火苗来调节，粉丝在锅内停留的时间，主要通过拉锅的快慢来调节。

漏粉时间太长，锅内还可能出现白沫，影响漏粉质量。可稍加几滴花生油消除。如果白沫很多，可用扫帚归在一边，用勺撇出。如果有断头的粉丝坠入锅底，要及时用木棍从锅底捞出。

用煤火加热，由于设备简单制作方便，一些中、小型粉丝厂多采用，但由于加热速度慢，漏粉瓢孔一般不能超出300个，这样就影响了加工数量，更不能与机械化作面机械配套，所以，如果要提高产量，采用真空作面机，必须配用蒸汽加热锅。

（2）蒸汽加热　蒸汽加热是通过蒸汽加热锅来完成的。即用不锈钢做一个锅，下边做一个圆桶，镶在一起，圆桶内部做一个"T"字形圆管，四周钻满小孔，通入蒸汽，进行加热。这种加热方式水的波动小。如用盘管式加热也可以，但必须对水进行软化处理，否则使用时间长了上面易结水垢影响传热。因桶底部还设有进水口和出水口，进水口可不断放进预热至80～90℃的水，以补充消耗的水分，进水量和进汽量通过两个阀门进行调节。圆锅的下粉丝处钻一些1～2mm的小孔，使锅内与圆桶内水相通，底部沸水不断从孔中冒上来。在圆锅下粉丝处的对面也钻一些小孔，在不漏粉丝时，看到两处有小孔的地方都有浪，当粉丝漏下后，由于降低了水温，此处浪已基本看不见，而对面小孔处浪仍然存在，这时漏下的粉丝从锅的底部（偏右转过）被浪顶起，并被拉走，浪峰的水向左下落，顺锅流动。这样，水在锅内就形成旋转，粉丝从下锅后，靠锅的右下部转大半圈而被拉出。

5．冷却

从锅中拉出的粉丝，温度高，黏性大，必须立即降温冷却。降温的方法是使拉出的粉丝流经一个直径1m左右的凉水盆。盆的一边与锅靠拢而不接触（以防热水进入凉水盆），另一边做一凹下去的水流嘴，盆内不断地加入自来水，粉丝流过凉水盆水面，从水嘴处连水一块流出。

6．成桄

粉丝从冷却盆流入理粉盆。一个人可抓住粉丝头，桄成 1～1.1m 长的桄。因漏粉瓢的孔数不同，因此桄的匝数也不一样，孔数多了可少几匝，孔数少了可多几匝，以手中能握住为度，一般在 6～8 匝即可掐断，然后用一根长约 80cm 的木棍挑起。要使粉丝的首尾正好垂在粉丝下方。

7．吃浆

把瓷缸埋在地里一半，露出地面一半，里边放一半清水和二合浆（盆浆也可以），比例约 7∶1，具体比例要视水质而定。气温高时可少放一些浆，气温低时多放一些；水质较硬或 pH 值高的水多放一些浆，水质较软或 pH 值较低要少放一些。把成桄后的粉丝放到吃浆盆中浸泡 2～3min 即可捞出。吃浆的目的主要是利用乳酸的漂白作用，并使粉丝保持在弱酸性条件下，粉丝呈白色，而 pH 值高于 7 时呈绿黄色，吃过浆的粉丝在晾粉时好晾，洗粉时好洗，晒出的粉丝白而发亮。

8．理水

两手紧握粉丝上头（力量要适中），将吃过浆的粉丝挂在空中，十指伸直，从上往下理，把水理出。断头粉丝中的水分也要理干，然后由下向上贴在理好的粉丝上。理好的粉丝呈约 8cm 宽的扁带状。如果粉丝难晾难洗，也可把理好的粉丝放到平板上蹲一蹲，俗称"蹲粉"。待 2～3min，将粉丝提起来，把黏在一起的粉丝拨开，再挂在架子上停晾。也有的不"蹲粉"，而把理好的粉丝拨弄松散，然后停晾。其目的都是不让粉丝间黏得太实，以免难晾难洗。

9．晾粉

粉丝经过理水后，要迅速放到晾粉室停晾，晾粉的目的主要是为了使加热糊化了的淀粉，在冷却停晾过程中逐渐老化（回生），挤出一部分水分，形成胶束状结构，以增加粉丝的韧性，提高粉丝的质量。

晾粉室最好建得宽敞一些，并且最好能在地下 1.5m 左右，以保持温度的恒定，地面要用水泥抹平，并有一定斜度和排水设施。窗户要能开能闭，可根据实际情况通风或关闭，朝南窗户玻璃要涂成白色或挂窗帘，不能让阳光直射进室内。晾粉室内用铁杆或者竹竿、木杆做成一排排的架子，高 1.7m 左右，两架之间间隔 0.6m 左右。有条件的情况下，晾粉架子分左右两排，中间为一条传送带，这样理水后的粉丝，可通过传送带从漏粉车间送到晾粉车间，要准备晒的粉丝，通过传送带送出。

理好的粉丝送进晾粉室后，要根据漏粉的时间，按顺序排列，两杆粉之间要留 6cm 左右的空隙，晾上粉丝后，室内要保持湿润，如果气温高或空气干燥时，可在地面放上水，也可利用自来水管安上喷头喷雾。但一般不要直接喷在粉丝上，只要保持空气潮湿即可。室内温度要保持在 0～15℃ 之间，0～4℃ 效果最好，不能超出 −5℃ 或 25℃，湿度较高时，晾的时间可稍长一些，湿度较低时，晾的时间可稍短一些，一般以 8～20h 为宜。晾好后的粉丝，不但不黏，而且用手握之有爽快感，捏紧后一松手，粉丝就分散开。

晾好后的粉丝不能直接进行干燥，必须经过浸泡、搓洗、吃浆、找绺等工序，使粉丝分散开，用浆漂白，把细绺找清楚后才能进行干燥处理。

10．泡粉

将晾好后的粉丝放到冷水中浸泡 4h 左右，其作用是为了更易搓洗。

11．搓洗

泡好后的粉丝仍然黏在一起，可人工用手在水中搓开。搓时一只手握着粉丝的一头，另一只手握住间隔 6cm 左右的地方，两手用力搓洗，当粉丝完全散开后，再换一个地方，一直把一杆粉丝全部搓开为止。搓粉时要注意用力适当，以不断头、无并条、不乱绺、无硬"葫芦"为最好。

12．吃浆

把搓洗好的粉丝放到浆中浸泡 10min 左右。其目的是使粉丝保持 pH 值在 6 左右，这样粉丝的颜色最浅，同时酸浆中的乳酸有漂白作用，经过吃浆的粉丝白而发亮，没吃浆的粉丝黄而发暗。

13．找绺

一桄粉丝有 6～8 匝，每匝是两绺（两束）。在"蹲粉"和搓洗粉丝时难免有乱绺的现象。这样在晒粉时，难以摊排整齐，所以必须提前整理好，称为找绺。找绺时，找出一个头，然后按漏粉时的一组粉丝束从头到尾整理整齐。如有的匝长，有的匝短，可进行调整。有套匝、乱匝的要理顺整齐，使首尾都在一桄粉丝的底部。

14．冷冻

当前龙口粉丝生产中都是采用以上工艺来处理成型后的粉丝。在日本和国内个别杂粮粉丝生产厂，采用冷冻法处理成型后的粉丝，可节省很多劳力，有利于机械化大规模生产。其方法是：把成型后的粉丝冷却后送到冷冻室、先在 0～4℃ 的温度内使其充分老化，然后边淋水边冷冻。冷冻时温度约在 −10℃ 左右，并且逐渐降温，防止冻"冒"了粉丝（即因水结冰而破坏粉丝的微晶束结构）。最后冲水解冻，粉丝即可松散开。在冷冻时，因一大部分水分被排出粉丝外部，解冻后的粉丝含水分较少，容易干燥。同时能省去搓洗工序，粉丝断头、乱绺等现象都会避免，因此是较先进的工艺。但设备造价高，生产成本和能耗也较高，在中、小型工厂仍难采用。

15．干燥

粉丝干燥的方法主要有晒干和烘干两种。晒干成本低，设备简单，但受自然条件影响大。烘干耗能多，成本高，设备投资大，但可以人为控制，不受自然条件影响，因龙口粉丝生产全部都是自然干燥即晒干，因此，此处重点介绍晒干的方法。

（1）自然干燥　晒粉场要选择在空气流通的空旷、高爽的地方，四周要有植被，地面要用水泥或干净的细沙铺设，以便碎粉的收集和防止风吹起尘土污染粉丝，所以要远离公路、烟尘及其他空气和粉尘污染源。

晒粉时，空气清爽无尘，风力在 3～4 级，温度在 15～25℃ 为最适宜；如遇天气不好，可放在水中浸泡，改日再晒。山东省胶东北部为暖温带大陆性季风气候，在春、秋季节，天晴气爽，少雨多风（风力不很大），温度适宜，是龙口粉丝生产的黄金季节。

晒粉时应注意以下几个方面：

① 拉绳　根据风向，确定拉绳方向。一般采用顶风拉绳法，即刮南风或北风时要东西向拉绳，刮东、西风时要南北向拉绳。拉绳时在晒粉场外 2m 处立一铁（木）桩，然后用 8 号铁丝拉到对面场外，再立一桩，中间每隔 3～4m 用两根亮铁（或木棍）交叉顶住，绳高 2m 左右。绳要拉紧，不能松动。

② 挂粉　挂粉前，要根据气象台的天气预报和实际天气情况，确定挂粉时间。如果阴天、空气温度太高、无风或低于 2 级、风大（超过 5 级）、空气中尘土多时，风力太小且湿度大（超过 60%）时则不能挂粉，因为风力太大，尘土污染粉丝，使粉丝变成土黄色，风力小，粉丝容易出并条，气温超过 28℃，没有风也容易出并条，风力太小且湿度大，粉丝挂的时间长，容易改变颜色。所以，必须在天气晴朗、温度适宜、风力适中（3～5 级风）、湿度适中时才可挂粉。

挂粉的方法是：在晒粉绳上系直径 8～10cm 的麻绳（或塑料绳）圈，然后一手托住粉丝杆的一端，把粉丝杆的另一端在麻绳圈内绕一圈紧固住，另一端放在另一个麻绳圈内也绕一圈，然后依次排列成行。除了晒粉绳两端和支架处，其他每个麻绳挂住相邻两个粉丝杆的各一头，粉丝杆一定要挂牢，防止风大时刮掉。

③ 摊粉　即将漏粉时的每束粉丝，从一头开始，绕杆并排在粉丝扦上，首、尾要都在下端，每匝长度相等，匝距相同，不能有交叉或乱束的现象。然后再把每束粉丝均匀地摊在杆上，厚薄要均匀。

④ 晒粉　天气好时，粉丝干燥很快，工作人员要及时整理粉丝，防止有并条和干湿不匀的现象，特别要注意下端粉丝弯曲处（葫芦头）干燥较慢，要经常理顺，使一杆粉丝同时晒干。

⑤ 翻杆　一般顶风、向阳的一面粉丝先干，而另一面干得较慢，在晒至半干时要及时从绳的一头按顺序把粉丝杆翻过来，这样整杆粉丝会同时晒好。

⑥ 下绳　粉丝干燥的程度很重要，太干发焦易碎，太湿不易保存，一般晒至粉丝含水在 14% 左右即可摘杆。粉丝摘下后，每 4～5 杆排在一起，整理好，用粉丝把下垂的一头捆起，并把杆拔掉，然后装进粉包。

（2）烘干　龙口粉丝生产，现在全部采用露天自然干燥的方法，虽然方法简便、成本低，但受天气影响较大，占地面积大，劳动强度大，卫生条件差。国外和国内杂粮粉丝生产厂有些已采用人工烘干的方法，为粉丝生产的连续机械化生产创造了有利条件，很有前途。现介绍一下烘干的方法，以供参考。

① 烘干室设计　要求同时考虑到粉丝的表皮和中间干燥速度不一，会造成表面光洁度下降等因素，温度一般不超过 60℃。

风力：空气的流动是直接影响粉丝干燥速度的因素之一。在同样条件下，风越大，水分蒸发越快。但风力过大，则造成含水分较大的粉丝断条、并条。而风太小，不仅水分蒸发慢，而且时间一长会造成粉丝变质。一般来说，在烘干室内要创造 4～6 级的气象风力条件。

湿度：空气干湿度，可用干湿温度差来表示。一般来讲，烘干室内干湿温度差应超过 4～6℃。

温度：从水分蒸发速度的角度考虑，应该是温度愈高，水分蒸发愈快，干燥速度愈快。由于粉丝具有黏性和高温变质的特点，同时考虑到粉丝的表皮和中间干燥速度不一，会造成表面光洁度下降等因素，温度一般不超过 60℃。

② 干燥方法　湿粉丝用链条传送，经过 3 个干燥室，中间进行 2 次整理。

a．入第 1 干燥室　因为鲜粉丝黏性大，温度不能过高，保持在 35～45℃为好。同时这时的粉丝湿度大，为加快水分蒸发，可加大风量，并注意排潮。在第 1 干燥室粉丝中的水分蒸发 20%左右。

b．整理　为了防止由第 1 干燥室出来的粉丝发生并条，要进行第 1 次整理。

c．入第 2 干燥室　为了使粉丝内部水分及时散发出来，需要增高温度。此室温度要求在 40～50℃，同时还要加大风量。由于温度高，风量大，粉丝内部水分可以蒸发出来，但易出现粉丝表皮过度失水现象。为了补充粉丝表皮过度失去的水，室内应保持一定湿度，除控制适当排潮外，可将第 3 干燥室之余风吹入第 2 干燥室。粉丝在此室可散发水分 20%。

d．二次整理　将从第 2 干燥室出来的粉丝进行整理，这次整理称为二次整理。

e．入第 3 干燥室　粉丝经过 2 次干燥，水分已蒸发掉 40%，粉丝内只剩一小部分，为了使通过烘干的粉丝渐渐适应外界环境，该干燥室应掌握降温、大风、少排潮的原则，室温保持在 20～30℃。粉丝干燥后，其处理方法同自然干燥法。

16．包装

粉丝通常都是以散装的形式出现在市场上，造成粉丝消费不方便的原因与粉丝生产的工艺有关，因为粉丝的干燥都是成匝晒干的，虽然每匝粉丝自身条理分明，但每匝中有若干粉丝单条，可谓千头万绪，而且长度较长，不易整齐切断。目前，对方便粉丝包装的要求越来越高，生产单位可适当考虑零售市场日益增长的需要，作成挂面样的包装可能会有很大的市场潜力。

（1）包装规格　粉丝的包装有以下规格：60kg 塑料编织袋包装；1kg/包×25 包，塑料编织袋或纸板箱包装，每箱（袋）25kg；500g/包×50 包，塑料编织袋或纸板箱包装，每箱（袋）25kg；250g/包×100 包，塑料编织袋或纸板箱包装，每箱（袋）25kg；100g/包×250 包，塑料编织袋或纸板箱包装，每箱（袋）25kg；50g/包×500 包，塑料编织袋或纸板箱包装，每箱（袋）25kg；300g/包×100 包，塑料编织袋或纸板箱包装，每箱（袋）30kg；150g/包×150 包，塑料编织袋或纸板箱包装，每箱（袋）22.5kg；约 37.5g/扎×667 扎，装一箱（内衬防潮纸）；切割粉丝包装，切割长度 20cm 后装袋或散装，纸箱装。

（2）包装方法　①大件（60kg）　称取 60kg 粉丝，头尾交叉放进打包机内压缩成型，再用铁丝分五道捆紧定型，外边包一层防潮纸，然后用塑料丝编织布包装，最后印大商标货号。②小把（各种规格）　把成捆粉丝拆开，松散后称取需要质量，把粉丝理顺整齐，再把两头向内折，然后用绳子勒紧，用小绳捆牢，一般 1000g 的捆四道，100～500g 的捆三道。37.5g 装的因把小、粉丝太长要先从中间切断，然后绑成小把。小把包装要求质量准确，长度一定，松紧合适，外观无头。然后把口扎紧，平放进标准出口箱内，压紧封口。③切割粉丝包装　因小把包装食用时比较麻烦，国际市场最受欢迎的是切割包装。即把成捆粉丝拆开，均匀地平铺在粉丝切割机的传送带上，被切割机切成长度相等（约 20cm 左右）的短条，然后称取质量，装袋热压封口，最后装入纸箱。

粉丝经过包装其生产的各个环节全部完成，包装好的粉丝进入仓库或直接投放市场，进入销售渠道。进入仓库的粉丝要注意安全保管，虽然粉丝的性质稳定，但若保管不善同样会出现品质问题，如出现变质、变色、酥脆、霉烂等。所以，在粉丝贮藏过程中，主要应注意环境的防潮、防晒、防雨以及避光，不能露天存放。

四、即食粉丝

2000 年前后，受市场方便面、方便食品的启发，各企业争相研制方便粉丝，经过 2～3 年的探索，产品已基本定型，并取名为即食粉丝（方便粉丝），即将粉丝放到容器中一冲即可食用，投放市场后，深受消费者欢迎。

即食粉丝最大的优点是集晒粉（或烘干）、定型于一体，省去了中间环节，一步出成品，减少了相互交错，以及室外晾晒的污染，可以确保卫生指标达到要求。

根据市场需要，即食粉丝的定型可分为：圆形和长方形，质量可分为：20g、30g、50g，最大不能超过 60g。受粉丝本身性能的限制，质量增加，所需热量也相应增加，烘箱温度如果超过 140℃，极有可能产生膨化而影响成品品质；如果采用延长时间的方法（烘干时间最好控制在 30～40min），超过 50min，烘干出来的粉丝色泽不理想，同样影响成品的品质。

即食粉丝加工机一般长 40m，宽 2.8～3m，高 3.2～3.5m，利用循环风，为了增加风的穿透力，一般采用 13kW 的风机，工作频率为 40～80Hz。输送网带宽 60～100cm，每分钟行进 1.2～1.5m，每小时生产成品 100～150kg。为了便于通风，保证含水量均匀，成型料盒四周、底部都有孔眼，其高度为 1.5～3cm。箱内温度一般在 40～140℃，根据要求可任意选择、调整。

加湿房是烘干粉丝的延续设施。烘干箱内温度高、气压大，出口成品的含水量一般都低于标准要求的含水量，很难调整到适宜的含水量。加湿房是在产品出口处设置的延续设施，里面有加湿器及干、湿度计等，相对湿度控制在 12%～13%，温度控制在 18～20℃，每平方米可存放 50～60kg。产品装入周转箱放到加湿房，停留 1～2h，期间含水量低于标准的产品，吸收了一定量的水分，含水量略高于标准的产品，相互反应渗透，达到了均衡一致的含水量。其生产的过程如下。

1．切断

即食粉丝都是小规格，用原粉直接装定型盒，影响了速度，增加了工艺难度。解冻后无并条、无断条的粉丝，放到特制的不锈钢案上，从中切成两半放到周转箱内进入成型工序，装入定型盒内。

2．成型

湿粉丝含水量一般在 65%左右，按预计质量的标准称重，将粉丝按顺序折叠成花状，装入定型盒内，边上不允许有乱条，不得有延伸到盒外的遗漏条。然后将盛有产品的料盒放到烘干链条上。

3．烘干

根据规格和质量要求，料盒内装的粉丝厚度一般在 2cm 以上，并且十分严实，没有空隙。烘箱前部的温度一般控制在 80～120℃，风机工作频率 60～80Hz；中部的温度一般控制在 60～80℃，风机工作频率 60～80Hz；后部的温度一般控制在 40～60℃，风机工作频率 40～50Hz。随时检查温度盒风压，防止设备出现故障，产生不合格产品。

4．取成品

料盒从烘箱内输送出来后，温度一般在 40～50℃，水分含量一般在 12%左右，用特制的小叉将粉丝从料盒中叉出，放到周转箱内。

5．加湿

将周转箱的粉丝，按批次放入加湿房内，根据批次的含水量，适当调节湿度，停 1～2h，含水量均衡到 13%～14%时，按顺序转入包装车间。

五、龙口粉丝生产与气象条件

龙口粉丝与其他粉丝的制作方法大致相同，原料是纯绿豆淀粉，除选用优质绿豆和优质豌豆为原料外，还有 2 个关键因素，即特殊的生产工艺和产地的地理、气候条件。而地理和气象条件和粉丝生产的关系十分密切，我国许多地区的粉丝生产企业没有重视这个问题。

山东省招远市气象局的杨金玲等根据当地 30 年（1971 年～2000 年）的气象资料，主要从龙口粉丝生产工艺之一的晒粉研究了影响龙口粉丝质量的气象因素。气象条件与龙口粉丝的质量有直接的关系，适宜的温度有利于乳酸链球菌繁殖，适宜的风力和温度有利于粉丝的干燥。研究晒粉和气象条件的关系，对进一步提高粉丝的质量有重要意义。其研究的结果值得推广和应用，下面将其研究的成果进行简介，以供粉丝生产企业参考。

1．粉丝的晒粉工艺与气象条件

粉丝生产分春、秋两季进行，春天从 3 月中旬开始到 7 月中旬结束。春天平均气温 10.7℃，从开春的−3.0℃，呈"之"字形不规则状上升到 30℃，平均降水量 108mm，平均空气相对湿度 64%，平均风力 3～4 级。该研究主要考虑春季的粉丝晾晒，这是一个不可改变的季节温度。

（1）气温　根据经验，晒粉最适宜温度为 10～25℃，最适宜的月份为 3 月下旬、4 月、5 月共 60～70d。3 月下旬开始气温明显回升，一直到 6 月气温上升到 20℃以上，其间气温波动较小，并呈明显的上升趋势。气温过高容易使晒成的粉丝有并条，气温过低容易使晒出的粉丝有黏稠感。同时因为这个温度段空气中的湿度非常低，又受海边湿空气影响，呈海洋性、半干燥性的气候，非常适于室外晒粉。

（2）空气湿度　空气湿度是表示空气中的水汽含量和潮湿程度的物理量，也是晒粉的关键因素之一。根据经验，最适宜晒粉的湿度是 40%～60%。30 年间逐月空气湿度平均值资料显示，其中 3、4、5、6 月的平均湿度依次为 58%、56%、61%、68%。由此可以看出，这 4 个月的相对湿度符合晒粉的适宜湿度值，这也与粉丝厂的晒粉时间段是相吻合的。

（3）风向和风速　风也是晒粉的关键因素。风力太大，一般超过 5 级风（粉丝厂提供数据），尘土污染粉丝，使粉丝变成土黄色；风力太小，低于 2 级（粉丝厂数据）或者没有风，粉丝会出现并条。风向可以决定晾粉绳的方向，应要求晾粉绳正面对风向。晒粉一般要求最适合的风的等级为 3～4 级（粉丝厂提供），3 级的风为微风，一般是 3.4～5.4m/s，4 级为和风，5.5～7.9m/s。从 30 年累计资料来看，晒粉月盛行的风向是 SSE（东南偏南），风速一般在 3.0m/s，吹东南风水汽较少，湿度条件好，气温也适宜。招远市的充足水汽主要来自孟加拉湾，即吹西南风。

一般晒粉是早晨开始晾晒，从 8 时的风速频率来看，风力在 3～5 级的，在 3～

7月份出现的频率最高，这也印证了晒粉的适宜月份。

（4）能见度　能见度大的天气，挂出的粉晒的质量好。一般是要求观测的能见度在目标的 2.5 倍以上为宜，一般为 20.0km 以上。30 年累计资料中 8 时能见度等级划分出现的次数来看，级别最高的 7～9 级出现次数在 3～6 月份为最多，其中最多的月份为 5 月，有 250 次，3 月的次数最低。一般有经验的老工程师就是在早晨 7 时～8 时判断天气是否适合晒粉。

（5）降水量　招远市地处中纬度，属暖温带大陆性季风气候，兼海洋性气候，冬暖夏凉，年降水量为 638.2mm。根据招远市 30 年累计资料得出，3 月上、中、下旬降水量 6.0mm、3.7mm、4.8mm，4 月上、中、下旬降水量为 5.7mm、9.4mm、12.2mm，5 月上、中、下旬降水量为 14.9mm、17.2mm、12.6mm；6 月上、中、下旬降水量为 18.0mm、23.9mm、40.0mm。

由此看出，从 3 月下旬开始，降水量增多，这对净化大气有很好的辅助作用，空气较为清新，天空的垂直能见度较好，大气的浮尘被雨水净化；到 6 月份雨量明显增多，进入雨季，大气洁净度较好。但是雨量增多，空气湿度增大，对晒粉十分不利。温度条件和风力条件适合，综合整个条件来说，6 月对晒粉不利。

（6）日照时数　招远的年日照时数为 2545.8h，从招远市 30 年累计资料来看，春季的日照时数较多，资料如下：3 月日照时数为 220.7h，4 月日照时数为 242.8h，5 月日照时数为 269.7h，6 月日照时数为 244.1h。由此可见，以 5 月的日照时数居多，也就是说 5 月份是整个晒粉季当中日照最好的月份，晒出的粉丝质量较高。而 6 月开始进入汛期，虽然日照时数较多，但是雨季开始对晒粉的质量有很大的影响。

综合以上气象因素分析来看，4 月和 5 月是晒粉的最佳时间，这个时间段，天气状况综合因素应该是上半年当中最好的时段。粉丝的质量也是在这个时间段当中最好，一般是 60d 左右的时间。

2．晒粉过程中出现的质量问题

并条超出一定数量，但有时并条是由于漏粉或者淀粉造成的；粉丝色泽不好；水分超过 15%，这是纯天气湿度过大造成的；晒粉与原料几乎没有关系，但与加工工艺有关系；天气与淀粉的提取有关系，因为淀粉提取是生物发酵，温度低于 12℃，微生物繁殖慢，超过 25℃，微生物繁殖过快。另外，温度过高，超过了 25℃对晒粉也有一定影响。

3．挂粉注意的气象因素

挂粉前看天气状况：①三面混一面清，会从清的方面起风，如东、南、西混，北面清，会起北风。②能见度大时，挂出的粉晒的质量好。③用手捏一下路边的干草，感觉一下是否松软、潮湿或干燥，干燥可以挂粉，如果潮湿不挂粉或者晚挂粉。

④用手抓一把细土抛向空中，测一下风向，决定粉绳的方向，应该要求粉绳正面对风向。风力太大，尘土污染粉丝，使粉变成土黄色（超过 5 级风）；风力太小且湿度大（超过 60%），粉丝挂的时间长，容易改变颜色；风力小，低于 2 级或者没有风，粉丝容易出并条；气温超过 28℃，没有风也容易出并条。

六、龙口粉丝研究新成果

1．保鲜龙口粉丝生产技术

本技术是由青岛农业大学作为第一完成单位主持完成。

目前的龙口粉丝产品都是干制品，食用时过程复杂，费时费力，难以适应现代快节奏生活的需要，且风味不如湿粉丝。本技术采用生物技术与热力杀菌相结合，开发出一种能够长期保鲜的新产品，常温条件保质期达 1 年以上。保鲜粉丝是龙口粉丝系列的一个全新产品，其主要特点是保鲜、保湿，口感滑爽，食用方便，符合人们对美容、健康、安全的追求，符合世界方便食品发展潮流。保鲜龙口粉加工过程不须冷冻老化和干燥脱水，是大量节约能源和生产成本的一种新产品。

2．龙口粉丝非冷冻快速老化技术

本技术是由青岛农业大学作为第一完成单位主持完成。

龙口粉丝加工中漏粉后的粉丝黏度大，生产中解决粘连和提高粉丝强度的方法普遍采用冷冻 18～24h，然后喷水解冻。冷库建设投资大，而且冷冻运行过程中能耗高。本技术采用非冷冻连续快速老化技术取代冷冻工艺，可以大大降低能耗。可采用短时连续快速回生替代长时间冷冻回生工序，将回生时间从-18℃冷冻 18～24h 缩短至 2h 以内，并且实现连续化生产。应用后每吨粉丝可以节约能源 200～300 元，以一个年产 1 万吨的粉丝企业为例，每年可以节约能耗 200 万～300 万元。

第二节　杂豆粉丝

所谓杂豆，指的是食用豆类中的蚕豆和豌豆等。之所以使用杂豆来作为生产粉丝的原料，主要是因为杂豆的产地比绿豆产地广泛，单位面积的产量也比绿豆高。其次，杂豆的价格比绿豆低，而且还能就地取材，减少运输费用，从而使粉丝的成本大大降低。

从出品率上看，杂豆与绿豆相差不多，甚至个别种类的杂豆出品率比绿豆还高，但在价格上却相差很大。应说明的是利用杂豆生产出的粉丝，其质量和绿豆粉丝差异很小。所以，利用杂豆生产粉丝可明显提高经济效益。

利用杂豆制作粉丝的原理及工艺和制作绿豆粉丝是相同的，但由于各地区的生产情况不同，在个别工序的处理以及设备的使用上，可能有些差异。制作绿豆粉丝，由于原料的品种单一，所以，在生产中各工序相对地比较容易掌握和控制。在杂豆粉丝的生产中，由于所使用原料的种类多，淀粉含量不同，颗粒的大小也不同，在各工序的处理上，特别是在温度和时间的掌握上要有所不同。所以，生产杂豆粉丝比生产绿豆粉丝的难度要大一些，在生产中出现的问题也多一些。下面就以生产工序为顺序，对杂豆粉丝的生产进行详细的介绍，同时对一些经常发生的问题和采取的措施，以及不同设备的使用等问题分别加以说明。

一、各种原料的浸泡

利用杂豆进行粉丝加工，泡料依然是关键。在泡料工序中，所要注意的问题就是温度和时间。浸泡杂豆比浸泡绿豆的情况要复杂得多。就拿蚕豆来说，按其颗粒的大小分为小颗蚕豆、中颗蚕豆和大颗蚕豆，按其表皮的颜色分为青皮蚕豆、粉皮蚕豆和红皮蚕豆。根据颗粒的饱满程度又可把各个品种的蚕豆分为四个等级，一号蚕豆颗粒最饱满，个最大。四号也叫等外，颗粒干瘪、个最小，含淀粉最少。而豌豆按其颜色也分为三个品种，即黑皮豌豆、花皮豌豆和白皮豌豆。同蚕豆一样，各个品种根据颗粒的大小和饱满程度也分为四个等级。山豌豆一般不分等级。与其他原料相比，蚕豆颗粒最大，皮最厚，泡料所需时间最长。豌豆颗粒中等，皮较薄，泡料时间不宜过长。对于同一品种中不同等级的原料，颗粒的饱满程度不同也要加以区别对待。

1．对泡料室的要求

用冷水进行泡料，室温很重要。冬季气温低，特别是在我国北方，如果不注意室内温度，泡料水出现结冰现象。这就达不到泡料的目的。夏季气温高，加上原料吸收水分时放出一部分热量，泡料水温度受其影响很大，使对原料浸泡的程度不易掌握。根据经验，气温在15～20℃之间最为适宜。这就要求泡料室一定要有升温设备，同时还要有通风设备。夏季气温较高，白天室外温度一般都在30℃以上，所以，当室外气温过高时，要将泡料室的门、窗及通风口紧闭，以防热空气进入，使室温升高。如果要进行通风，最好在夜间。如能有效地把泡料室温度控制在一定范围之内，对于掌握不同品种的泡料时间就非常有利。

进行大规模粉丝生产，大都采用水泥池进行泡料，其好处是成本低，容量大，便于使用机械和人工操作。建造泡料池可与车间的土建一同进行，其大小及建造的数量可根据生产情况及车间面积而定。

2．不同原料的浸泡时间及方法

（1）蚕豆　在所使用的原料中，蚕豆颗粒最大、表皮最厚、需浸泡时间最长；

其中青皮蚕豆结构紧凑,不易吸收水分,所以,在蚕豆中青皮蚕豆浸泡时间又最长。具体浸泡时间可见表4-4。

表4-4　蚕豆浸泡时间表

蚕豆品种	浸泡时间/h			
	一号	二号	三号	四号（等外）
青皮蚕豆	90～96	75～85	72～75 右	70 左
粉皮和红皮蚕豆	80～86	65～75	62～72 右	60 左

为了使原料浸泡充分,防止原料吸水膨胀后一部分高出水面无法与水接触,影响泡料效果,第一次加水量一般应为原料的两倍。如遇到加水量不足时,要补加凉水,使之没过原料,但要注意不要向池内直接加水,或加水过快,而要沿着池壁缓缓加入。因为,原料在吸水膨胀的同时,还要放出一部分的热量,使水温升高。据测定,水在加入时温度为12℃,浸泡48h后,放出时水温为18～20℃,温度升高6～8℃。如果向池内直接或快速加冷水,势必造成池内温度不平衡,影响泡料的效果。这仅对第一次换水而言,随着泡料水的更换,豆类放出的热量被带出池外,池内的温度也就降了下来,这时上述的情况也就不存在了。

泡料的另一个目的是清洗,即去除原料上的浮土,减少杂菌。所以,在原料浸泡时要进行多次换水。换水对均衡池内温度有利。具体时间及次数可见表4-5。

表4-5　换水时间表

换水次数	换水时间
第一次换水	泡料后约48h
第二次换水	第一次换水后12h
第三次换水	第二次换水后6h,然后每隔6h换水一次

第一次换水很重要,如果换早了,料就会泡凉;如果换晚了,料就会泡热。这与换水前水温的情况有很大关系。当泡料池上出现的泡沫由白变黄时,进行换水最合适。这种情况基本上发生在泡料后48h左右。在第一次换水时还要注意一定要把水放净,因为这次放出的水含泥土较多,同时由于水温的升高,杂菌大量繁殖,如果不把水换净,也就达不到清洗原料的目的。把水放净后,用木塞把泡料池下部的出水口堵严,重新放入冷水,水没过原料即可。以后几次换水可按表 4-5 中的时间进行。当剥开蚕豆皮,用手掐豆瓣,豆瓣发脆时,即可结束泡料。

（2）豌豆　用作原料的豌豆,比蚕豆易吸收水分,因此,泡料时间就要相对短一些。具体浸泡时间见表4-6。

表 4-6　豌豆浸泡时间表

豌豆品种	浸泡时间/h			
	一号	二号	三号	四号（等外）
黑皮豌豆	85～86	80	72	60 以上
花皮豌豆	80	75	67	55
白皮豌豆	72	65	60	40 以上
山豌豆	大约 72			

　　从以上两表中可以看出，无论哪类原料一号豆其颗粒饱满，质量好，浸泡时间比同类其他等级的要长。等外豆个小、皮薄、干瘪，含淀粉少，质量最次，与同类相比，浸泡时间最短。等外豆虽然质量次，但价格低，如果浸泡得当，依然能生产出好粉丝来，从而降低成本。所以，对这些豆子不可忽视。

　　浸泡豌豆时的加水量及换水次数和时间与蚕豆相同。从现象看，第一次换水以泡料池上部的豌豆向上凸起，呈馒头形为最佳。馒头形的形成是由于池内原料释放的热量向外排出时所引起的。如果"馒头"没形成就进行换水，料就会泡凉。如果由于热量的排出"馒头"被顶开了花，这时才换水，料就会泡热。浸泡豌豆时正确掌握第一次换水时间同样很重要。

3．凉水泡料与热水泡料的问题

　　根据多年的实践，认为使用凉水泡料效果最佳，其优点如下。

　　① 容易掌握，便于进行大生产。由于泡料时温度变化小，在时间的掌握上除第一次换水外，要求不太严格。在进行大生产时，每个泡料池中的原料不可能在同一时间上磨进行磨制。例如有时前后上磨时间相差 6h、7h。另外，如遇到机器出现故障或停电不能磨制的情况，可延长泡料时间 12h，在上磨之前换一次水即可上磨，对产品质量没有影响。

　　② 出淀粉率高，粉丝易成型。由于水温低，原料中淀粉不易变性，所以，分离出的淀粉数量多，质量好，而且在漏粉时易于成型。

　　③ 节约能源，降低成本。泡料水不用加温。烤团室温度比用热水泡料分离出的粉团进行烘烤时的温度要低 10℃，即 70℃即可。从这方面看，用凉水泡料可节约大量的能源，从而大大降低了产品的成本，其经济效益是可观的。

　　采用凉水泡料其缺点是泡料时间长，占地面积大。

　　用凉水泡料要比用热水泡料时间长数倍，浸泡池利用率低。由于在很多的生产厂是连续生产，每天都要泡料、出料、磨制，面对这种情况，就得增设泡料池，从而使泡料车间的面积大大增加。

　　热水泡料的优点：时间短，占地小。水温升高，分子运动加快，原料吸水膨胀速度快，从而大大缩短了泡料时间，也使泡料的容器利用率得到提高。这就可以减少泡料池的设置，缩小泡料车间的面积，减少固定资产的投资。

热水泡料的缺点：时间规定严格，泡料不易掌握。热水泡料，水温较高，原料变化大。对于不同种类的原料浸泡时间要严格掌握，如果不注意，不是把料泡凉了，就是把料泡热了。有时同一品种的原料颗粒大小不均，很容易造成原料浸泡程度的不平衡，泡料时要格外注意。原料吸水膨胀的程度达到要求后就要立即上磨进行磨制，否则原料就会被泡热。热水容易使原料中的淀粉变性，造成淀粉质量下降，成品出品率降低。

再有，使用热水泡料要把大量的水加热，淀粉在烤团时的温度要比凉水泡料的高10℃，这就大大地增加了能源的消耗，增加了生产成本。

二、淀粉提取和粉丝生产

1. 清杂

原料浸泡之后要将其中的石子等杂质清除。清除的方法及使用的设备与生产绿豆粉丝相同。

2. 磨制

磨制工序虽然很简单，但同产品出产率关系很大。如果设备转速快，温度会升高，会使原料中的淀粉转化成糖，分离出的淀粉数量就会减少。反之，设备转速过慢，磨制出的原料颗粒大，使淀粉不易溶在豆浆中，而豆渣中淀粉残存量就会过高，这也会影响出品率。

目前在生产粉丝的厂家中，磨制工序使用较多的机械有三种：粉丝机、砂轮磨和电动石磨。砂轮磨同粉碎机同样具有效率高、占地面积少的特点，但砂轮磨价格较高，在使用时容易发热，磨盘使用寿命最短，平均几个月就得更换一次，这就增加了许多生产性开支，对生产厂家来说不太合算。在磨制工序中采用石磨较为理想。其特点是速度适中，使用时不易发热，使用寿命较长，一年中仅使两套磨盘，其最大特点是价格低。

原料一般要磨制两次，首先经第一台石磨磨制后，进入50目的电动平筛使浆渣分离。豆浆通过平筛进入水泥池中备用，豆渣进入第二台石磨再进行磨制，而后再用60目电动平筛进行浆渣分离。豆浆通过平筛与第一次磨出的豆浆混合，豆渣用机器排出室外。

3. 淀粉分离

进行粉丝生产最重要的就是泡料和酸浆的使用，这里介绍的杂豆粉丝生产工艺，在淀粉分离时所使用的酸浆是大浆和小浆的混合液，而不使用黑粉，这与绿豆粉丝生产不同。另一个不同之处是不调二合，这是为了简化工序，适应大规模生产。

把豆浆用泵抽到沉淀池内，加入按1∶10配制的大浆和小浆（盆浆）的混合液——酸浆，用搅拌机搅拌均匀，静置 15min，使淀粉沉淀，然后拔缸头。然后再向沉淀池中加入豆浆和酸浆，搅拌，静置，拔缸头，如此反复数次，沉淀池中沉淀下来的淀粉越来越多。最后一次拔缸头，要在淀粉沉淀 20min 以后进行。因为沉淀池中淀粉比例不断增加，其沉淀速度渐渐放慢。为避免淀粉被排到池外，影响出品率，必须在淀粉完全沉淀后再拔缸头，最后拔缸头时放出的液体要收到容器里。由于本工序不进行调二合，所以要向该容器里加入一定量的水。正常情况下水与上清液的比例为 3∶1。这种液体就是大浆，也叫老浆，第二天即可使用。有的厂家加水量较少，或不加水，这要视生产情况而定，对此没有统一的规定。

4．上盆

先将沉淀池中的淀粉过 90 目的电动平筛，上盆前再过 100 目箩，去除杂质，然后再将淀粉放入若干个缸中。这时的淀粉酸度较大，pH 在 5 左右，所以，上盆时所用的容器最好是缸，不要用水泥池，因为水泥池易被酸腐蚀，使一些砂粒从池壁脱落，影响淀粉质量。当淀粉全部上好缸后，用清水冲洗沉淀池，再把冲洗水平均放入各缸中，目的是收集沉淀池中残存的淀粉。

5．搅盆

冲池的水放入缸中后进行搅拌，使水与淀粉混合均匀，同时也使缸中的酸度均衡。经搅拌，淀粉中的泥沙杂质由于密度大很快就沉到缸的底部与淀粉分开。如果搅拌不均匀，缸中的淀粉会出现一层白、一层黑的情况，这是因为泥沙杂质没有沉淀到缸的底部，而混进了淀粉中所致，这样制出产品的色泽就会受到很大的影响。

上盆后第二天，缸中分出三层不同物质。最上面的液体，就是盆浆，即小浆，约占缸中物质总量的 50%。将其撇出，放入容器内备用。当盆浆撇到迫近第二层，即黑粉层时，将会出现混浊现象，这时要将其轻轻撇出放入沉淀池中，作为打底浆。黑粉约占总量的 12.5%，即占下层淀粉的 25%，要将其集中到一个缸中进行处理。处理的方法是，向盛有黑粉的缸中加入清水搅拌，撇出上清液，再加水……如此反复三次，然后再过 100 目箩再重新上盆……以后操作同上盆操作，这样即可把黑粉中的淀粉分离出来，其含量约占黑粉总量的 2%（将黑粉利用 NaOH 溶液或小苏打调至 pH8 后再进行处理也可以）。

6．刷脸

缸中第三层就是淀粉，约占缸中物质总量的 37.5%。清除黑粉后，淀粉层上面还留有一些黑粉物质，要用清水或浆液进行冲洗，把清洗的水放入盛黑粉的缸中。刷脸时一定要把淀粉层上部冲洗干净，否则下道工序兜出的粉团会出现一块黑一块白的现象，这会影响成品的色泽。

7．起盆、兜粉团

刷脸过后把下层的淀粉起出，放入兜粉团的布兜内，扎好口，将其吊起。兜出的粉团的质量及形状最好一样，以便在进行烤团时易于掌握时间，在和面时好计算质量。一般兜出的粉团在25kg左右为好。在缸的底部，即淀粉层的下端有一层泥沙杂质，起盆时要用刀将其削除，否则带入粉团中也会影响产品品质。用刀削除下来的杂质中带有不少淀粉，其处理方法有两个，一个是把这部分集中到一个或两个缸中，放入清水进行搅拌，撇去上层清液，将下层淀粉随当天沉淀好的淀粉一起上盆。该方法是生产任务小的情况下使用，如果生产任务大，投料多，当然削下来的淀粉和杂质的量也就多。在这种情况下采用第一种处理方法，就会影响上盆后浆液的品质。所以，要采用第二种处理方法，这种方法是先把削掉的部分集中到缸中，放入水进行搅拌，沉淀，撇除上清液，然后过100目笋，上盆。在上盆时进行看瓶（将浆液装入玻璃瓶中进行观察），观察淀粉沉淀情况，如果下沉速度过慢，可加入5%的小浆。以后的操作过程同前。

8．淀粉分离阶段应注意的问题

（1）磨制时机器转速　在磨制时，既要磨得快，又要磨得细。这主要取决于机器的转速。所以，要根据不同机器、不同原料对转速进行调整。

（2）看瓶时要注意瓶中的变化　瓶中的变化最能反映生产情况，所以，在每次拔缸头前都要进行看瓶。看瓶时首先应注意淀粉的沉降速度。如果淀粉下沉速度过快，可能是淀粉过筛时加水量过大，要注意适当减少加水量；如果淀粉下沉速度过慢，可能是加水量过少，要适当增加加水量。加水量过大时，淀粉同杂质一同沉到沉淀池底部，会造成分离出的淀粉颜色发暗，呈黑灰色，影响了成品的色泽；如果加水量过小，淀粉下沉的速度过慢，拔缸头时会把一部分淀粉带出池外，使产品出品率下降。引起淀粉沉淀速度变化的另一个原因是酸浆沉淀淀粉的能力。这个问题后面会单独叙述。一般情况下，当灌瓶后1min左右瓶中液体就能分出层次，即最上面是液体，这部分液体上部清、下部混浊，最下面是沉淀下来的淀粉，而且在淀粉向下沉的同时，能观察到杂质向上浮，为正常。

然后再观察淀粉下沉时的形状，如果淀粉下沉时呈颗粒状，上清液呈灰色，这是料泡凉了。这时要通知泡料车间延长泡料时间，同时通知有关人员减少淀粉过筛时的加水量，以防起盆时淀粉过稀。如果下沉淀粉下沉时呈絮状，上清液呈黄色，这是料泡热了，这时通知泡料车间缩短泡料时间，同时增大淀粉过筛的加水量。淀粉下沉时呈雪片状，上清液呈乳白色或淡黄色为正常。

（3）酸浆质量与拔缸头的时间　酸浆的质量与淀粉沉淀速度关系很大，由于生产中使用的主要是盆浆，所以，盆浆质量是影响淀粉沉淀的主要因素。如果盆浆浓度低，在看瓶时可看到淀粉与杂质一同下沉，其下沉速度较快。遇到这种情况，要缩短拔缸头的间隔时间，即缩短淀粉的沉淀时间，同时多保留一些上清液，减少淀粉过筛的加水量；如果盆浆浓度高，看瓶时可看到淀粉沉淀速度较慢，这时要延长拔缸头时间，同时在拔缸头时多向外排出些上清液，也可增大淀粉过筛的加水量。

（4）大浆的使用　大浆是最后一次拔缸头时撇出的液体和水的混合物，开始时呈淡白色，12h后变为天蓝色，且浆面上浮有黄色泡沫。使用大浆的目的是辅助小浆沉淀淀粉。大浆的使用量不宜过多，如果大浆添加量过多，会使黑粉增加，成品颜色发黄、发乌。在生产中可以少用甚至不用大浆，这对粉丝质量影响不大。

（5）小浆（盆浆）的使用　沉淀淀粉主要是靠盆浆的作用。使用时应注意其质量。正常情况盆浆呈天蓝色，上部浮有泡沫。如果盆浆呈黄色，而且上面的泡沫也呈黄色，则浓度过高，如果盆浆呈淡蓝色，则浓度过低。大浆的颜色与盆浆相同。如遇到瓶中淀粉的沉降速度不正常时，要先检查小浆是否有问题。如果有问题，按前面介绍的方法采取措施；如果没有问题，就要对淀粉过筛时的加水量进行调整。盆浆使用时要注意加水量，不要前松后紧，甚至出现短缺。切忌用大浆代替盆浆使用。

（6）淀粉出品率　淀粉是生产粉丝的半成品，其出品率对粉丝的出品率有直接的影响。泡料的程度与淀粉出品率关系甚大。料泡得凉，黑粉出得多，淀粉出品率下降；料泡得热，淀粉不易沉淀，俗称浮粉多，在拔缸头时会被撇到池外，也会使淀粉出品率下降。

（7）兜粉团的时间　兜粉团的目的是将淀粉中的水排出，如果起盆时淀粉过稀，就要延长兜粉团的时间，而且粉团兜出后还要放置室外通风处晾一段时间，否则粉团不成型，无法进行烤团。造成淀粉过稀的原因是泡料程度掌握的不合适，料泡得凉或热都会出现这种情况。根据上述看瓶方法判断料泡得是凉还是热，调节加水量即可解决问题。

9．烤粉团

将兜出的粉团放进烤团室，刚放入时室温应较低，一般为30～40℃，然后慢慢升温，约5h后室温应达到70℃，并进行第一次通风，到11h，进行第二次通风，到12h，即可停止烤团。烤团室升温后要保持在70℃。烤团过程中一定要进行两次通风，否则在下道工序和出的面子弹性差、无筋力。

10．打糊、和面、摭面

精选湿淀粉，即未进行烤团的淀粉9kg和0.25kg的明矾一同放入缸盆中，再加入少量约50℃的水搅拌均匀，然后快速冲入100℃的沸水17.5～18kg，快速搅拌，至淀粉呈微蓝色为止。打糊时最好使用打糊机。打糊前要用沸水先烫一下缸盆，这可使缸盆升温，避免打糊时因缸盆温度低使淀粉受热不匀，同时还可清洗出盆中的脏物。把打好的糊和250kg的面子一同放入搅拌机内，搅拌均匀，然后放入真空摭面机中，抽出空气，使真空度达到400mmHg（1mmHg=133.32Pa），进行摭面。糊和面子的配比很重要，如果糊的比例大，漏粉困难，这时要加入一定量的面子。如果糊的比例小，漏粉速度太快，漏出的粉丝粗细不均匀，而且很软。这时要适当加一些糊。对打糊时的加水量也应注意控制。

11．漏粉

漏粉室温度应保持在 20～25℃。特别是在冬季更要注意保持室温。如果温度不适宜，和好的面子其外部会出现裂纹，使漏粉困难。把和好的面子放入漏瓢中，用小木槌或打瓢机对瓢中的面子进行敲打，使其从瓢孔落入锅中。成型锅下部的火很重要。一定要控制好前后锅的水温和沸腾的位置。沸水滚动的位置距离前锅边缘 10cm 为最佳。粉丝由后锅进入前锅后，由工人将其拉入冷水盆或冷水槽中。

12．捋粉

把冷水盆中的粉丝用手捋齐，截断，放到晾粉竿上，再把粉丝连用晾粉竿一同放入盛有冷水的缸中，5～6 竿为一缸，浸泡 2min 左右。缸里的水最好是循环水，以便把粉丝上的黏质冲净。最后用手提起晾粉竿，在旁边预先准备好的木板上将粉丝蹾一下，使粉丝外部的水脱落，再送往晾粉室。

13．晾粉

晾粉室温度要保持在 20℃左右，北京地区 5～10 月晾粉时间为 12h 左右。当用手攥粉丝时，粉丝条发脆即可。在冬季可不经晾粉工序，直接进行洗粉。建造晾粉室时应把窗户设在距离地面 2m 处，以免空气流通时使粉丝风干或产生并条，影响晾粉的效果。

14．洗粉

在冬季要在洗粉缸中放入凉水和大浆，其比例为 1∶10，在夏季缸中只放凉水，把粉丝连同晾粉竿一起放入缸内浸泡，到第二天再进行洗粉。洗粉时一定要把并条洗开，否则成品韧性差，发脆，易断。洗粉过后缸的下层总会留有一些粉丝头，要将这部分粉丝也搭在晾粉竿上进行晾晒。

15．晒粉

洗粉过后将粉丝拿到室外进行晒粉。像在北京地区上午天气较好，所以，晒粉一般在上午 10 时开始。先把晾粉竿上的粉丝摊开，捋顺，待粉丝条发硬时，再把下部交叉在一起的部分用手撕开 80%～90%。撕开时要轻，以免有粉丝头脱落。水分含量大约在 14.5%时，将粉丝收回，进行包装，如果粉丝含水量在 15%以上时就进行包装，其贮存期将会缩短，粉丝易变质。如果水分含量在 14%以下时，粉丝发酥易碎，产品质量下降。

三、豌豆粉丝

这里介绍的是以酸浆法生产的淀粉为原料生产粉丝的工艺。

1．生产工艺流程

淀粉及处理→打糊→和面→漏粉→干燥→包装→成品。

2．操作要点

（1）淀粉及处理　将利用酸浆法沉淀好的淀粉搬出，除杂后，脱水、成型。成型后的淀粉一般做粉团。经过烘干至水分在 25%～30%，即可用于漏粉。

（2）打糊　打糊是制作粉丝的关键工序，用糊的多少和打糊的质量，不仅关系到漏粉时能否漏出，断不断头，而且关系到晒干的粉丝韧性大小和亮度、光洁度。现主要采用蒸汽打糊。在打糊前，首先要根据淀粉的干湿、泡豆的凉热来确定淀粉糊的用量，在一般情况下淀粉糊用量为 3%～4%，用水量约占整个和面时淀粉用量的 12%～16%。

（3）和面　和面即用打好的糊把淀粉和成能漏粉丝的面团，通过和面机反复搅拌，使面揣和均匀，不仅调和得细匀油光，而且其中的小气泡也会绝大部分被排除。再通过真空搅拌抽去面中的气体，进一步提高面的质量。真空腔内真空度要求很高，约在 80kPa，过低则会出现断头现象，轻则产生"白条"（粉丝里面存在小气泡），影响到粉丝的质量。

（4）漏粉　把和好的面团通过漏瓢，形成细丝状，然后煮熟定型。一般情况下，瓢底离锅面 30～50cm，漏粉速度在 40m/min。漏丝用水的温度应保持在 90℃以上，粉丝在锅内停留 2～3min，时间太短，粉丝不熟，晒干后无亮光，韧性差，出现白条；如果粉丝在锅中时间太长，就会落在锅里，出现乱条，粉丝表面由于吸收水分太多出现"溶化"现象，这样不仅使出粉率降低（可降低 2%～4%），锅水发浑，而且煮出的粉丝黏性大，拉力小，晾粉困难，洗粉难开，晒粉时出现粘连并条现象。锅内温度一定要保持恒定，如果温度太低，粉丝入锅后会沉锅底；如果温度过高，达到沸腾，粉丝一下锅就会被冲断。锅内温度主要通过气阀来调节，粉丝在锅内停放时间，主要通过粉丝出锅的快慢来调节。

（5）干燥　拉出的粉丝，经过冷水冷却、架杆后，放到晾粉车间自然冷却，其目的是为了使加热糊化了的淀粉，在冷却停放过程中逐渐老化，形成胶束状结构，以增加粉丝的韧性，提高粉丝的质量。晾好后的粉丝经过浸泡、搓洗等工序后进行干燥处理，即可得到干丝。

（6）包装　干燥合格的干丝进入包装车间，按不同规格、要求包装，得到成品。

四、蚕豆粉丝

蚕豆粉丝在各地有不同的生产方法，这里介绍其中的三种。

（一）工艺一

1．生产工艺流程

原料准备→冷水浸泡→第一次过滤→第二次过滤→滤干水分→加热处理→打芡→漏粉→干燥→成品。

2．操作要点

（1）原料准备　将蚕豆清洗干净，除去杂质和变黑的，磨成干蚕豆粉。

（2）冷水浸泡　将干蚕豆粉用冷水浸泡，蚕豆粉与水的用量为1∶8，充分搅拌均匀。

（3）第一次过滤　用60～70目筛进行第一次过滤。将滤液静置沉淀，夏季14h，冬季16h（不能受冻）。除去上清液。

（4）第二次过滤　将除去上清液的沉淀部分再加水，用水量约为第一次用水量的1/2（即干蚕豆面粉的4倍）。充分搅拌均匀，再用90目筛进行第二次过滤。静置沉淀，待上清液呈现蓝色时，表明沉淀完毕，接着除去上清液，得到沉淀部分。

（5）滤干水分　将沉淀部分装入悬挂的布袋内，滤除多余的水分，直到无水滴出，所得即为湿豆粉（豆面）。

（6）加热处理　将湿豆面摊放于用木炭煨火的板炕上进行热处理。热处理的温度和时间为：夏季30～40℃，4～6h；冬季40～50℃，10～12h。热处理时应避免产生烟。

（7）打芡（勾芡）　每100kg豆粉中取出4～5kg，加60～70℃热水4～5kg搅成糊状，立即迅速倒入20kg沸水，并加入明矾（夏季加100g，冬季加150g），不断地向一个方向搅拌，搅成透明均匀的粉糊，即为粉糊芡。留待粉糊芡温度降到30～40℃时，将其余豆粉加入，搅拌均匀，用力揉和，不留颗粒，直到提起向下流成丝状没有间断，即已和好。

（8）漏粉（丝）　可用制粉机，也可人工操作。国内已研制出粉丝机（如云南生产的长征21型粉丝机），使制粉由手工进入机械化生产。人工操作方法是：在锅灶上装好漏粉桶（桶底有许多细孔）和挤压机。漏粉桶与锅中水面距离依要求的粉丝粗细而定，距离大，粉丝细，反之则粗。漏粉时锅中水温应保持在96～98℃，入水的粉丝在水中沿锅缓慢旋转，待粉丝浮出水面时按要求长度切断并捞起，放入理粉池冷水中冷却，整理成束，再在漂洗池中漂洗几下，挂于竿上晒干后入库。

（二）工艺二

1．生产工艺流程

冲芡→开生→捏粉→漏粉→干燥→成品。

2．操作要点

（1）冲芡　把成团的干淀粉研碎，1.8kg淀粉加1.5kg 55℃左右的温水，边加温水边用筷子或竹棒均匀调和，待充分调匀后，再用8kg沸水，直接快速冲入调匀的稀糊粉中，并随即用竹棒用力搅拌，直至稀糊粉中芡起泡成为半透明的均匀的粉糊为止，此即为芡粉。

（2）开生　先称湿淀粉（含水量46%～47%）50kg，用手捏碎；再称明矾20g，用清水溶解成明矾水；然后把事先冲芡好的芡粉和明矾水同时掺入湿淀粉内，并用竹棒搅拌，直至均匀调和没有粉块为止。

（3）捏粉　把开生后的淀粉分成一个个粉团，分别放在小钵内用手使劲揉和，直至用手把粉团向上拉起，其粉丝落在粉面上，能立即淌平而不会成堆，说明捏粉成功。捏好后，将小钵放在盛有热水的大钵内，以保持粉团的温度。

（4）漏粉　先在锅里盛上清水（装八成满为宜），然后以旺火烧开，并使锅中的水温始终保持在97～98℃。在烧水的同时，用细绳子把漏粉筛（筛子孔眼的直径以7～8.5mm为宜）吊在锅正中上方，漏粉筛底离锅水面的距离，可根据粉丝粗细要求掌握。

水烧开后，把捏好的粉团陆续放在漏粉筛内，粉团通过筛子眼时拉成细长而不透明的生粉丝，落入锅内的沸水中，随着淀粉逐渐变熟，粉逐渐浮起，完全变熟后，即浮在水的表面，呈半透明状。此时，应随即从锅的边上把熟粉丝捞起，倒入事先备好的冷水桶或缸中，即成为水粉丝。

（5）干燥　待水粉丝稍冷却后即捞起，挂在竹竿或铁丝上晒干，即成为半透明的干粉丝。

（三）工艺三

1．生产工艺流程

配粉→打糊→和面→揉面→压制粉丝→晾粉→泡粉→晒粉→成品。

2．操作要点

（1）配粉　称取晒1d的湿淀粉，搓碎，加入需要量玉米淀粉，充分混匀。

（2）打糊　称取需要量的湿淀粉，搓碎，放入糊盆，糊盆应保温（冬天用沸水保温，夏天用热水，春秋用70℃左右的热水），加入一定量的温水，充分搅拌，至不存在粉粒为止。冲入计量沸水，用竹棍迅速搅拌，使淀粉完全糊化，并且稀稠均匀，用手指沾一些粉糊向空中摔出，能拉成极细的细丝，粉糊则可用。

（3）和面　装好搅拌装置，向粉糊内加入混匀的淀粉，边搅拌边加入淀粉。加完混合淀粉后继续搅拌，至不存在白色的生粉粒（用2.5kg晒1d的湿淀粉打糊的话，加温水2kg，冲入沸水9kg左右，可和入混合淀粉50kg左右）。

（4）揉面　停止机械搅拌，改用人工揉面，由上向下不断翻揉，使粉体黏韧性增加，硬性减少，一直揉至粉体很细匀，表面有光泽。用双手捧起一团粉体，可从指缝柔滑的漏下，能拉成很细线条，线条落在粉体表面仍保留条痕3～4s后才消失，可开始压制粉丝，但仍需不停揉面。

（5）压制粉丝　先在灶上装好漏粉桶及挤压机械，漏粉桶底离锅中水面距离可根据粉丝粗细要求及粉团质量而定。漏粉时锅中水温应控制在95～98℃（不断充入冷水）。待粉丝转动大半圈开始浮起时，用筷子捞起拉出（经过粉池），再入理粉池冷却、清理、成把、截断，用 1m 左右竹竿穿起，放入漂洗池中漂洗。漂洗池内的漂洗液为清水加 20%大浆水，夏天用中浆水。加入酸浆水漂洗是利用浆水的酸性，一方面抑制其他微生物的繁殖，一方面使粉丝内残余色素溶去或不显色，从而使粉丝晒干后更晶亮洁白。

（6）晾粉　粉丝漂洗后，提出悬挂到木架上晾放。如采用冷冻处理更能增加粉丝的弹性。晾粉的时间，约 2h，晾透为止。

（7）泡粉　粉丝晾透后移入清水中浸泡，要全部浸入水中，浸泡过夜第二天即可晒粉，若天气不好，冬季可连续浸 2～3d，夏天浸 1d 即要换清水。如设有烘房则不受天气影响，可连续生产。

（8）晒粉　①搓粉。将清水池中的粉丝移到浆水池中浸 1～2h，浆水池中的浆水与漂洗池中的浆水组成一样。将黏结的粉丝轻轻搓散，再放入另一浆水池中漂洗一次，然后逐把移入手推车，送往晒场。②晒粉与整理。将穿有粉丝的竹竿的两端挂在晒场铁丝绳索上，将粉丝理清，分散铺开，整理乱结，拉下断头，使粉丝整齐挺直。在晒粉期间要将竹竿转向，使粉丝干燥均匀。③收粉及包扎。粉丝晒至八九成干后连竹竿一同取下，摊放在地面片刻，让其吸潮。待脆性消失后，用大竹箩筐运入库房捆扎，用螺旋挤压机打包，称重。

五、魔芋蚕豆粉条

1．生产工艺流程

（1）魔芋精粉生产工艺　生魔芋→清洗、刮皮→切块→捣碎→过滤→酒精浸泡→捣碎→过滤→魔芋精粉→烘干→粉碎过筛→成品。

（2）魔芋蚕豆粉条生产工艺　生粉打糊→和面→揉面→压制粉条→晾粉→泡粉→晾晒→成品。

2．操作要点

（1）清洗、刮皮　将新鲜魔芋浸在盛有水的大盆或桶中，去掉须根，用清水洗至无泥。生魔芋表面凹凸不平，不能机械刮皮，只能手工刮皮。将清洗干净的魔芋用谷皮或尼龙刷擦去其表皮，用小刀挖掉凹进部位的表皮，再用清水洗净。

（2）切块、捣碎、过滤　用刀将洗净后的魔芋切成拳头大小的小块状，以便捣碎均匀，减少机械振动与切割阻力；先把亚硫酸钠溶解配成 200mg/kg 的溶液，魔芋块与亚硫酸钠溶液按 1∶5 的比例投入捣碎机内捣碎 1min；把捣碎后的魔芋浆迅速放入离心机内，靠离心机的高速运转甩掉水分，剩下的即为魔芋精粉。

（3）酒精浸泡　将脱水后的魔芋渣倒入 90%的酒精中搅拌均匀，生魔芋与酒精的比例为 10∶0.3，通过酒精浸泡后的魔芋渣就不会发生黏结。

（4）第二次捣碎、过滤　把经过酒精浸泡后的酒精魔芋浆再倒入捣碎机中捣碎

15min，然后注入离心机。

　　捣碎与过滤两道工序对魔芋精粉的制备影响较大，在加工过程中需配合操作。在魔芋捣碎时剪切捣碎机不停机，同时启动离心脱水机，使注入离心机内筒的魔芋浆能均匀分布，避免振动。当魔芋浆全部注入离心机后关掉捣碎机，如果过早关机，由于魔芋浆极易黏结，造成魔芋浆堵塞；第二次过滤要分 3 次进行，先离心机运转1min 后，关机；将依附在离心机内筒壁上的魔芋精粉抖落搅松铺平；然后开机 1min，关机；搅松铺平湿魔芋精粉，再开机 1min，就能把酒精及水分甩干，把湿魔芋精粉烘干，酒精过滤回收。

　　（5）烘干　用 120 目铁丝网做成盛魔芋粉的支撑物，叠放在铁架上，每片支撑物上魔芋粉放置的厚度为 0.6cm，放入烤炉，前 2h 温度控制在 50℃左右，以免温度过高，造成魔芋精粉变色，后 2h 温度可提高到 60～70℃烘干。

　　（6）粉碎、烘干　虽经二道工序捣碎，但粒度仍不够均匀，因此要经过粉碎与过筛，使其粒度控制在 3～10μm，成为合格的魔芋精粉，甘露聚糖含量在 50%以上。

　　（7）打糊　把蚕豆干淀粉与魔芋精粉（占蚕豆干淀粉 0.4%）放入糊盆保温（冬天用沸水，夏天用热水，春秋天用 70℃左右的热水），加入 55℃的温水，充分搅拌至不存在粉粒为止；再用沸水快速冲入调好的稀糊中，并随即用竹棒搅匀，使淀粉完全糊化，变成半透明状。

　　（8）和面　按配方称取原料，充分混匀，明矾用清水化开，装好搅拌装置，把粉糊和明矾水同时掺入淀粉内，充分搅拌至不存在白色的生粉粒为止。

　　（9）揉面　停止机械搅拌，改用人工揉面，由上向下不断翻揉，越揉粉体黏韧性越强，硬性减少，揉至粉体细致均匀，表面有光泽为止。

　　（10）压制粉条　在灶上装好漏粉桶，漏粉桶底离锅中水面距离，可根据粉条粗细要求及粉团质量而定。锅里盛上清水，用旺火烧开，并使锅中的水温始终保持在85～95℃（不断充入冷水）。待粉条转动大半圈开始浮起（成为熟粉条）时，随即用筷子捞起拉出（经过粉池），捞入理粉池冷却，清理成把后截断，用竹竿穿起，放入漂洗池中漂洗。

　　（11）晾粉　粉条漂洗后，提出悬挂到木架上晾放。如果采用冷冻处理则更能增加粉条的弹性。晾粉的时间约 2h，晾透为止。

　　（12）泡粉　粉条晾透后移入清水池中浸泡过夜（冬季可连续浸泡 2～3d，夏季浸泡 1d 即要换清水），第 2d 即可晒粉。

　　（13）晒粉　①搓粉。将清水池中的粉条移到浆水池中浸 1～2h，将黏结的粉条轻轻搓散，再轻轻放入另一浆水池中漂洗一次，然后逐把移入手推车，送往晒场。②晒粉与整理。将穿有粉条的竹竿两端挂在晒场铁丝绳索上，将粉条理清分散铺开，整理乱结，挂上断头，使粉条整齐挺直。在晒粉期间要将竹竿转向，使粉条干燥均匀。③收粉及包扎。粉条晒至八九成干后连竹竿一同取下，摊放地面片刻让其吸潮，

　粉丝生产技术

待脆性消失后，运入库房捆扎，打包即为成品。

3．成品质量标准

（1）感官指标　外观纯白晶亮，近乎半透明；在不过分干燥时有一定的韧性，每一单条可承受一定拉力；滋味正常，无霉味、酸味及其他异味；有一定耐煮性，煮沸不断条、不溶化、久放不泥。

（2）理化指标　水分≤18%，砷（以 As 计）≤0.5mg/kg，铅（以 Pb 计）≤1.0mg/kg，黄曲霉毒素 B_1≤5μg/kg。

（3）卫生指标　菌落总数≤1000 个/g，大肠菌群≤30MPN/100g，致病菌不得检出。

第五章
薯类粉丝生产技术

第一节　甘薯粉丝

从目前来看，以甘薯淀粉为原料生产的粉丝种类较多，但采用的生产工艺以及利用的辅助原料不相同，下面对以甘薯淀粉为原料生产的各类粉丝（条）的工艺予以介绍。

一、普通甘薯粉条

粉条是由淀粉加工而成的一种食品。由于品种多、色泽白、质地柔韧、味道鲜美，深受人们的喜爱。它以形状可分为宽粉条、粗粉条和细粉条，就加工方法有风粉条和冻粉条。风粉条适合于常年加工，但只能漏宽粉条和粗粉条，冻粉条可以加工各种品种，但是无机械制冷时，只能在严冬加工生产。这里重点介绍冻粉条的加工技术。

1．生产工艺流程

打芡→揉面→漏粉条→捞粉条→冷冻→淋粉条→晾晒。

2．操作要点

（1）打芡　即按加工粉条的种类，分别称取一定数量的淀粉和明矾，置于大盆中，用沸水调成稀乳状，即成芡。制芡的关键是用作制芡的淀粉和明矾的用量要适当，兑水适宜，且不低于98℃。三者的比例大致是：每漏100kg干淀粉的粉条，需用0.3kg明矾，兑沸水35kg，芡粉（制芡用的干淀粉）的数量，因所漏粉条的种类不同而异，按加工100kg粉条计算加工宽粉条需要3.5kg，菜粉条需要3.2kg，汤粉条需要2.7kg。具体制芡的方法是：先把明矾研碎，用少量沸水溶化，再兑芡乳，入沸水边冲边搅拌，直到冲熟成半透明，似大米粥汤状为止。制芡是漏粉条的关键环节，除了用料比例适当外，还必须使芡粉达到彻底干白净，质量好，而且操作需十分认真。

（2）揉面　俗称揣面或和面。即打芡后，稍晾一会儿即可将加工的淀粉倒入盆内，边倒边快速揣和，上下翻搅（人工揉面，三人为宜）直到揣匀揉透，不黏手，全盆上下没有干粉或芡汤为止。

（3）漏粉条　漏粉条常用锅口直径80cm（八印）以上的大锅，在锅内水烧开后，即可把揉好的面盆安置在锅台上，然后将揣好面团装满漏粉瓢，漏粉时右手不停地捶打瓢沿，由于粉瓢不停地均匀地振动，使瓢内面团从瓢孔向锅内沸水中徐徐漏下，煮熟后即成粉条。

宽粉条、菜粉条因粗度较大，不易变熟定型，故要沸水下锅；汤粉条下锅时水不能沸腾，温度掌握在97～98℃（以免沸水滚断粉条）。漏粉条时，粉瓢要不停地移动，以防粉条下锅后堆粘在一起。粉瓢距离水面的高度，依粉条种类不同而异，细粉条瓢要稍高些，宽粉条、粗粉条则低些。一般高度距离水面为70cm左右。同时，开始时身体略高一些，随着瓢内面团的减少，身体可渐降低一些。粉条入锅后，另一人（俗称拨锅人）要用木钩迅速将粉头勾住，等粉条成熟上浮及时沿粉头顺序拨出锅外，进入冷水池。

（4）捯粉条　粉条进入冷水池（锅）以后，使粉条迅速冷却，随着水温的上升要及时加入冷水或冰块，所谓"捯粉"就是抓住"粉头"，理顺后套在木棍上（俗称粉杖子，长约70cm，直径2cm），要求"杖子"（绕粉条的木棍）上的粉条长短一致，均匀，整齐。然后架在室内沥水。

（5）冷冻　俗称冻粉，将粉条全部漏完、沥水、冷却后，再移架在事先挖好的防风洞或不透风的冷室内，排列架好，谨防透风，以防烧条（即粉条糠白、脆碎）影响品质。一般在-15℃两天两夜即可（以温度高低可自己掌握），总之，冻透为止。

（6）淋浇晾晒　当粉条被冷冻好后，逐杖子的把粉条上的冰打掉，然后用温水（不冰手即可）将粉条上残留的冰雪搓洗掉，在室内沥水后挂在室外绳上晾晒（迎风地方最好），待八成干后，把杖子上的粉条捆在一起，再把杖子抽出。

常年加工粉条和汤粉条工厂都靠机械冷冻，否则只能生产风粉条，风粉条加工比较简单，只是在捯完粉条沥干冷却后，将杖子上的粉条置于水池用手将沾黏的粉条搓开，然后挂在迎风向阳处晾晒即可。

二、方便甘薯粉条

本产品是将甘薯粉条加工成"方便酸辣粉"，即将市售甘薯粉条经过一系列加工成为熟食包装，调整 pH 值及浸泡时间的长短，达到延长保存期和提高适口性的特点，再配以调料酱包，食用时只需加入适量的沸水浸泡几分钟即可。

1．生产工艺流程

工艺流程①　市售甘薯干粉条→浸泡（8h）→蒸煮（3～5min）→水洗（2min）→酸液洗（10min）→晾干→包装→杀菌→冷却→存放。

工艺流程②　市售甘薯干粉条→酸液浸泡（8h）→酸液蒸煮（2～4min）→酸液洗（5min）→晾干→包装→杀菌→冷却→存放。

2．操作要点

（1）蒸煮　蒸煮（包括利用酸液蒸煮）的目的是使生粉条变成熟粉条，要求其 α 化度不低于90%。

（2）水洗或酸洗　其目的主要是防止熟粉条之间的相互粘连，并可洗去粉条表面发黏物质，使其口感筋道不浑汤。

（3）酸洗　酸洗的目的是抑制微生物生长，同时增加酸味，以柠檬酸和乳酸混合使用效果最好。另外还有一个得天独厚的条件即产品本身就是制的"酸辣粉"，pH小于 4.0 的酸度正好符合口感的要求。酸洗后经晾干，沥去表面的水分，再进行包装，一般采用常压热合封口包装，不宜采用真空包装。

（4）杀菌　通常采用的是巴氏杀菌法，即 80～90℃，时间 10min。

3．调味料的制作

参考方便面调料包的配方，在此基础上不断调整，突出"酸""辣"的特色。食用时若加入几粒炒香的干黄豆，效果会更佳（推荐配比为干粉条：调料=2：1）。

制作时按配方加入原料，加入 1～2 倍体积的水后，熬至净重为 200g 即成。

（1）牛肉味调味料的制作　鲜牛肉 248g，姜、葱、蒜各 50g，牛油 60g，食盐100g，调和油 60g，白砂糖 50g，鸡精 37g，醋 200g，酱油 50g，香辣粉 12.4g，花椒粉 6g，豆瓣 62g，干海椒 12g，黄酒 13.5g，干海椒粉 20g，琼脂 6g。

（2）酸辣味调味料的制作　大蒜 20g，食盐 20g，干辣椒粉 8g，花椒粉 4g，白砂糖 4g，味精 10g，葱 20g，油 50g，醋 50g，酱油 20g，糊精 0.2g，香辛料粉末 2g，琼脂 2g。

三、精加工制作精白甘薯粉丝

采用传统方法生产的甘薯粉色泽及品质较差，原因是甘薯淀粉中含有粉渣、泥沙等杂质，还有较多的酚类物质，如果将甘薯淀粉进行处理（漂白），然后再用于生产即可生产出高质量的精白甘薯粉丝。

1．生产工艺流程

（1）淀粉漂白工艺　清洗→淀粉→过滤→漂白→吊包→脱水。

（2）粉丝生产工艺　打芡→揉面→漏粉丝→捯粉丝→冷冻→淋粉丝→晾晒→入库。

2．操作要点

（1）淀粉漂白工艺

① 清洗淀粉　将淀粉放在水池中，加入清水，用搅拌机搅成淀粉乳液，让其自然沉淀，然后放掉上面的废水、黄脚料，把淀粉移入另一个池子中，清除底部的泥沙。

② 过滤　把淀粉完全搅起，徐徐加入澄清的石灰水［$Ca(OH)_2$ 水溶液］，控制淀粉乳液 pH 值，其作用是使淀粉中的部分蛋白质凝聚，保持色素物质悬浮于液体中易于分离，同时石灰水中的钙离子可降低果胶类胶体的黏性，使薯渣易于筛分。把淀粉乳搅拌均匀，再用 120 目的筛网过滤到另一池子中进行沉淀。

③ 漂白　放掉池子上面的废液，加入清水，把淀粉完全搅起，使淀粉乳液呈中性。采用碱性溶液将色素及其杂质除去，对其余色素采用适当的氧化剂漂白，除掉酚类物质——黑色素，再用酸性溶液溶解酸溶蛋白，中和碱处理时残留的碱性，抑

制褐变反应活性成分。同时在处理过程中，通过几次搅拌沉淀，可以把浮在上层的渣及沉在底层的泥沙除去。经过脱色漂白后的淀粉洁白如玉，无杂质。然后置于贮粉池内，上层加盖清水贮存备用。

④ 吊包　把淀粉取出放入白方布中，四角用绳子扎牢吊起，自行沥干水分。为加速沥水，可用木棒拍打布包。

⑤ 脱水　从布包里取出的淀粉含水率在45%左右，在制作粉丝前还要去掉一部分水。可通过晾晒或烘烤去水，使含水率降至30%以下即可。人工烘烤温度不得超过60℃。

（2）粉丝生产工艺　和传统粉条（粉丝）生产工艺相同。

四、高新技术制作精白甘薯粉丝

精白甘薯粉丝是应用食品流变学的原理，采用生物技术、微细化技术、复压技术等高新技术和独特的工艺制作而成。

1．生产配方

甘薯97.00%、明矾0.15%、单甘酯0.05%、石灰水0.10%、食盐2.7%。

2．生产工艺流程

甘薯→清洗去皮→打浆→淀粉提取→微细化处理→漂白处理→脱水→混合→复压处理→挤丝→预煮→冷却→冷冻老化解条→烘干→包装→成品入库。

3．操作要点

（1）原料要求　选用新鲜、无腐烂、淀粉含量高的甘薯为原料，未成熟或贮存过久、腐烂、可溶性糖含量高、淀粉含量低的甘薯不能用。

（2）清洗　将甘薯送入清洗机中，清洗泥沙，再滚动去皮。

（3）打浆　将洗净的甘薯送入磨浆机中磨浆。

（4）淀粉分离　分离的方法有自然沉淀法、酸浆沉淀法和工业上的离心法等。一般可采用酸浆沉淀法，此方法是在淀粉中加入酸浆水搅拌后沉淀。酸可使蛋白质和淀粉处于等电点附近而沉淀下来，由于淀粉比蛋白质密度大，蛋白质沉淀于淀粉层之上，并且酸对淀粉有漂白作用。沉淀后，除去上层浑水和蛋白质层，加清水搅拌过筛，自然沉淀。

（5）微细化处理　将分离出的淀粉用泵打入胶体磨中进行微细化处理，得细度均匀的淀粉。

（6）漂白处理　向淀粉浆中加入适量的碱除去淀粉浆液中的色素及杂质，再加入酸以除去淀粉浆中的蛋白质，并中和碱处理时残留的碱，抑制褐变，最后加入生物活性物质酶，让其分解淀粉液中的杂质，可以把浮在上层的渣子除去，得到洁白如玉、无杂质的甘薯淀粉。

（7）脱水　将沉淀后的淀粉取出晒干或烘干脱水，使含水量降低到35%左右。

（8）混合　取淀粉总量的3%～4%淀粉，先用少量温水（40～50℃）搅拌均匀后，通入沸腾的水，并迅速搅拌至糊化成透明而黏稠的糊状。将明矾、单甘酯等食品添加剂溶解，与剩下的97%左右的淀粉及芡糊倒入混合机中，搅拌混合均匀，混合温度为30～40℃，得到淀粉团。

（9）真空处理　将混合好的淀粉团送入真空搅拌机中抽真空搅拌去掉绝大多数的空气。

（10）漏粉、煮粉　将真空处理好的淀粉团投入漏粉机漏粉，根据要求采用不同的漏勺漏出不同形状的粉丝，并调节漏粉机与煮锅的高度来调节粉丝的粗细，煮锅内的水要烧至沸腾后才能开始漏粉。

（11）冷却、冷冻老化解条　将煮熟的粉丝从煮锅内捞出，并立即放入冷水中冷却定型，然后剪成规定的长度，送入冷冻库中冷冻12～18h，温度为−18℃，最后取出解条送入干燥机中干燥成规定的含水量（≤14%），进行包装即得成品。

4．成品质量标准

（1）感官指标　色泽：晶莹剔透、色泽一致，外观有光泽，粗细一致，无杂质，无斑点。滋味与气味：具有甘薯粉应有的滋味及气味，无异味。复水性：煮、泡6～8min不夹生，具有韧性，有嚼劲，久煮不糊。

（2）理化指标　净重每袋(400±12)g，水分含量≤14%，断条率<5%，酸度≤1%，粉丝直径1～1.5mm。

（3）卫生指标　细菌总数<50000个/100g，大肠菌群<30MPN/100g，致病菌不得检出。

五、无冷冻甘薯粉丝

利用传统方法生产粉丝，工艺复杂，劳动强度大，受冷冻条件的制约，致使许多农户望而生畏，现介绍一种无冷冻甘薯粉丝生产新技术。

本工艺的主要特点是：①利用机械运动挤压摩擦生热使淀粉糊化，并一次挤压成型，淀粉原料干湿均可，不需要打芡、揉粉，节省燃料和大量劳动力；②加入少量食品添加剂，使粉丝出机后黏性减弱，无需冷冻即可生产；③可改善淀粉糊化条件，避免产生易溶于热水的糊精，使粉丝久煮不糊汤。

1．生产工艺流程

原料→配料→粉丝机预热→投料生产→粉丝阴晾和搓散→干燥→包装→成品。

2．操作要点

（1）原料要求　淀粉中甘薯渣含量少于3%，能通过30目网筛，干湿均可。

（2）配料　每100kg干淀粉加水70～80kg（湿淀粉视其含水量参照确定），同时加入少量食品添加剂，充分拌匀形成糊状。

（3）粉丝机预热　拆下粉丝机头上的筛孔板（又称粉镜），关闭节流阀，起动机子，从进料斗逐步加入浸湿了的废料（以前加工余在机内的熟料）或湿粉丝；如无废料，则用 1～2kg 干淀粉加水 30%，待机内发出微弱的鞭炮声，即预热完毕。

（4）投料生产　用勺均匀地加入已配制好的糊状原料，慢慢打开机头上的节流阀（千万不要开得太快），待用来预热机子的粉料完全排出后，调整节流阀的开启程度，使加入的粉料既要达到熟化的要求，又不能过熟（过熟时，粉丝变色严重）。装上粉丝孔板，再将节流阀开大一些，控制节流阀，始终保持粉丝既能熟化又不夹生。

粉丝从筛孔板流出后，可用一台 100W 的风机对准粉丝吹凉，达到用手触粉丝不觉得热为宜，如达不到，可再增加风扇，当流出的粉丝达 1.5m 长时，用剪刀剪成 1m 长一把，平摊到垫有薄膜的地面，随即用薄膜盖好，防止粉丝水分蒸发。

（5）粉丝阴晾和搓散　粉丝阴晾是在封闭条件下进行。阴晾的时间受气温的影响很大，气温低时，所需时间短，约 3～4h 后即可搓散粉丝；气温高时，所需时间长，以糊化的淀粉基本完成凝胶化过程（即老化），粉丝达到硬化为宜，注意阴晾时间长时，要防止粉丝失水使表面形成硬皮，如阴晾好的粉丝有时也较难搓散时，可将粉丝放入水中浸泡一下，就会较容易搓散。

（6）干燥、包装　将搓散的粉丝用木杆和竹竿挂起来，冬季可放在阳光下晒干；夏季则要放到阴凉处风干（以防止粉丝卷曲严重），在粉丝含水量干燥到 16%～18% 时，即可进行打包，打包后的粉丝可放在通风处摊放一段时间，待其含水量降至 15% 以下时，即可装袋或入库。

六、不粘连水晶粉丝

水晶粉丝是指在生产过程全封闭的条件下，利用现代自动化加工设备生产的晶莹剔透的高档薯类粉丝。其外观质量、内在质量和卫生质量均明显优于普通粉丝，商品档次较高。

目前，国内水晶粉丝的生产工艺主要有切割式和挤压式两种。

1．切割式直条水晶粉丝生产技术

直条水晶粉丝生产，采用国际先进水平的直条切割，加带成型工艺，有效克服了挂杆式成品率低、条形弯的缺陷，大大提高了成品率和平整度。国内生产直条水晶粉丝的设备多采用全机械化、全封闭、多功能 6FJT-1200 型水晶粉丝生产线。

（1）工艺流程　预热→混合搅拌（恒温贮料）→刮板下料成型→蒸熟（成型）→冷却→脱离→常温老化→低温老化（冷库）→竖切丝→低温大风量→定型干燥→回潮（进冷风）→定长横切→称重包装。

（2）水晶粉丝生产线主要系统　有供汽换热系统，打浆预糊化系统，刮板成型自控装置、连续熟化系统，恒温、恒湿老化系统，横竖切丝系统，低温干燥系统，链传动、电器系统，包装系统。

（3）生产前的准备工作　主要有以下几项。

① 检查电源电压是否正常（380V±10%）各动力电动机转动是否灵活，旋转方向是否正确，各管道连接是否良好，冷冻压缩机运转是否正常。

② 向各传动润滑部位加注润滑脂、润滑油，检查各紧固件是否牢靠。输送钢带、网带表面应清洁卫生，无异物，传动件运转应灵活无卡滞现象。

③ 调整好输送金属钢带、网带，其松紧适宜无摆动偏移现象。

④ 上述工作就绪后开启主机，空运转 20min，检查各部位正常后方可生产。

（4）生产工序

① 预热　先将供热装置的锅炉加水至规定水位后点火升温，待烘干箱温度达到使用值后，开启蒸箱。

② 配料　精制干淀粉或净化好的湿淀粉（先取少量淀粉打成熟糊）加适当温水标准化配料，自动搅拌成粉浆。将搅拌好的粉浆放入贮料桶内，恒温贮料。

③ 成型、脱离、连续熟化　粉浆定量流入成型斗内，通过刮板成型。此时根据水晶粉丝厚薄要求，利用调速表上的控制旋钮适当调整电动机转速。摊在钢带上的粉乳呈生粉皮状。生产粗粉丝时，需将转速调慢，使粉皮加厚；生产细粉丝时，需将转速调快，使粉乳摊薄。调好后，利用蒸汽将带上粉皮进行熟化。

④ 老化　待带状粉皮冷却脱离钢带后，启动冷冻、老化装置，使粉带进入冷冻装置内，在冷冻环境下进行冷冻老化。粉皮冷冻后进入常温区解冻，并进一步作常温老化。

⑤ 竖切丝　经冷冻老化和常温老化的带状粉皮进入竖切装置，切割成与厚度等宽的粉丝。

⑥ 干燥　竖切后的粉丝进入低温定风处理装置，经低温大风量处理，使其失水趋直，然后进入干燥区定型干燥。

⑦ 切割定长　干燥后的粉丝，经冷风凉化回潮，进入横切装置，切割成需要的长度。

⑧ 称重包装　将切割定长后的粉丝，进行整理、精拣、计量和包装。水晶粉丝属精品淀粉制品，故应采用小包装，以每袋重 100～500g 为宜。

（5）生产操作注意事项

① 使用中金属输送钢带、网带不宜过紧，也不可单一侧的调整。一旦有跑偏现象，在钢带、网带紧的情况下可调松另一侧，否则越调整越紧，导致钢带、网带拉伸变形或损坏，减少使用寿命。

② 运行过程中若突然停电，务必及时将调速表旋钮旋转"0"，否则一旦恢复供电容易将调速电机激磁线圈烧坏。

③ 经常观察仪表和各部位温度（包括冷冻箱冷却温度）自变化情况，如有异常

应及时处理。

④ 时刻注意观察锅炉的水位，严禁缺水运行，严格按照操作规程操作并做好当班记录。

⑤ 操作过程中，工作人员切勿接触横、竖切刀和网带、电器部分，发现问题应停机检查。各部位电器必须有接地保护。不可在设备运行中或带电作业，以免发生人身安全事故。

⑥ 所有电器、电动机不得受潮或进水，以免出现断路或短路现象而影响正常使用。

⑦ 停机时，同时关闭供热装置风机及冷冻机和其他电机及水阀门，切断总电源。调松蒸箱内的钢带和烘箱内的网带，以免损坏钢带和网带。

（6）设备维护与保养注意事项

① 注意定期维护与保养，注重生产安全，严格按操作规程操作。

② 各传动部件每 8h 时应加注润滑油 1 次，轴承部分每 3 个月清洗后更换 1 次润滑脂，电机轴承每年清洗和更换 1 次润滑脂。

③ 定期加注冷冻液保持冷冻装置正常工作。

④ 经常检查热电偶插孔、传感器与热电偶胶把有无烧损情况，若有则应及时更换，以免影响温度准确值而误导工作。

⑤ 经常检查截切刀刃部磨损状况或间隙状况，以免过早损坏而影响设备正常运行。

⑥ 每班应清洁金属输送钢带、网带，保持经常性卫生。

（7）常见故障与排除方法　见表 5-1。

表 5-1　切割式直条水晶粉丝生产常见故障与排除方法

故障现象	原因	排除方法
烘干温度低	蒸汽压力低，温度上不去	提高锅炉蒸汽压力
	热电偶或温度指示表有故障	检查热电偶或温度仪表
	散热器漏气	检查并焊接漏气部位
	热风道阻塞	检查并疏通阻塞部位
钢带走偏	张紧螺杆未调整正确	正确调整张紧螺杆
	两滚筒及支撑辊平行度有偏差	调整滚筒及支撑辊位置
调速电机工作时转速一直上升，调节旋钮失去作用	电位器损坏	更换电位器
	插脚接触不良	用酒精清洗插脚
	二极管在运行时烧坏，断路	更换二极管
网带走偏	张紧螺杆未调整正确	正确调整张紧螺杆
	两钢辊轴线不平行或不对中	校正两钢辊水平位置，调整偏离使其对正
老化程度达不到	老化时间短，风量小，空气温度、湿度不稳定	加大排风量

故障现象	原因	排除方法
冷却温度达不到	进水温度高	降低进水温度
	冷冻液不足	按要求添加冷冻液
	冷冻机工作不正常	检查排除故障
	冷冻箱封闭不严	修复密封装置损坏处
水晶粉丝粘连	切刀刃部磨损严重	修复刀刃
	老化程度差	调整老化程度
	淀粉质量存在问题	检查更换淀粉原料
粉丝含有微尘和杂物	金属钢带、网带不卫生	清洁钢带、网带
	有微尘进入生产工序系统，风机进风口处环境污染严重	保持风机进风口处环境卫生，做到无粉尘、杂物

2．电子计算机控制不粘连水晶粉丝生产技术

电子计算机控制不粘连水晶粉丝生产，是指运用 BLF-1300 型电子计算机控制不粘连粉丝生产线而进行水晶粉丝生产的过程。

该技术采用电子计算机触摸屏集中控制，人机操作界面简单，清晰可见，具有易于操作管理、传动平稳、适应范围广和产量高等特点。

不粘连水晶粉丝的生产，采用在线风力疏散和多级冷冻等新技术，可彻底解决多年来普通粉丝挤压式生产最难克服的粘连问题。

（1）生产工艺　淀粉标准配料→自动和粉→旋压搅拌→成型成熟→自动疏散→第一次老化→冷冻→第二次老化→自动拉成直条（或自动制成碗粉块）→烘干→剪切成段（或出粉块）→包装。

（2）工艺特点　其一，通过物理方法解决了粉丝的粘连问题，不再需要任何添加剂，生产的粉丝更卫生、更安全。其二，采用 PVC、PE 的加工技术使淀粉的熟化和成型更节能和更方便。通过对多种物料的混炼，可使配方多元化，使加工各种营养功能型粉丝成为现实。比如，在配方中加入蔬菜汁来增加维生素，使粉丝更富营养；加入中药材，增加粉丝食疗保健功能；也可加入海鲜类产品，丰富粉丝口味及各种营养。其三，低温快速烘干技术使熟化的淀粉由 α 化向 β 化的转变产生了停顿，从而减少了粉丝制品的烹饪时间，提高了方便速食粉丝的复水性。

七、冰丝

随着我国社会经济的快速发展，生活水平质量的不断提高，人们对产品质量要求也越来越高，特别是对关系到身体健康的食品要求更高。我国大部分地区适宜甘薯种植，用甘薯加工粉丝，过去采用传统的一家一户作坊式生产加工方法，生产效率低、产品质量差、档次低。为此，刘传新等从事甘薯粉丝机械化精制生产加工技

术研究，已生产出像冰一样晶莹透明的粉丝，被人们形象地称为"冰丝"。现将主要技术介绍如下。

1．生产工艺流程

备料→洗薯去皮→磨浆除筋→除黄去渣→淀粉干燥→打芡和面→漏粉煮粉→成匝冷冻→晾晒包装。

2．操作要点

（1）备料　选用徐州 18、冀薯 98、冀薯 99、鲁薯 8 号、豫薯 7 号等高淀粉品种作原料；要求加工用薯产地远离工业区，无污染；化肥、化学农药用量少，无残留。如烟薯套作甘薯，因互补防虫，虫害轻，品质好；薯块新鲜，收后 48h 内加工为最宜，当夜晚气温 5℃以下时要注意覆盖防冻；同时要剔除病薯、坏薯、泥块、沙子、杂草等杂物。

（2）用水　加工用水要用无污染优质的深井水，用旋流式除砂器除砂后送进水塔沉淀，从水塔中层用水。

（3）洗薯去皮　先用高压清洗机对薯块初步清洗，水压要达到 5MPa 以上，把清洗后的薯块装入手指式清洗搓皮上料机里除皮上料。

（4）磨浆除筋　去皮后的薯块进入棘轮式薯类粉碎分离机里进行粉碎筛分出游离淀粉，筛分出的淀粉乳自动流入爆气池进行爆气，使之产生大量泡沫，随即除去，除去的泡沫破灭后就是又黑又黏手的甘薯筋（果胶）。

（5）除黄去渣　经爆气后的淀粉乳进入带有千分之二点五微坡的沉淀池，流动快速沉淀，密度比淀粉小的黄浆（蛋白质碎片、油粉）随即流走。把沉淀池内的淀粉块放入清水池里搅拌后先经 140 目细箩过滤，再经 240 目筛绢过滤，这样就可以除去很微小的渣子。

（6）淀粉干燥　经三次过滤，二次沉淀后的淀粉块，进入离心脱水机脱水，水分达到 45%左右，再经气流干燥器烘干使水分达到 15%左右。

（7）打芡和面　以加工 50kg 含水分 15%的干淀粉为例，打芡应用 1.75kg 干淀粉，加入 2.5kg 55℃温水调成淀粉浆，再快速冲入 25kg 100℃的沸水中并搅拌，一定要让淀粉充分糊化，糊化后的淀粉芡能看清盆底。这一点改传统生产加明矾为不加明矾，因为明矾的主要成分是十二水硫酸铝钾，医学证明，铝摄入量过多会影响人体健康。将充分糊化后的芡糊倒入和面机中，加入 50kg 淀粉，正转、倒转反复和面，把面和成无疙瘩、不黏手、柔软细腻，手握面团均匀下落成线且不断为止。而后装入真空和面机，抽出面里的空气。真空度要达到-0.095MPa。柔软的面团在真空室内的真空环境中析出空气泡，抽过真空的面团被推出真空室时，突然间受到大气压作用，增加了面团的致密度。这样不需要使用添加剂就可以保证粉丝质量，使久煮的粉丝沉入锅底不漂起、不糊汤、不断碎，吃起来滑顺耐嚼有口感、有韧性、且透明。

（8）漏粉煮粉　抽过真空的面团流入振动漏瓢中，振动频率在 2800 次/min，均匀地漏入 97～99℃的沸水中，充分煮熟后拉出锅沿，用 15℃的凉水冲出，流入冷粉池。

（9）成匝冷冻　冷却后的粉丝用络粉器旋转络成每圈等长的粉丝匝，上杆沥水。用该方法可使粉丝在冷却化冰时不会滑杆。粉丝进入冷库后，先急冷后慢冻，就是刚进入时迅速把粉丝的温度降至 2～5℃，约 3h 后，待粉丝充分老化回生无弹性时再降到 0℃以下慢慢冷冻，直到粉丝完全结冻为止。若粉丝直接低温急冻，极易使粉丝糠心冒条即白条，商品等级降低。

（10）晾晒包装　把冻好的粉丝放入 15℃左右的清水池内化冻除冰，约 30min 后，粉丝间的结冰完全化去后，放水移出，挂到迎风向阳的架（绳、铁丝）上，粉丝匝的底部要切断，然后均匀摊在粉杆上，晾晒到水分达 15%左右即可。晒干后的粉丝先按三杆一捆，用方便多次专用绳活结扎捆，移进库房，然后切割分量包装成 5kg、1kg、0.2kg 等小包装。以上为"冰粉"生产加工技术，加工完成后注意用塑料袋包装应开有通气孔，以免发霉变质。

八、甘薯黄豆粉丝

这种粉丝是以甘薯和黄豆为原料加工而成的。它比一般粉丝含有比较丰富的营养，还具有降温解酒之功能，消化吸收率极好，特别适合于老年人和儿童食用。

这种粉丝的制作工艺主要分两大步。

第一步，甘薯淀粉的提取按常规方法进行。黄豆粉的加工是将黄豆放入水中淘洗干净，放在阳光下晒干，用磨面机磨成精细的粉状。

第二步，粉丝的制作。按甘薯淀粉 8 份、黄豆粉 1 份的比例混合好，用 100℃的沸水 5kg，以混合粉 0.5kg 加明矾 10g 的比例，在盆中搅成稀面糊，然后加入混合粉 15kg 和成面团，再加入 30～35℃的温水 1.5kg、混合粉 3kg，搅成稀面糊，直到不黏手为宜。这时即可架上带孔瓢上锅，要注意大锅中的水不能沸腾，以免折断粉丝。待粉丝浮出水面即可用工具拉进水缸中，并来回摆动，再经冷水冷却 1min 左右，将全部捞出，去除余水，即可上架，再经冷冻晾晒即得成品。

九、多风味粉丝

甘薯淀粉既可以制成普通的粉丝，也可制成多种高质量的风味粉丝，从而使粉丝的口感更好，并且能够使粉丝增值。这里介绍其中的几种。

1．几种不同风味粉丝及其原料配方

（1）特鲜肉味甘薯粉丝　甘薯精粉 500g、水 1000g、柠檬酸 20g、玉米油 80g、

食盐 15g、白糖 40g、蛋白质 60g、鲜肉风味剂适量。

（2）蘑菇保健甘薯粉丝　甘薯精粉 1600g、水 800g、白糖、蛋白质、干蘑菇粉适量。

（3）淀粉酶甘薯粉丝　豆类淀粉 5～10kg、甘薯精粉 150kg、明矾 300～500g、水 50～100L、食品风味剂适量。

2．制作工艺

准确称取各种原辅配料，加水搅拌均匀，防止出现干的颗粒淀粉。然后将粉丝机通电加热，使水箱中的水温度上升至 95℃以上，再将和好的淀粉倒入粉丝机中，即可开始生产。从粉丝机出来的热粉丝，经过出口风扇稍加吹凉后用剪刀剪断，平放在事先准备好的竹席上，于阴凉干燥处放置 6～8h，然后再稍洒些凉水或热水，略加揉搓，晾晒至干即可。

十、美味粉丝

已有的粉丝类食品，只是淀粉的原味，用来作各种菜肴时，需要加若干调味品。这种新型多味粉丝，一改其固有的特性，除了包含淀粉之外，还加上了一些营养品和调味品，给人以特殊的风味。

1．原料配方

甘薯淀粉 100kg、植物油 2.5kg、干辣椒粉 1.25kg、番茄酱 2.0kg、虾米粉 2.5kg、食盐 3.5kg、明矾 0.2kg、水 40L、味精适量。

2．制作工艺

① 先将干辣椒磨细，放在金属容器中，把烧到 5～6 成热的植物油倒进去，搅拌均匀，待油温降至常温，然后将以上备好的原料如：甘薯淀粉、番茄酱、虾米粉放在一起搅拌均匀。

② 将明矾、食盐、味精等用水化开成水溶液，与上述备好的料搅拌均匀后慢慢地放入料斗，等达到一定温度，自然出粉丝。投放料的量根据机器的温度而定。

③ 粉丝出来后，立即开风吹粉丝出口，然后根据自己的需要剪断，放成堆封闭 8h，即成为优质多味粉丝。

④ 进入洗粉过程，将净化好的粉丝放在水中泡散，烘干即成成品。

本粉丝品质优良，色泽呈黄红色，口感良好，外观新颖，具有刺激食欲、溶解脂肪等保健营养功能。

十一、地方特色甘薯粉丝

（一）鹿亭农家手工甘薯粉丝

浙江省余姚市鹿亭乡农家生产的甘薯（番薯）粉丝，色泽透明，品质细腻、爽滑，是甘薯粉丝中的佼佼者，消费者食用后反响良好，优质优价，销售通畅，已成为鹿亭农民增收的途径之一。为了总结推广鹿亭甘薯粉丝制作技术，现将其农家手工甘薯粉丝的技术总结如下。

1．甘薯生产

（1）甘薯品种选择　宜选择栽培产量和出粉率双高、结薯集中易采挖的加工型番薯品种种植　（如"心香""浙薯13"等）。

（2）栽培要点　在保证产量的前提下，为了清洗等操作方便，应尽量提高番薯的单株产量和单个块茎体积。所以种植时密度不宜太大，以1000～1500株/亩（1亩=666.67m²）为宜。并施足基肥（有机肥）控制氮肥用量，多施钾肥，以促进多结薯、结大薯。

（3）适时采挖　为了提高番薯的出粉率，应适时采挖，宜在霜降前后（10月下旬）采挖收藏。

2．粉丝生产工艺流程

甘薯→清洗去杂→粉碎磨浆→过滤沉淀→和面成砣→磨丝→晾晒→晒干→成品。

3．操作要点

（1）清洗去杂　应选择表面光滑、无病害、无青头的甘薯，洗去泥土、杂质，削去两头和表面根须。为保证制成的粉丝色泽透明，品质细滑，可采用硬质清洁球将块根的红色表皮彻底擦除干净，以确保所提炼淀粉的纯净度。

（2）粉碎磨浆　将清洗好的番薯及时用磨碎机磨成浆液，打浆时应边磨边加水，磨得越细越好，使细胞内的淀粉颗粒尽量磨出，以提高出粉率。

（3）过滤沉淀　将磨好的浆液用过滤网袋进行过滤，实现皮渣和淀粉分离。一般采用0.6～1.6m吊浆布作滤袋进行过滤，共滤2次，第1次浆液兑稀一些，第2次兑浓一些。然后将滤液送入沉淀桶，静置2d后，放出桶内上层清液。加入原来水量1/3的清水进行搅拌，再过滤一次。这次滤液进入小桶，静置沉淀。

（4）和面成砣　当桶内水已无混浊现象，即全部澄清后，排干上层清液，舍去淀粉沉淀层表面油粉，把下层淀粉取出吊成粉砣（即粉团），将粉砣用热水调成糊状备用。在水蒸锅上放上和面模型，水锅水开但不沸腾（水温保持在97℃左右），以保证粉丝不易折断。将调好的浆糊在模型上铺一薄层，等粉糊呈透明均匀状时，再加铺一层，一层层加上去，加到18～20层时，停止加层，取出冷却。

（5）磨丝、晾晒　将冷却成型后的面砣放到手动摇丝机上，摇动时即出粉丝，摇到粉丝50～70cm长时用剪刀剪断，挂在竹竿上晾晒。

（6）晒干　将粉丝挂在竹竿上晾晒到8成干时用笋壳（笋壳事先撕成丝）绑成小捆，待小捆粉丝完全干燥后的成品即可包装销售。

（二）南陵县茶林村甘薯粉丝

南陵县茶林村隶属安徽省芜湖市，茶林村有近百年的甘薯（山芋）种植历史，当地农民一直有将甘薯制作加工成淀粉、粉丝的传统，经过多年的实践操作，形成了一套独特的粉丝制作工艺，其产品特点是粉丝洁白光亮、粗细均匀、无并条、无杂质、筋力好、不易断裂、吸水性较强、下锅不浑汤、口味鲜美。现将其粉丝制作技术介绍如下。

1．生产工艺流程

原料选择→清洗→打浆分离→过滤→沉淀取淀粉→净化脱色→取粉晾干→制浆→漏粉→冷却→晾晒。

2．操作要点

（1）原料选择　每年11月开始挖薯，首先要将垄上甘薯叶子全部清理干净，然后开始挖薯，人工挖或机械挖均可。挖好后，选择表面光滑、无病害、无青头、大小适中的甘薯进行粉丝加工。

（2）清洗　将选好的甘薯进行清洗，分人工清洗和机械清洗2种方式。人工清洗：先将甘薯泡在水池内4h左右，用木棍在池内搅动，使泥沙脱落，再将甘薯捞出用清水冲洗干净即可。机械清洗：将甘薯倒入洗薯机内，开动机械，自动完成洗薯过程。

（3）打浆分离　一是打浆分离一次完成法：选用打浆的机器，将清洗干净后的甘薯粉碎，一次性完成打浆。二是打浆分离二次进行法：用齿爪式粉碎机将洗净后的甘薯粉碎，然后打成浆状。三是去渣：甘薯搅拌碎后与过滤前的阶段内，打粉机内的甘薯渣与甘薯浆汁实际上已经分离，此时应将甘薯渣清理出来。清理得越干净，制作出的甘薯粉会越纯净，色泽会更润白。

（4）过滤　将用打磨淀粉机打出的甘薯淀粉水溶液用0.7～1.5m宽的吊浆布进行均匀过滤。反复过滤2次，初次过滤溶液要勾兑得稍稀些，第2次可以勾兑得稍浓些。

（5）沉淀取淀粉　沉淀的目的就是为了使池里的淀粉快速均匀充分聚集在池底，以便于及时收集并在池底过滤淀粉。将在池底过滤后的粉末和沉淀水搅拌均匀，放进提前准备好的沉淀池内，沉淀7～10h，待其在池底过滤的淀粉再次下沉紧实后，将池水缓慢排干，然后将粉转入另一个池内进行净化脱色。

（6）净化脱色　净化工序的操作目的主要是使产品粉末液中的杂质同其他淀粉分离或隔开，使淀粉更纯净洁白，品质更好。先制种子水，将毛淀粉加2倍水搅匀，再加适量种子水，沉淀6～9h，排出水，取淀粉加清水漂洗沉淀，即得精白淀粉。

（7）取粉晾干　当池内的水全部澄清，将水排干，把沉淀在下层的淀粉取出用袋子装好吊干，半干时，将粉分成小块晾晒。晾晒需在背风向阳的地方进行，以防灰尘污染。

（8）制浆　一般在每年 12 月天气开始寒冷且有霜冻时开始加工粉丝。首先要准备一个特制锅灶，以便用沸水将粉丝煮熟。取 500g 淀粉加 100g 明矾，掺冷水 2500～3000g，放入盆内，再将盆放入锅内煮沸，不断搅拌，成熟度达到八九成即可。打好的糨糊，需兑入 20kg 淀粉面进行制作。

（9）漏粉　茶林粉丝采用纯手工方法制作。在挂丝前，先检查挂丝粉团软硬度是否合适，以挂出的丝不粗不细不断为宜，粉团温度以 30～42℃ 最佳。备好特制的锅、冷水缸、漏勺，挂丝时，糨糊要搅拌均匀，边搅拌边加温水，水温以 50℃ 为宜。挂丝时要备好一锅沸水，当锅内水沸腾时开始挂丝，把调好的面团放入漏勺中，然后均匀拍打面团，使之成丝条状从漏勺中流入水锅，遇热即成粉丝，待丝条沉入锅底再浮出水面时，即可出锅。

（10）冷却　制作粉丝时，将出锅的粉丝，经过一次冷水降温处理，再用手理成束穿到木杆上，并在冷水里降温，将粉丝挂好并按一定长度剪断后，用干净纱布盖好，等到晚上再一杆一杆地铺好。待冷却后，放到室外冷冻。若天气不够寒冷，也可放到冻库进行冷冻。

（11）晾晒　将已经冷却好并稍微搓散的甘薯粉丝，置于阴凉通风透光条件下搭架晾晒，直到粉丝微微发硬且含水率约 16% 时即可包装上市。

第二节　马铃薯粉丝

一、普通马铃薯粉条

以马铃薯淀粉为原料制作粉条，工艺简单，投资不大，设备不复杂，适合于乡镇企业农村作坊和加工专业户生产。

1．原料配方

明矾 0.3%～0.6%，水 40%，马铃薯淀粉 60%，冲芡淀粉：温水：沸水 = 1：1：1.8。

2．生产工艺流程

淀粉→冲芡→揉面→漏粉→冷却清洗→阴晾、冷冻→疏粉、晾晒→成品。

3．操作要点

（1）冲芡　选用含水量 40% 以下、质量较好、洁白、干净、呈粉末状的马铃薯淀粉作为原料，加温水搅拌。在容器（盆或钵即可）中搅拌成浆糊状，然后将沸水猛冲入浆糊中（否则会产生疙瘩），同时用木棒顺着一个方向迅速搅拌，以增加糊化度，使之凝固成团状并有很大黏性为止。

芡的作用是在和面时把淀粉粘连起来，至于芡的多少，应根据淀粉的含量、外界温度的高低和水质的软硬程度来决定。

（2）和面　和面通常在搅拌机或简易和面机上进行。为增加淀粉的韧性，便于粉条清洗，可将明矾、芡、淀粉三者均匀混合，调至面团柔软发光。和好的面团中含水量为48%～50%，温度40℃左右，不得低于25℃。

（3）揉面　和好的面团中含有较多的气泡，通过人工揉面排除其中气泡，使面团黏性均匀，也可用抽气泵抽去面团中的气体。

（4）漏粉　将揉好的面团装入漏粉机的粉瓢内，机器安装在锅台上。锅中水温98℃，水面与出粉口平行，即可开机漏粉。粉条的粗细由漏粉机孔径的大小、漏瓢底部至水面之间的高度决定，可根据生产需要进行调整。

（5）冷却和清洗　粉条在锅中浮出水面后立即捞出投入到冷水中进行冷却、清洗，使粉条骤冷收缩，增加强度。冷浴水温不可超过15℃，冷却15min左右即可。

（6）阴晾和冷冻　捞出来的粉条先在3～10℃环境下阴晾1～2h，以增加粉条的韧性，然后在-5℃的冷藏室内冷冻一夜，目的是防止粉条之间相互粘连，降低断粉率，同时可用硫黄熏粉，使粉条增加白度。

（7）疏粉、晾晒　将冻结成冰状的粉条放入20～25℃的水中，待冰融后轻轻揉搓，使粉条成单条散开后捞出，放在架上晾晒，气温以15～20℃为最佳，气温若低，则最好无风或微风。待粉条含水量降到20%以下便可收存，自然干燥至含水量16%以下即可作为成品进行包装。

4．成品质量标准

粉条粗细均匀，有透明感、不白心、不黏条、长短均匀。

二、无冷冻马铃薯粉丝

1．生产工艺流程

淀粉→打芡→和面→漏粉→冷漂→晾晒→包装→成品。

2．操作要点

（1）打芡　将少量马铃薯湿淀粉用50℃水调成稀糊状（淀粉和水的比例为1：2），再加入少量沸水使其升温，然后用大量沸水猛冲，并用木棍或竹竿等不断搅拌，如果利用机械可开动搅拌器进行搅拌。约10min后，粉糊即被打搅成透明的糊状体，即为粉芡。

（2）和面　待粉芡稍冷后，加入0.5%的明矾（配成水溶液）和其余的马铃薯淀粉，利用和面机进行搅拌，将其揉成均匀细腻、无疙瘩、不黏手，能拉成丝状的软面团。粉芡的用量占和面的比例：冬季为5%，春夏秋为4%左右，和面温度以30℃左右为宜，和成的面团含水量在48%～50%。

（3）漏粉　将水入锅加热至 97～98℃后，将和好的面团放入漏粉机的漏瓢内，漏瓢距离水面约 55～65cm，开动漏粉机，借助于机械的挤压装置使面团通过漏瓢的孔眼不间断地被拉成粉丝落入锅内凝固，待粉丝浮出水面时，随即捞入冷瓢缸内进行冷却。漏粉过程中应勤加面团，使面团始终占据漏瓢容积的 2/3 以上，以确保粉丝粗细均匀，粗细均匀的粉丝不仅外观好，而且利于食用。

（4）冷漂　将粉丝从锅中捞出，放入冷水缸内进行冷却，以增加粉丝的弹性。粉丝冷却后用小竹竿卷成捆，放入加有 5%～10%酸浆的清水中浸泡 3～4min，捞起晾透，再用清水浸漂一次（最好能放在浆水中浸 10min，搓开相互黏结的粉丝）。酸浆的作用是漂去粉丝上的色素和黏性，增加粉丝的光滑感。

（5）晾晒　将浸漂好的粉丝，运到晒场挂晒绳或晒杆上晾晒，随晒随抖开，当粉丝晾晒到快干而又未干时（含水量约 13%～15%），即可入库包装，然后继续干燥后即可为成品。

三、精白粉丝、粉条

1．生产工艺流程

精淀粉

↓

粗淀粉→清洗→过滤→精制→打浆→调粉→漏粉→冷却→漂白→干燥→成品。

2．操作要点

（1）淀粉清洗　将淀粉放在水池里，加注清水，用搅拌机搅成淀粉乳液，让其自然沉淀后，放掉上面的废水、黄脚料，把淀粉铲到另一个池子里，清除底部泥沙。

（2）过滤　把淀粉完全搅起，徐徐加入澄清好的石灰水，其作用是使淀粉中部分蛋白质凝聚，保持色素物质悬浮于溶液中易于分离，同时石灰水的钙离子降低果胶之类胶体的黏性，使薯渣易于过筛。把淀粉乳液搅拌均匀，再用 120 目的筛网过滤到另一个池子里沉淀。

（3）漂白　放掉池子上面的废液，加注清水，把淀粉完全搅起，使淀粉乳液成中性，然后用亚硫酸溶液漂白。漂白后用碱中和，中和处理时残留的碱性抑制褐变反应活性成分。在处理过程中，通过几次搅拌沉淀可以把浮在上层的渣及沉在底层的泥沙除去。经过脱色漂白后的淀粉洁白如玉、无杂质，然后置于贮粉池内，上层加盖清水贮存待用。

（4）打芡　先将淀粉总量的 3%～4%用热水调成稀糊状，再用沸水向调好的稀糊猛冲，快速搅拌约 10min，调至粉糊透明均匀即为粉芡。为增加粉丝的洁白度、透明度和韧性，可加入绿豆、蚕豆或魔芋精粉打芡。

（5）调粉　首先在粉芡内加入 0.5%的明矾，充分混合均匀后再将剩余 96%～97%

的湿淀粉和粉芡混合，搅拌好并揉至无疙瘩、不黏手，有弹性的软面团即可。初做者可先试一下，以漏下的粉丝不粗、不细、不断为正好。若下条快并断条，表示芡大（太稀）；若条无法落下或太慢，粗细不匀，表示芡小（太干）。芡大可加粉，芡小可加水，但以一次调好为宜。为增加粉丝的光洁度和韧性，可在调粉时加入 0.2%～0.5%的羧甲基纤维素、羧甲基淀粉或琼脂，也可加少量的食盐和植物油。

（6）漏粉　将面团放在带小孔的漏瓢中挂在沸水锅上，在粉团上均匀加压力（或振动压力）后，透过小孔，粉团即漏下成粉丝或粉条。把它浸入沸水中，遇热凝固成丝或条。此时应经常搅动，或使锅中水缓慢向一个方向流动，以防丝条粘连锅底。漏瓢距水面的高度依粉丝的细度而定，一般为 55～65cm，高则条细，低则条粗。如在漏粉之前将粉团抽真空处理，加工成的粉丝表面光亮，内部无气泡，透明度、韧性好。

粉条和粉丝制作工艺的区别还在于制粉丝用芡量比粉条多，即面团稍稀。所用的漏瓢筛眼也不同，粉丝用圆形筛眼，较小；制粉条的筛眼为长方形且较大。

（7）冷却、漂白　粉丝（条）落到沸水锅中，在其将要浮起时，用小竿（一般用竹制的）挑起，拉到冷水缸中冷却，增加粉丝（条）的弹性。冷却后，再用竹竿绕成捆，放入酸浆中浸 3～4min，捞起凉透，再用清水漂过。最好是放在浆水中浸10min，搓开相互黏着的粉丝（条）。酸浆的作用是可漂去粉丝（条）上的色素或其他黏性物质，增加粉丝的光滑度。

（8）干燥　浸好的粉丝、粉条可运往晒场，挂在绳上，随晒随抖，使其干燥均匀。冬季晒粉采用冷干法。

粉丝、粉条经干燥后，可取下捆扎成把，即得成品，包装备用。

另外，在以马铃薯淀粉为原料制作粉丝、粉条的过程中，不同工艺过程生产出的产品质量有很多差异，这是由淀粉糊的凝沉特点所决定的。马铃薯淀粉糊的凝沉性受冷却速度的影响（特别是高浓度的淀粉糊）。若冷却、干燥速度太快，淀粉中直链淀粉来不及结成束状结构，易结合成凝胶体的结构；如凝沉，淀粉糊中直链淀粉成分排列成束状结构。采用流漏法生产的粉丝较挤压法生产的好，表现为粉丝韧性好、耐煮、不易断条。挤压法生产的产品虽然外观挺直，但吃起来口感较差，发"倔"。流漏法工艺漏粉时的淀粉糊含水量高于挤压法，流漏出的粉丝进入沸水中又一次浸水，充分糊化，含水量进一步提高。挤压法使用的淀粉糊含水量较低，挤压成型后不用浸水，直接挂起晾晒，因而挤压法成品干燥速度较流漏法快，这样不利于直链淀粉形成束状结构，影响了产品的质量。

3．成品质量标准

粉丝和粉条均要求色泽洁白，无可见杂质，丝条干脆，水分不超过 12%，无异味，烹调加工后有较好的韧性，丝条不易断，具有粉丝、粉条特有的风味，无生淀粉及原料气味，符合食品卫生要求。

四、无糊化马铃薯粉丝

一般制作粉丝时是先将少量淀粉糊化，然后将糊化淀粉同适量热水和凉水一起与剩下的大量干淀粉混合，制成流动性的粉丝生面，再用挤压的方法将淀粉制成粉丝或面条状，冷却除水，冷冻干燥制成干燥粉丝。现介绍一种不需要进行淀粉糊化即可制成粉丝的方法。

在 100 份的淀粉中添加占淀粉 2%～5%的 α 化淀粉，与温水一同添加，边添加边搅拌，直至淀粉成奶油状即可使用。

实例：将 87.5kg 马铃薯淀粉、87.5kg 甘薯淀粉与 6kg 的 α 化淀粉混合，混合是用 100L60℃的水进行的。用混合机处理 20min 即得到奶油状淀粉。再用 9mm 的有孔桥挤压装置将上述淀粉压成粉丝，出来的粉丝需通过 100℃的热水槽，时间为 30s，这样得到了糊化的粉丝。将粉丝用凉水冷却，最后冷却干燥即得成品。这样得到的粉丝外观均一且有韧性。

五、西红柿粉条

本产品以马铃薯淀粉和西红柿为主要原料，所得的产品颜色呈淡红色、口感好、有西红柿特有的香气。此产品制作工艺简单、生产难度不大，适合于乡镇企业、农村作坊、加工专业户生产。

1．原料配方

马铃薯淀粉 60%，西红柿浆 3%，明矾 0.3%～0.6%，食盐 0.01%～0.02%，其余为水。

2．生产工艺流程

西红柿→打浆→均质
↓
马铃薯淀粉→冲芡→和面→揉面→漏粉→冷却、清洗→阴晾、冷冻→疏粉、晾晒→成品。

3．操作要点

（1）西红柿选择　所选用的西红柿一定要饱满、成熟度适中、香气浓厚、色泽鲜红。

（2）打浆　将利用清水清洗干净的西红柿切成小块，放入打浆机中初步打碎。

（3）均质　将初步打碎的西红柿浆倒入胶体磨中进行均质处理，得到的西红柿浆液备用。

（4）冲芡　选用优质的马铃薯淀粉，加温水搅拌，在容器中搅拌成浆糊状，然后将沸水向调好的稀粉糊中猛冲，快速搅拌，时间约 10min，调至粉糊透明均匀即可。

（5）和面　通常在搅拌机或简单和面机上进行。将西红柿浆、明矾、干淀粉按配方规定的比例倒入粉芡中，并且一起混合均匀，调至面团柔软发光。和好的面团中含水 48%左右，温度不得低于 25℃。

（6）漏粉　将揉好的面团放入漏粉机的粉瓢内，机器安装在锅台上。待锅中水温度为 98℃、水面与出粉口平行即可开机漏粉。粉条下条过快并易出现断条，说明粉团过稀；若下条太慢或粗细不均匀，说明粉团过干，均可通过加粉或加水进行调整。粉条入水后应经常摇动，以免粘连锅底，漏瓢距水面距离一般为 55～65cm。

（7）冷却、清洗　粉条在锅中浮出水面后立即捞出投入到冷水缸中进行冷却、清洗，使粉条骤冷收缩，增加强度。冷水缸中温度不可超过 15℃，冷却 15min 左右即可。

（8）阴晾和冷冻　捞出来的粉条先在 3～10℃环境下阴晾 1～2h，以增加粉条的韧性，然后在−5℃的冷藏室内冷冻 12h，目的是防止粉条之间相互粘连，以降低断粉率。

（9）疏粉、晾粉　将冻结成冰状的粉条放入 20～25℃的水中，待冰融后轻轻揉搓，使粉条成单条散开后捞出，放在架上晾晒，气温以 15～20℃为最佳。自然干燥至含水量 16%以下即可作为成品进行包装。

4．成品质量标准

粉条粗细均匀，有淡红颜色，不黏条，长短均匀，口感好，有西红柿香气。

六、鱼粉丝

1．材料设备

原料：鲢鱼或草鱼，马铃薯淀粉，明矾（食用级），食盐，食用油。

主要设备：胶体磨，粉丝成型机，制冷设备，烘箱。

2．生产工艺流程

鱼的预备处理→配料→熟化成型→冷冻开条→烘干→包装→成品。

3．操作要点

（1）原料要求　选用质量较好、洁白、干净、含水量 40%以下的马铃薯淀粉；鲢鱼或草鱼要求鲜活，每尾重 2kg 左右，取自无污染水源。

（2）鱼的预处理　先冲洗干净鱼的外表，剖去内脏、鳃鳞。把鱼切成块状，连鱼皮、鱼骨破碎，再经胶体磨把鱼浆里大颗粒磨碎，以便更好地与马铃薯淀粉混合均匀，使鱼粉丝不易断条。

（3）配料　鱼浆用量为马铃薯淀粉的 30%～40%，加入 3%～5%的明矾、少许食盐、食用油，再加入与马铃薯淀粉等量的水混合调成糊状备用。

（4）熟化成型　将调好的鱼淀粉糊加入粉丝成型机中，经机内熟化、成型后便得到鱼粉丝。用接粉板接着放入晒垫中冷至室温。

（5）冷冻开条　将冷至室温的鱼粉丝放入冷冻机中在-5℃下冷冻 4～8h（若室外温度在-5℃以下可放在室外冷冻一夜），取出鱼粉丝放入冷水中解冻开条。

（6）烘干　开条后的鱼粉丝放在 40～60℃烘箱里热风中干燥或在室外晒干至含水量 15%，注意干燥不能过快，以免鱼粉丝外表蒸发干而内部水分还没有蒸发掉，易断条。

（7）包装　把干燥后的鱼粉丝放在地上或晒垫上让其回湿几小时后再打扎，以免过于干燥。打扎时以每根长 60cm、粗 0.1cm 为最佳，100g 一扎，400g 一包。用塑料袋装好即为成品。

4．工艺特点

① 本工艺采用破碎、磨碎的方法使鱼肉与鱼皮、鱼骨都得到充分磨碎，使其颗粒度较小，从而使鱼与淀粉得到充分混合。由于鱼皮、鱼骨的存在使产品含矿物质多，使得粉丝营养更加丰富；同时由于胶质的增加，粉丝不易断条，质量更佳，降低了成本，提高了鱼的利用率。

② 在熟化成型等工艺中采用内熟化式粉丝成型机，把传统的手工操作外熟法改为机械的内熟法，提高了生产率，降低了劳动强度，使质量容易控制，优于传统的漏粉工艺。

③ 传统的解冻过程是根据冷热来进行，解条时断条比较多，出粉率低。本工艺采用了人工冷冻方法，耗能并不高，不受天气影响，四季都可以生产，而且人工冷冻容易掌握，鱼粉丝质量高、卫生、断条少、出粉率高。

七、包装粉丝

粉丝的一般制法是将淀粉调制成面团，通过细孔压出粉丝，落入 90～95℃的热水中糊化，冷却后切成 1～1.5m 长，用杆子悬挂冷冻，然后解冻、干燥。装袋前将粉丝切成 25～20cm 长，经手工计量、包装，便成制品。这种加工方法是先将糊化粉丝冷冻、解冻、干燥，最后切成所需长度，但由于在沸水中淀粉完全糊化，致使粉丝发脆，手工作业时损耗率很高。

为了降低粉丝的损耗率，曾采用过非完全糊化法，即将粉丝加热至 90～95℃。这种制法虽然降低了粉丝的损耗率，但由于粉丝未完全糊化，制品透明度差，影响了商业价值，而且烹饪时必须放入沸水中煮 5min 左右才可食用。

为了解决上述问题，曾对粉丝制法进行了研究，即先将糊化粉丝冷却，按包装时所需长度切断，将切断的粉丝和水一起填充入计量斗中，然后冷冻、解冻、干燥。

但是，在将冷却的糊化粉丝按包装时所需长度切断时，由于未经过冷冻、解冻、干燥工序，致使粉丝未充分固化，不易切断。而且，在冷冻、解冻、干燥工序中，粉丝会结团，冷冻不均匀。

因此，经过研究发现，将糊化粉丝按以往方法加工，在冷却后切成 1～1.5cm 长，悬挂冷冻、解冻，然后切割的粉丝通过 40～80℃的热水槽，使其复水变软，可顺利地定量填充到计量斗中。

具体方法为：先将淀粉与水充分混合，调制成面团，通过细孔挤压成粉丝，将粉丝通过 100℃的沸水使之完全糊化，成为透明的糊化粉丝。冷却后切割成 1～1.5m长，悬挂冷冻，解冻后得到固化粉丝，切割成 25～30cm 长，装入料斗中，从 40～80℃的热水槽中通过，时间为 10～60s，使粉丝复水稍微变软。接着，送入分割机中。分割机的下部设有旋转式计量斗，可定量填充粉丝。然后将定量充填粉丝的计量斗放入干燥机内干燥，干燥后取出用袋包装。

用干燥机干燥时，可将定量填充粉丝的计量斗输送到干燥机中，也可将分割机下部的旋转式计量斗直接与干燥机相连，自动输送到干燥机中，这样可进一步提高效率。

利用本方法可使包装自动化，提高了生产效率，同时降低了因粉丝断头而产生的损耗，提高了出品率。

加工的粉丝在食用时，只需放进热水中便可拆解，烹饪非常方便。

八、蘑菇马铃薯粉丝

1．原料配方

精制马铃薯淀粉 1.6kg，水 800g，羧甲基纤维素 60g，精盐 10g，白糖适量，蛋白质适量，自制干蘑菇粉 25g。

2．生产工艺流程

蘑菇→清洗→干燥→粉碎→混合配料→成型→冷却→成品。

3．操作要点

（1）蘑菇处理　首先选用优质的蘑菇，用水洗净，晾干后选用干净的干蘑菇粉碎、过筛，得到蘑菇粉。

（2）粉丝生产　准确称取各种生产原辅料，加水搅拌均匀，防止出现干的颗粒淀粉。然后将粉丝机通电加热，使水箱中的水温至 95℃以上（自熟式粉丝机有带水箱和不带水箱两种，不带水箱的开机即可投料生产），把和好的淀粉倒入粉丝机的料斗中即可开机生产。从粉丝机口出来的热粉丝要让其达到一定长度，并经过出口风扇稍加吹凉后，再用剪刀剪断，平放在事先备好的竹席上，于阴凉处放置 6～8h，然后稍洒些凉水或热水，略加揉搓，晾晒至干。

4．注意事项

自熟式粉丝机在生产过程中如果和粉与水箱温度不当，极易出现黏条现象。一旦出现这种情况，可马上在和好的淀粉中加入适量的粉丝专用疏松剂。

在配料过程中，可以加入适量粉丝增白剂与增筋剂，以改善粉丝色泽，提高粉丝筋力，制得高质量、风味独特的粉丝。

九、马铃薯粉丝机械化加工技术

为了提高马铃薯淀粉制品质量和在市场上的竞争力，增加产品附加值，促进农村经济发展，秦安县农业农村局先后 2 次引进了过细机、除砂机、粉丝机等 5 种新机具，投放在叶堡乡淀粉加工基地试验示范。经测定：精细过滤机，除渣率为 0.33%；精细除砂机，该机主要用于粉浆脱水前的除砂，除砂率为 0.074%；脱水机，主要用于粉浆脱水，脱水后淀粉含水率为 30%；粉丝机，可生产 0.50～1.50mm 直径不同的粉丝，生产率 60kg/h；封口机，可进行粉丝及淀粉的小袋包装，生产率 500kg/h。以上设备与专业户自主引进的气流式烘干机相配套，对原有粉坊进行技术改造，形成日产 5t 干淀粉生产线，淀粉白度、细度明显提高，含砂量减少，产品质量显著提高，售价每吨提高 400～600 元。

新设备的引进试验和运用，提高了产品质量，调整了产品结构，改进了产品包装，打通了销路。为今后马铃薯淀粉深加工起到了典型引路作用，而且通过试验示范总结出了马铃薯粉丝加工的一些技术难点问题，现介绍如下。

1．机械加工粉丝存在的主要技术难点问题

一是粉丝成型困难；二是不易开粉；三是粉丝酥脆易断；四是粉丝无光泽不透明；五是粉丝表面起珠；六是粉丝下锅浑汤易断。

2．主要原因与采取的技术措施

（1）粉丝成型困难　粉丝从粉丝机模板成型出机后如果黏结成一团，这是因为：①和粉时粉浆太稀。遇到这种情况，只要在合粉时，多加些干淀粉，使淀粉拌和至黏稠能快速流动为止，即手抓一把粉浆提起后，粉浆能快速成线状流下，堆集起来又快速散开，此时淀粉的含水量约为 60%～70%。不同种类和质量的淀粉最佳的加水量有所不同，要注意在实践中摸索掌握规律。②淀粉在化学脱色时，加药超量，破坏了淀粉结构，造成黏性降低；或贮放太久，淀粉变质，或加工过程中没有掌握好淀粉的酸碱度，会破坏淀粉分子结构，导致制成的粉丝难以成型。其问题的解决办法如下。

① 加干淀粉。主要是为了降低粉浆的含水率。

② 加明矾或豌豆淀粉等。主要平衡粉浆酸碱度。加入 0.25%～0.50% 的食用明胶，先把明胶用热水溶化再加入；加入 10%～20% 的豌豆淀粉；加入 0.30% 的魔芋精粉，先用热水溶化再入。

（2）不易开粉　开粉是指粉丝冷却成型后，在搓开成松散状的过程中，发现粉丝黏结紧密，搓洗困难，造成生产效率降低，或根本搓不开，造成原料全部报废，带来很大的经济损失，这是以往粉丝生产中一直难以解决的问题。一般可以通过加入一些大分子的化学物质来解决。主要的方法如下。

① 加明矾。打芡时，按干淀粉加入 0.02%～0.50%的明矾。明矾应先磨碎，加水溶化后除去杂质，加入淀粉中打芡，这样生产的粉丝，便容易开粉，还可以提高粉丝的透明度。

② 加麦芽片（或淀粉酶）。在拌和淀粉时，按干淀粉加入 0.01%～0.05%的麦芽片或淀粉酶，麦芽片应先溶入水中过滤后加入。

③ 加菜油。和面时按干淀粉加入 0.10%～0.20%的菜油。效果明显，但对粉丝成品的色泽有影响。

④ 加小苏打、食盐。和面时按干淀粉加入 0.10%～0.50%的食盐及小苏打。

⑤ 加生姜汁。和面时按干淀粉加入 0.10%～0.50%的生姜汁。生姜先捣碎，加 4 倍水泡 3～4h，过滤后，即成姜汁。

⑥ 泡粉时加酸浆水。用粉丝机制作粉丝时，在合粉过程中加入总水量 20%～30%的二合酸浆水，搅拌 3～10min，这样处理后的粉浆制作的粉丝，不但易开粉，而且色泽洁白、光亮。

⑦ 粉丝，快冷却，慢失水。粉丝刚成型出机后，要用风扇吹风，加快粉丝的散热，剪条后需置低温下快速冷却，并用塑料薄膜覆盖，使其缓慢失水。

（3）粉丝酥脆易断　有时生产出的粉丝干燥后发硬、酥脆，极易断条，其主要原因是：①粉丝中加入明矾过多；②粉丝晒得太干；③粉丝成型后，没有充分冷却；④熟化不彻底。为了提高粉丝的筋度，应采取的措施如下。

① 减少明矾用量。粉丝中加入明矾用量应控制在 1%以内。

② 加食盐。和面时按干淀粉加入 0.50%～1%的食盐，使其自然吸潮，也可防止脆断。

③ 粉丝成型后不要马上晾晒。粉丝成型后约需 8～12h 才能充分冷却，冷却后晾晒，否则，成型后快速干燥，粉丝极易酥脆。目前，许多生产厂家都忽略了这个问题。

④ 成型时熟化彻底。粉丝机生产粉丝时，夹层中的水一般应沸腾，才能使淀粉充分糊化，否则，漏出的粉丝，干后酥脆易断。

⑤ 加明胶或海藻酸钠。在和面时按干淀粉加入 0.10%～0.50%的食用明胶或0.30%～1%的海藻酸钠。

（4）粉丝无光泽不透明　有时生产出的粉丝表面无光泽，显得粗糙，不透明，其原因主要有：①加热温度太高，出现气泡；②淀粉糊化不彻底；③明矾用量不够；④酸度不够。其解决的方法如下。

① 合粉时减少气泡出现。应在合粉时注意减少空气的混入，有条件的可用真空

合粉机，温度应控制在 80～90℃ 之间，便可提高粉丝光洁度和亮度。

② 糊化彻底。使淀粉彻底糊化，即粉丝要熟透，可提高粉丝光泽。

③ 加花生油或 TZ 增溶剂或明矾。打芡时按加工粉丝的干淀粉量加入 0.05%～0.15% 花生油和 0.10%～0.30% 的明矾，可使粉丝变得光亮、透明。也可按干淀粉量加入 0.005% 左右的 TZ 增溶剂效果会更好。

④ 加酸浆水。淀粉合粉前，用 20%～30% 的二合酸浆水浸泡几分钟，可增加粉丝的光洁度。

⑤ 改手工生产粉丝为机械加工。手工粉丝最易出现无光泽、不透明的现象，只要改用粉丝机加工，同样淀粉生产的粉丝，就光滑、透明得多了。

⑥ 加食用有机酸。合粉时加入柠檬酸或乳酸、醋酸等，使面团 pH 值保持在 4～5 即可。

（5）粉丝表面起珠　造成这一问题的原因是：①粉丝机有水夹层，机器工作时夹层中的水一般达到微沸状态，而有的机器运转中，通过摩擦会产生热量，使机器内淀粉糊的温度超过 150℃，这样成型的粉丝，出机遇到冷空气迅速收缩，且多段收缩不均衡，导致一节大一节小，看起来似乎是起珠或起泡的样子；②淀粉拌和得过干，粉丝成型后水分有限，易出现珠状。解决办法如下。

① 适当降低温度。粉丝机工作时，水夹层中的水温应保持在 80～90℃，使淀粉糊彻底糊化。

② 和面时不能太干。和面时若多加点芡，和稀一点，粉丝出机后，因水分充足，大量失水，迅速降温，粉丝表面收缩均衡一致，这就不会出现珠状物。

（6）粉丝下锅浑汤易断　有的粉丝，一下锅就浑汤，极易断条，再煮一下就化成糊状。其原因就是粉丝无筋力，这可根据不同的情况来解决。

① 调整加水比。据试验，手工粉丝在和好的面团中分别对含水 75%、65%、55%、40% 4 种情况，进行了对比研究，发现以含水 75%～40% 制成的粉丝，透明度逐渐减弱，粉丝的筋力、弹性逐渐增强，实际上，生产中一般都将淀粉含水量控制在 60%～70%。

② 熟化彻底。未熟透的粉丝，干后一是易酥脆，二是一下锅就断，浑汤严重。这种情况，唯一的办法就是使淀粉糊（机器生产）或粉丝（手工生产）彻底熟化，即可大大提高粉丝的筋力。

③ 加海藻酸钠。按干淀粉加 0.30%～0.50% 的海藻酸钠，方法是：先用热水或沸水，把海藻酸钠泡化或煮化，将此液作为打好的芡，再加入干淀粉和湿淀粉，拌和均匀。这样制成的粉丝，不但色泽较好，有光泽，透明度也好，而且煮时不断条，不浑汤，煮后的粉丝嚼劲及口感都较好。

④ 加琼脂。和粉时，按干淀粉加入 0.20%～0.50% 的琼脂，仍然是煮化后作芡加入。

⑤ 加魔芋精粉。和粉时，按干淀粉加入 0.30% 以上的魔芋精粉和 0.50% 的明矾，先把魔芋精粉用沸水搅化打成芡，加入明矾再和粉即可。

⑥ 加豌豆淀粉。和面时加入 10%～20%的豌豆、蚕豆或绿豆淀粉，可明显提高粉丝的筋力，且久煮不浑汤，不变细，不断条，几乎不降低粉丝的柔软感。所加豆类淀粉，均以打芡的形式加入为佳。

⑦ 加食用有机酸。和面时加入适量柠檬酸或乳酸、醋酸等，使面团 pH 值保持在 4～5，不但可明显提高粉丝的韧性、筋力，而且色泽洁白，光亮、久贮不变色。

十、西北农家马铃薯粉丝

1．所需原料与用品

原料：马铃薯、明矾。用品：水盆、小刀、家用食物打浆机、粉床（压面机）、竹筷、纱布、家用电饭锅。

2．生产工艺流程

选料磨薯→浸泡提粉→加矾和粉→煮团压丝→冷却晾条→打捆包装。

3．操作要点

（1）选料磨薯　选择当年生长成熟、淀粉含量高的马铃薯作为原料，剔除冻、烂、腐块及变质的斑点表皮，用水反复冲洗干净，用食用打浆机进行打浆（在没有打浆机的情况下可用多功能礤子），将其打成糊状或擦成细丝状。

（2）浸泡沉淀　将磨碎的马铃薯糊状浆放在水盆中，加入适量清水，以浸没马铃薯浆为宜，混合并搅拌 5min。然后把混合浆通过纱布慢慢（速度过快会使马铃薯余杂通过纱布）过滤于另一水盆中。纱布上的马铃薯余杂再次用清水浸泡，用同样的方法处理 2～3 次，除去余杂，最后将过滤后的马铃薯浆置于水盆中，并且将其静置沉淀 24h，弃去上层清液，将下层沉淀的淀粉取出置于充足的阳光下晒成干淀粉。这样浸提的淀粉产出率 7.6%～8.0%。

（3）加矾和粉　将食用明矾研成粉末状，加入一定比例的温水使其完全溶解，按淀粉与明矾 100∶1 的比例，再将明矾水加入干淀粉中均匀搅拌，使和好的面团含水量在 48%～50%之间，面温保持在 40℃左右，然后揉成均匀无疙瘩，光滑不黏手，能拉丝的软面团为止。

（4）漏粉成丝　首先在电锅内加入一定量的水煮沸，再把揉好的面团装入粉床中，在粉团上均匀加压后，当粉团通过小孔时即得粉丝，当粉丝漏到一定长度时开始漏入沸水锅，粉丝遇热后会凝固成条，边漏边搅拌以防粉丝粘连在锅底，锅内水在漏丝过程中一直要保持沸腾，当粉丝漂在水面上时说明粉丝已成型。

（5）冷却晾条　将锅中的粉丝用竹筷捞出放入盛冷水的盆中使之尽快冷却以增加弹性，待冷却好后再轻轻捞出冷水槽中，搭在提前准备好的晾粉丝架上。然后在日光下晾晒（一般在阳光充足的情况下晒 4d 为宜，在有条件的情况下可放在烘房中烘干），在晾晒时要将黏在一起的粉丝抖松理顺，使其干燥均匀，顺理成丝。冬季晾晒粉丝最好采用冻干法，即将粉丝捞出后放在粉架上冻 2～3 昼夜，待冻透后轻轻抖掉粉丝上的冰霜再放到通风处使其自然风干。当粉丝含水量在 20% 左右，即可收敛成堆干燥。

（6）收捆包装　粉丝干后，堆放在干净的水泥地上稍加回软，待脆性消失后即为成品，可打捆包装。

4．成品特点

纯天然的食品，有很好的食用价值。白色条状，柔韧性好，口感爽滑，食用前一般用热水浸泡 10min 左右，浸泡后的粉丝晶莹剔透，有弹性，在市场上很受广大消费者的欢迎。

5．注意事项

① 搅拌好的面团若不及时压丝，可用塑料袋包起来防止干裂。

② 淀粉在凉水中浸泡的时间为 10min 左右，不能过长。

③ 若放入的明矾过多，做出的粉丝就会卷曲，而且加矾过多对人体有害。因为明矾中有铝元素，过多摄入会影响对铁、钙等成分的吸收，导致骨质疏松、贫血，甚至会影响神经细胞的发育。

④ 如果加入的明矾量太少加工出来的粉丝会没有柔韧性，并且压丝时不易成型，在食用时不宜长时间浸泡，否则口感欠佳。

第三节　木薯、山药粉丝

一、木薯粉丝

1．原料配方

主料：木薯全粉 67%、 玉米淀粉 33%。辅料（占主料的比例）：醋酸酯淀粉 5%、食盐 1.5%、预糊化淀粉 6%、水 49%。

2．生产工艺流程

木薯全粉预处理→均质→和面→静置→出粉→晾挂→冷凝回生→解冻→搓粉→自然晾干→包装→成品。

3．操作要点

（1）原辅料处理　木薯全粉过 100 目筛，待用；将食盐用少量 85℃ 的水溶解，待用；将粉丝机进行清洗干净，并加热至 85℃。

（2）原辅料均质　分别称取木薯全粉、玉米淀粉、醋酸酯淀粉及预糊化淀粉等，移至和面机的样品桶中，搅拌 15min（搅拌速度 148r/min），均质。

（3）和面　加入 392g 水将混合好的面料进行和面，慢速约 5min（搅拌速度 148r/min），中速约 6min（搅拌速度 244r/min），快速约 2min（搅拌速度 480r/min），和好面后放置 15min。

（4）成型　将粉丝机的水箱水升温至 85℃并保持恒温，用少量食用油擦一下粉丝机螺旋轴，启动粉丝机，将淀粉乳团倒入料斗，关闭出粉阀门 3min，打开阀门，让粉团在螺旋轴的推力下从筛板挤出成型。

（5）散热、剪切及冷却　粉丝成型时，用风扇出风口正对筛板，使成型的粉丝迅速降温，当粉丝达所需长度时，用剪刀迅速剪断置于接丝板上，冷却至室温。

（6）冷凝回生　将冷却的粉丝置于−18℃条件下放置 48h，再将其放入 2℃环境中 6～8h 自然解冻及控水。

（7）搓粉散条、干燥及包装　从冷藏环境中取出的粉丝，进行搓粉散条后，自然风干至粉丝含水量低于 17%，切割包装，即得木薯粉丝成品。

二、山药粉丝

1．生产工艺流程

山药原料的选择→原料清洗→原料去皮→原料烫漂→打浆→护色→均质→调配→揉面→制丝→干燥→包装→成品。

2．操作要点

（1）原辅料要求　①山药的要求　山药应新鲜，无腐烂、霉变及病虫害。②水质要求　山药粉丝生产用水包括洗水、浸泡用水、打浆用水等，均须达到日常生活饮用水卫生标准。目前，我国还没制定出粉丝生产用水标准，所以一般自来水即可。③其他辅料的要求　食盐、魔芋精粉、面粉严格按照配方比例加入。

（2）清洗去皮　山药清洗时，洗净表面的泥沙和污物，再漂洗至水清为止。然后将山药的表皮去除。

（3）烫漂、打浆、护色　将已去皮的山药放于 90℃0.1%柠檬酸液中烫漂 3min。加入柠檬酸的目的是为了护色。将烫漂后的山药取出，送入打浆机中打成浆液。要求打成的浆液能通过 60 目筛网。

（4）均质　使用立式胶体磨时，必须开机后进料，出料后停机。

（5）调配　为了提高山药粉丝的质量，选用明矾作为成型硬化剂，以卡拉胶作为增稠增白剂，以魔芋精粉作为增韧剂，以柠檬酸作为护色剂。其最佳比例为：魔芋精粉 2%，柠檬酸 0.1%，明矾 0.5%，卡拉胶 0.2%。通过以上配比制作的山药粉丝色泽洁白，具有粉丝特有的风味，耐煮性好，韧性好，产品表面光滑均匀。

（6）揉面、制丝　可按常规的方法进行揉面和制丝。

（7）干燥　干燥烘干过程中，应及时翻动，以免粉丝黏在一起。此外，还应注意干燥的温度，以免温度过高粉丝表面发生壳化。实践证明，在 45℃左右烘干得到的粉丝质量较理想。

第六章
新型粉丝生产技术

第一节　米粉丝

一、黑米粉丝

（一）工艺一

1．生产工艺流程

黑米清洗、浸泡→粉碎→辅料添加及拌和→造粒→蒸料→挤丝、熟化→分丝、干燥→分拣→切割→计量→包装→成品。

2．操作要点

（1）原料精选　要求选用无虫蚀、无霉变的黑米为原料，最好选用糙黑米。

（2）洗米、浸泡　黑米经拣选、淘洗干净后，再进行浸泡。夏季泡 3～4h，冬季泡 5～6h，泡到手捻米烂即可。取出沥水。

（3）粉碎　黑米粉碎时应保持水分在 20%～25%，而且必须进料均匀。其粉末粒度全部通过 60 目筛。

（4）拌和及造粒　粉碎后的黑米粉，再加入适量的辅料及 10%的清水拌和均匀后放入粉丝机进行造粒。其粒度为圆柱状，直径 3～4mm，长度为 1cm。

（5）蒸料　将圆柱状的生胚粒料，注入蒸料器上蒸，观察物料糊化状态达到 90% 的熟度后即可出料。

（6）挤丝冷却熟化　经蒸料后的米粉粒已基本成胶体，倒入挤丝机挤压成丝状，边挤压边用鼓风机冷却。出丝规格直径 1mm，长度 2～3m。保温熟化 2h。

（7）分丝、干燥　熟化后的粉丝放在竹竿上进行分丝，而后利用阳光晒干或烘干。其水分达到 13.5%～14%即可。

（8）切割、分拣、计量、包装　将粉丝经严格的分拣后切割成 22～24cm 长，按一定分量进行小包装。

说明：添加的辅料为耐煮剂，目的是使粉丝不粘连，提高耐煮性。

（二）工艺二

1．生产工艺流程

原料精选→洗米→浸泡→磨浆→压滤→蒸料→挤丝→冷却→熟化→分丝→干燥→冷却→切割→分拣→计量→包装→成品。

2．操作要点

（1）原料精选　要求选用无虫蚀、无霉变的新鲜黑优黏米为原料。

（2）洗米、浸泡　先将黑米在短时间内用冷水快速冲洗干净，再把洗干净的黑米放入容器内加清水，水层超过若干厘米，浸泡一定时间，感官检查，待能用手指（大拇指与食指）搓成粉状，即可沥水，将浸米水收集贮存备用。

（3）磨浆　将黑米和浸泡黑米后的米水一起进行水磨，保持进料、进水均匀，并添加天然增韧剂一同磨浆，将米浆全部通过适宜的筛孔。

（4）压滤　将米浆压滤成一定含水量的板状湿粉，再放入搅拌机中搅拌，搅拌时，可根据需要，加入某些大米本身不具备或缺乏的营养成分，如微量元素等，强化其营养，以适应不同层次的营养需要，经充分搅拌后的米浆，再制成板状湿粉，将压滤过程中压滤出的水收集后，待磨浆工艺时用。

（5）蒸料　将经搅拌后制成的板状湿粉，在蒸料器上用热蒸汽蒸煮一定时间，观察物料糊化状态达到一定的熟度后即可出料。

（6）挤丝、冷却、熟化　将第一次蒸煮后的板状湿粉放入米粉机中挤粗粉丝，然后再挤细粉丝。出丝规格直径为 1mm，长为 2～3m，要富有弹性、光泽，边挤压出丝，边用鼓风机吹拂，使表面冷却，然后将细粉丝按预定的方案选"型"，再在热蒸汽中蒸煮一定时间，至其完熟为止。

（7）分丝、干燥、冷却　将熟化后的粉丝用机械（或手工）进行分丝，分丝后的湿粉丝在太阳下晒干，或在较低温度、具有一定风速的烘干炉中烘干，待水分达到一定程度时即可冷却。

（8）切割、分拣、计量、包装　冷却后的粉丝，经严格分拣后，按一定规格切割成 20～22cm 长度，计量，小包装。

由于黑米米皮含有丰富的水溶性维生素和色素，因此，冲洗时用冷水快速洗去杂质，以免营养成分溶解流失；黑米浸泡后的浸液含有丰富的水溶性营养成分，为防止变酸，可先收集贮存在液箱中，待磨浆时逐步加；压滤后的滤液（仍含有各种营养成分），也要收集起来，再加入磨浆，尽可能减少营养成分的流失；粉丝干燥的温度要求控制在一定的温度以下，直至干透为止。

3．成品质量标准

（1）感官指标　外观：用肉眼观察其表面光滑，条子粗细均匀，排放整齐，不含夹杂物。色泽：产品具有正常黑米的固有色泽——黑紫红色，有油润感。气味：具有黑米特有的香味与风味，无酸味、霉味、油墨味及其他异味。口感：具有天然黑米香味，不黏牙，不夹生，爽滑而可口。

（2）理化指标　水分不超过 14%；断条率不超过 10%；汤汁沉淀物不超过 1～3mL/10g；酸度（pH）3～4。

（3）卫生指标　砷（以 As 计）≤0.5mg/kg；铅（以 Pb 计）≤1.0mg/kg；黄曲霉素 B_1≤5mg/kg；致病菌不得检出。

二、保鲜湿米粉

米粉又名米粉条、米线、米面或米粉丝，是一种有悠久历史的传统食品。它质地柔软、滑爽可口、有嚼劲，既可作为主食，又可作为小吃。但米粉条的生产又与面条不同，大米中的蛋白质不能像面粉一样形成面筋网络，只有依靠大米淀粉糊化后回生来产生抗拉强度。因此米粉条的诸多性质主要来自大米淀粉。

通过对大米粉末进行必要的处理、添加变性淀粉等措施，使大米淀粉糊化后的凝胶化得以很好地完成，制得保鲜湿米粉。

1．原辅材料及配比

大米粉末 80%～90%，变性淀粉 10%～15%，食盐 0.5%～1%，魔芋精粉 3%～5%，大豆色拉油 0.5%～2%，复合磷酸盐 0.1%～0.4%，甘氨酸 0.2%～0.5%，丙二醇 2%～3%，蒸馏单甘酯 0.3%～0.5%。

2．原辅材料性能与要求

（1）大米粉末　要求粗细度 60 目以上，直链淀粉含量 18%～25%，灰分含量要求在 1%以下。

（2）变性淀粉　添加变性淀粉，可延缓保鲜湿米粉在保质期内老化，保持柔软可口。

（3）食盐　加入食盐，可使保鲜湿米粉增加持水性，兼有防腐作用。

（4）大豆色拉油　大米粉末混合时，少量添加色拉油可防止生产时米粉条相互粘连、并条，同时使米粉条油润光滑。

（5）甘氨酸　甘氨酸是一种水溶性良好的氨基酸，有甜味，对耐热芽孢菌有特殊的抑制作用。

（6）复合磷酸盐　复合磷酸盐为白色粉末，易溶于水，也是一种食品营养强化剂。其作用机理是随着温度的升高，复合磷酸盐能促进淀粉的可溶性物质的渗出，增强淀粉间的结合力，磷酸根离子具有螯合作用，能使淀粉分子、蛋白质分子螯合成更大的分子，从而增加米粉条的抗拉强度，并可增加米粉条的光泽。

（7）蒸馏单甘酯　蒸馏单甘酯是一种常用的乳化剂，它不溶于水，但与热水强烈振荡混合时可分散在水中。在水中加热到一定程度后，由 β 态转变成 α 态，易与淀粉、蛋白质作用达到改善食品品质的目的。

一般认为，米粉条生产中单甘酯的加入，能使大米粉末表面均匀地分布有单甘酯的乳化层，迅速封闭大米粉粒对水分子的吸附能力，阻止水分进入淀粉，这样就妨碍了可溶性淀粉的溶出，有效地降低了大米的黏度。单甘酯还能和直链淀粉结合成复合物，这个复合物的形成是一个不可逆的过程。这对防止保湿米粉条老化，缩短复水时间有益。

（8）丙二醇　丙二醇在生物体内可氧化代谢为醋酸和丙酮酸，对人体无害，可起防腐作用。

（9）魔芋精粉　魔芋精粉主要成分是葡萄甘露聚糖，它吸水性强，乳化性好。

加入米粉条中，可明显增加筋力，减少断条率，同时具有一定的保健功能。

（10）酸洗（pH 值）调节剂　选用乳酸、苹果酸、柠檬酸混合调配成 2%的溶液。

（11）水　保湿米粉的生产对水质有较高的要求，水的色度和浊度高低，表明水中存在各种溶解和悬浮的杂质的多少，它对米粉的色泽、口感有较大影响。

3．生产工艺流程与设备

（1）生产工艺流程　大米→精碾→清洗→润米→粉碎、过筛→大米粉末→加入水、其他辅料→混合→挤压成型→时效处理→定量切割→水煮→水洗→酸浸→低真空包装→杀菌→保温→检验→加汤料→外包装→入库。

（2）生产中的主要设备　斗式提升机，碾米机，洗米机，粉碎机，混合机，榨粉机，切割机，水煮、水洗、酸浸设备，旋转包装机，金属检测仪，重量计，杀菌冷却系统，二次包装机（枕式包装机、碗装封口机、热收缩包装机）。

4．操作要点

（1）大米的选择　市场上的大米通常为国标一级大米，用小型粉米机再碾去投料量的 2%～4%的米较为理想，不得含有黄变、霉变米。大米陈化期为 6 个月至 1年，这时的大米，结构层次、营养成分等都基本固化，尤其是淀粉结构稳定，蒸煮糊化时，淀粉有较好的凝胶特性。

（2）清洗　大米的清洗在洗米机中进行，通过机底的高压射流装置对大米进行循环冲洗。漂浮在水面上的泡沫、糠皮、糠麸等杂质通过隔板，经逆流管排出。清洗时间视机中水的清澈程度而定，一般为 10～20min。

（3）润米　润米的目的是使米粒外层吸收的水分继续向中心渗透，使米粒结构疏松，里外水分均匀，水分含量控制在 26%～28%较佳。

（4）粉碎、过筛　用锤式粉碎机进行粉碎，粉碎后大米粉末过 60 目筛即可。

（5）混合　大米经浸泡、粉碎后，其水分含量不适合于榨粉机工作，需要补充水分；其他辅料也应在此时加入。混合的要求是：各种物料混合均匀，达到"一捏即拢，一碰即散"的手感，此时的水分含量在 30%～32%。混合好的物料最好静置0.5h 左右，以便水分均匀。

（6）挤压成型　在榨条前，必须对大米粉末进行高温、高压的适度挤压处理，这是本产品是否成功的关键。挤压是在榨条机上进行。挤压后的物料再入第二台榨条机中挤出米粉条，米粉条以粗细均匀、表面光亮平滑、有弹性、无夹白、气泡少为宜。挤压处理的程度要严格控制，过度则造成水煮时损失大；过小则熟度小，易使米粉回生。

（7）时效处理　榨条出来的粉条，表面黏液较多，会互相粘连，必须送密闭房静置保潮，进行时效处理。时效处理的要求是不粘手、可搓散、柔韧而有适度弹性。时间为 12～24h。

（8）水煮　水煮是为了使米粉条进一步 α-化，要严格控制水温和时间，避免糊化过度。水煮时应在水中适当添加食盐和消泡剂。水煮温度 98℃，时间 1～2min。

（9）水洗　用水温 0～10℃的冷水对米粉条进行淋洗，使其温度骤降至 24～26℃。米粉条遇冷收敛，更具凝胶特性；同时洗去米粉条表面的淀粉，则表面更油润光滑，不黏条。水洗时间控制在 1.5～2.5min。

（10）酸浸　酸浸是为了降低米粉条 pH 值，将成品的 pH 值控制在 4.2～4.3。由于米粉条经挤压榨条，粉丝体紧密结实，不易吸酸，酸浸时间应相对延长。具体条件如下：酸浓度 1.5%～2.0%；酸液温度 25～30℃；pH 值 3.8～4.0；酸浸时间 1.5～2.5min。

（11）滤水　水洗和酸浸后的米粉条水分较高，必须滤去表面过多的游离水分，否则杀菌时米粉条会因为过度吸水而膨胀，变糊。一般滤水时间为 8～10min，成品最终水分为 65%～68%。

（12）低真空包装　根据设计质量，对米粉条进行第一次包装，包装时滴入 3～4 滴色拉油，以防止米粉条结团、黏条。包装材料选用透气性差、耐热、拉伸性和抗延伸性强的 LDPE（低密度聚乙烯）或 CPP（氯化聚丙烯）材料，采用低真空包装。

（13）质量、金属检测　剔除质量不符合和含金属的湿米粉条袋。

（14）蒸汽杀菌　在 93～95℃蒸汽中杀菌 40min，使袋中心温度达到 92℃，并保持 10min。

（15）保温、包装入库　湿米粉条袋冷却后，在（37±1）℃保温 7d，剔除膨胀袋、漏袋。抽样检验其微生物指标。对合格产品，配以调味料，装碗或入袋，包装好入库。

5．成品质量标准

（1）感官指标　产品水分 65%～68%；pH 值 4.2～4.3，α-度大于 90%；保质期 6 个月；复水时间 2min。

（2）微生物指标　细菌总数<100 个/g；大肠菌群<3 个/g；致病菌不得检出。

本产品的特点是具有新鲜米粉条的风味和口感，保质期长，食用更方便，吃法多且风味各异，可凉拌、汤食、炒食，也可用微波炉加热后拌汤料直接食用。其 α-度大于 90%，汤食复水时间短，仅为 2min。

本产品在生产过程中不需干燥脱水，节省能源，降低成本。水分含量高达 65%～68%，经济效益好。但因保鲜米粉生产工序较长，一定要防止人工和环境污染。

三、营养鱼糜米粉丝

1．原料配比

晚籼米 100%，早籼米 25%，新鲜草鱼糜 100%，盐 3%，单甘酯 0.25%，蔗糖酯

0.25%，味精适量，自来水适量。

2．生产设备

隔沙槽、锤式粉碎机、振动筛、绞肉机、水油两用磨、胶体磨、高压制粉机、烘箱等。

3．生产工艺流程

早、晚籼米→分别称重→混合→浸泡→洗米→除沙→滤水→

润米→粉碎→过筛 ——————┐

活草鱼→去杂取肉→洗净→通过绞肉机→通过水油两用磨→

胶体磨→加定量水 ——————┤

盐、味精、单甘酯、蔗糖酯等添加剂事先溶化 ——————┘

制粉→老化→散开→晾干→成品。

4．对原料的要求

（1）大米的要求　大米应成熟新鲜，颗粒饱满。陈化度一般以陈化半年至一年为好。稻米的品种很多，由于气候条件和贮藏时间不同，稻米的品质、化学性能、营养成分亦有所不同。用于米粉生产的大米质量对生产工艺和产品质量的影响很大，应充分注意。

用于米粉生产的大米分为两类。一是籼米。籼米含直链淀粉较多，透明度差。籼米又分早籼米和晚籼米。早籼米生长期短，黏性小，直链淀粉约占 25%；晚籼米生长期较长，黏性略大，直链淀粉占 15%～20%。二是粳米。粳米中直链淀粉占约 15%。

（2）对水的要求　米粉丝生产用水包括清洗水、浸泡用水、磨浆用水等，需达到日常生活饮用水标准。

（3）对鱼的要求　鱼应为活的大草鱼，市售。质量应在 2.5kg 以上。

（4）对其他辅料的要求　其他辅料，如盐、味精、单甘酯、蔗糖酯等，均符合食品级要求，且需严格按配方要求加入。

5．操作要点

（1）原料选择　米粉丝生产要求大米支链淀粉含量在 85% 左右。用晚籼米生产的米粉韧性很好。但由于加入鱼糜，使其含水量、黏度、熟化度受到影响。若全部采用晚籼米则易堵机及粉丝过黏，不能散开，所以应适当加入早籼米。早籼米的加入量及对产品的影响见表 6-1。

表 6-1　早籼米的加入量对制成品质量的影响

配比值（晚/早）	挤丝	成型	复水后
3：2	极少生粉粒，透明感好	成型差，易黏条	粉丝不易分散，断条较多
4：1	生粉粒少，透明感好	成型好，不黏条	粉丝易分散，断条较少

由此可见，用 4：1 的晚籼米：早籼米，所生产的米粉丝质量较好。

（2）洗米　洗米时，将大米放入浸米桶中 30～40min，再漂洗至清水为止。

（3）润米　将浸泡好的大米放入隔沙槽中除沙。除沙后的大米滤净水，放入润米斗中浸润 1～1.5h。

（4）粉碎　用锤式粉碎机（机内筛筐筛片孔径 0.6mm）将润好的米粉碎，然后通过振动筛筛去粗粒及糠皮等杂质。大米粉碎细度对粉丝的外观、口感有较大影响。原料粉碎粒度对米粉丝质量的影响见表 6-2。

表 6-2　原料粉碎度对米粉质量的影响

粉碎/目	过筛情况	外观	复水情况
80	过筛慢，易堵塞，须频繁清理筛网	粉丝外观光洁圆整，均匀	易泡熟，口感细腻，有弹性
60	过筛快，极少堵塞筛孔	粉丝外表基本光洁，圆整	易泡熟，口感较细腻，弹性较好
40	过筛快，筛不净糠皮等杂质	粉丝表面粗糙不圆整，不均匀	口感粗糙，有生味，缺乏弹性，易断

以 60 目粉碎度对机械操作，粉丝成品质量较理想。

（5）制鱼糜　在使用绞肉机及水油两用磨前，应把与鱼糜接触的部分用热水冲洗，可拆开清洗。将清洗完全，去掉一切杂物的新鲜鱼肉放入绞肉机中绞成鱼糜状，待用。

若用鱼粉为原料，其鱼糜粉丝香味不足，且处理不当，尚带有鱼腥味和其他不良气味。选择草鱼是因为草鱼体形大，可利用部分占总鱼重的比例大，鱼腥味较其他鱼类小。

鱼糜粉丝的特色之一便是鱼香味。因此鱼糜的加入量直接影响粉丝的色泽、气味、成型、韧性等成品质量标准。加入量过多，色泽深、成型差，易黏条；加入量过少，体现不出鱼香味。鱼糜的加入量对米粉丝成品的影响见表 6-3。

表 6-3　鱼糜加入量对米粉质量的影响

配比（米粉：鱼糜）	色泽	气味	成型	韧性
5：6	较透明，暗红	浓郁鱼香味	成型差，易断条	较差
5：4	较透明，金黄	较浓郁鱼香味	成型好，不黏条	较好
5：2	不透明，淡黄	鱼香味较淡	成型好，不黏条	较好

（6）胶体磨的使用　使用胶体磨应先开机后加料，先停止加料后再关机。使用时注意不要让较粗大的鱼骨进入胶体磨，以免破坏机械。

（7）制粉　进入制粉机的原料的含水量对粉丝成型、挤丝、复水等工序均有较大影响。原料用水量的选择见表 6-4。

表6-4 制粉前原料含水量对米粉丝质量的影响

含水量/%	挤丝	成型	复水后
30	粉丝中生粉粒较多,透明感差	成型好,不黏条	泡不熟,断条多
32	粉丝中生粉粒少,透明度好	成型好,不黏条,粉丝较易分散	易泡熟,断条少
34	粉丝中很少生粉粒,透明度好	成型好,基本不黏条,粉丝基本能分散	易泡熟,断条少
36	极少生粉粒,透明度很好	成型差,黏条易泡熟,粉丝不易分散	断条率高

由此可见,制粉前原料含水量32%~34%较理想。

用高压制粉机出粉时,出粉口应用鼓风机使粉丝冷却,避免重新粘连。

(8)老化 老化一夜后,将粉丝放入自来水中,用手轻撮至粉丝散开后,立即从水中拿出晾干。如不及时晾晒,粉丝会吸收大量的水,给后续工作造成麻烦。

粉丝晾干的温度、风力、天气等因素对粉丝最终成品质量有一定的影响,因此需要选择适当的晾干条件。晒粉天气与粉丝质量的等级关系见表6-5。

表6-5 晒粉天气对粉丝质量的影响

温度/℃	风力/级	天气	粉丝质量	粉丝等级
18~22	3~4	晴	整齐,质地均匀,色白有光泽	一
		阴	色泽略暗,整齐,韧性略差	二
8~10	2~3	晴	色白,整齐,韧性差	三
		阴	多出等外品	四

6.成品质量标准

色泽:应呈淡黄色,粉丝光洁、有透明感,底色一致。

香味:口味、气味均有鲜鱼糜的特有香味,无霉味、酸味及其他异味。

外观:粉丝粗细一致,无夹杂物,无斑点,长度长而均匀,无断条。

复水性:煮、泡6~8min后不夹生、无杂质,柔软可口,不黏盘、不糊化。

四、快餐米线

1.生产工艺流程

大米分选→洗米→浸米→静置→粉碎→调粉→挤压成型→保温返生→酸洗→称量装袋→封口→杀菌→冷却→速冻→解冻→外包装→装箱→成品。

2.生产设备

米粉机、粉碎机、调粉机、小型鼓风机、封口机、速冻库、浸泡桶等。

3.操作要点

(1)原料选择与处理 生产快餐米线用大米以含直链淀粉量大于20%的籼米为主,且以陈米为好。陈米制出的米线透明度高,不易黏条,韧性较好,后操作性好。

但直链淀粉含量太高，米线易断条，也会影响米线的质量。所以陈米不能有霉变及其他变质现象。

把购进的大米经称量运到车间，由风选机去除沙石、尘土、稻壳等杂质，然后由工人拣出黑头的大米。

（2）洗米与浸米　挑选后的大米在水槽中冲洗，进一步去除泥沙及杂质。再浸泡 30min（冬天时间长一点，夏天时间短一点），一般应使大米的含水量达到 32% 左右。

浸后的大米捞到箩筐中，经 1～2h 的静置，使其水分在内部分散均匀，大米吸水后其硬度降低，便于粉碎机的粉碎，但浸米时间及静置时间过长，吸水率过高，在粉碎时易黏团，夏季还易发酸，甚至发臭变质。

（3）大米的粉碎　静置后的大米由粉碎机粉碎成大米粉，经 60～80 目筛孔过筛，粉碎粒度不宜太大，否则颗粒内的淀粉糊化不充分，甚至在挤出的米线条上能明显看出被粉碎的颗粒，影响产品感官质量。

（4）调粉　把米粉与添加剂及辅料等按比例放入调粉机中，加料后开搅拌机，边搅拌边加水，使含水量达到 36% 左右，拌和时间 5～10min。

（5）挤出成条　先把挤出机预热 10～15min，将拌好的粉料置于双桶自熟粉丝机的料斗里，从喂料口连续均匀地喂入粉料，粉料在筒内经 150℃ 左右的加热糊化，由均布直径 0.6～1.2mm 小孔的成型镜挤出而成为米线，成型粉镜一般是在圆形的钢板上打孔而制成。生产较细的粉丝时，多用曲面式的粉镜；粗粉时用平面镜。

挤出的粉丝应粗细均匀、透明度好、表面光亮平滑、有弹性、无生白现象、无气泡。挤出流量过小，粉丝过熟，挤出的粉丝则褐变、色泽较深且产生气泡。流量出口处的粉丝在逐渐下落的过程中用鼓风机冷却。

（6）保温返生　将挤出的米线人工用剪刀剪断 1.3～1.4m，稍加整理后，整齐地放置在晾粉室内，保温静置 12～14h，进行老化处理。老化时间根据环境温度、湿度的不同而不同，老化返生程度以不黏手、可松散、柔韧有弹性为宜。老化不足，粉丝的韧性差，影响食用的嗜好性；老化过度，粉丝板结不易蒸透。

（7）酸洗　将返生后的米线从杆上取下，放入冷水槽中浸泡，然后人工揉搓至米线完全分开为止，使其不黏条，一般浸泡 2～3h。

在酸洗罐中加入柠檬酸、防腐剂等，加水并加热至 60～90℃，放入浸泡后的米线进行酸洗。酸洗的目的是降低米线 pH 值，降低杀菌强度，提高防腐剂的防腐作用。酸洗时进一步梳理米线，使米线达到无两根以上的并条现象，酸洗操作需时间很短。

（8）称量包装　人工将变形严重、并条、带有气泡及黑点等杂质的次品米线挑拣出来，分开放置。正品米线按要求质量人工称量后装入耐蒸煮包装袋内，用自动封口机封口，封口时尽量减少袋中的空气含量，以减少杀菌时的破袋率。封口要平整，不得漏气，外观良好。

（9）杀菌　装袋后的米线应及时杀菌，否则易产生发红、变味、胀袋等变质现象，杀菌可在蒸煮锅中进行，对于 210g 袋装米线蒸煮时间为 30～40min，产品保质期可在 6 个月以上。杀菌时注意袋与袋之间不应过分挤压，避免传热不均匀和挤压黏条甚至黏成团块。

（10）速冻与解冻　杀菌后的米线自然冷却（也可冷水冷却），然后进行冷冻处理，把米线冷至-10℃以下，出库后自然解冻，冷冻的目的是避免杀菌后的米线之间的相互粘连，导致产品在食用时有黏条或黏成团块的现象。

解冻时间夏天为 4～6h，冬季则长达 3d。

（11）包装　解冻后的袋装米线，挑拣出漏气及其他质量不合格产品，把包装袋擦洗干净，晾干后进行外包装。外包装时可同时放入不同的调味料，制成不同风味的快餐米线。

4．成品质量标准

卫生指标：细菌总数≤3000 个/g；大肠菌群≤30 个/g；致病菌不得检出。

五、芭蕉芋粉丝

芭蕉芋是一种自然生长的植物，在无公害、无污染的环境中生长，不施用化肥和农药。制成的粉丝无杂质、柔韧有弹性、耐存储、具有芭蕉芋特有的风味等。食用后有助于消化，使大便干净，有清洁肠胃的功效，经常食用可减肥强体。故芭蕉芋粉丝可以说是一种天然的有机食品。

（一）工艺一

1．生产工艺流程

芭蕉芋淀粉、米粉、明矾和水→混合→制丝吹凉→发汗→漂洗→风干→计量包装→成品粉丝。

2．操作要点

（1）混合　将芭蕉芋淀粉和米粉以 7.5∶2.5 的比例，加入 0.2%的明矾及适量打浆水用和面机混合均匀，得到含水量为 30%的混合均匀的面团。

（2）制丝吹凉　采用双筒自熟挤压式粉丝机进行制丝，将面团投入该机的熟化筒，反复几次逐渐生热达到 80%的熟化程度，再均匀地放入制丝筒，通过漏板挤出达到透明全熟化的程度，并对刚出口的粉丝强制通风吹凉。

（3）发汗　将制取吹凉后的粉丝装入木制发汗箱，洒水发汗，以便分离。

（4）漂洗　将发汗后的粉丝用热水漂洗搓开。

（5）风干　将上述搓开漂洗干净的粉丝挂杆强制风干。

（6）计量包装　将风干后的粉丝进行人工计量、成型、包装。经过包装后即为成品。

3．成品质量标准

水分 14.59%，煮熟后为 21.3%。灰分 0.08%，粗脂肪 0.02%，粗蛋白 0.43%。淀粉 77.97%，煮熟后为 49.09%。

说明：采用该生产工艺及设备生产粉丝，简化了生产工序，不用火、不打芡、不蒸、不煮，鲜粉进机，粉丝即出，可生产 0.6～1.2mm 直径的粉丝，产品可达到细、干、长、亮、白、匀、韧、无并丝、无杂质和无生心等十大标准。

（二）工艺二

1．生产工艺流程

芭蕉芋淀粉原料→调浆揉粉→熟化、成型→降温→剪断→冷却→醒粉→洗粉→晾干→计量包装→商品芭蕉芋粉丝。

2．操作要点

（1）芭蕉芋淀粉原料　在物料选择上，应选择合格的食用芭蕉芋淀粉，这样才能保证加工出的芭蕉芋粉丝的品质为上品，色泽洁白光亮。有条件的企业应采用新鲜芭蕉芋来提取淀粉，得到脱水后的湿淀粉，直接采用湿淀粉来加工芭蕉芋粉丝，其粉丝的品质比用干芭蕉芋淀粉加工的粉丝品质要好得多。

（2）调浆揉粉　用湿淀粉为原料，直接加入 0.1%～0.3% 的明矾粉，用小型搅拌机或人工混合均匀，得到含水率为 45%～50% 的湿淀粉原料。用干淀粉为原料，则需先加水，再加入 0.1%～0.3% 的明矾粉，用小型搅拌机或人工混合均匀，得到含水率为 45%～50% 的湿淀粉原料。

（3）熟化、成型　将和好的湿淀粉原料，均匀地加入自熟式粉丝机中，淀粉经过熟化，并通过粉丝漏板挤出成型，得到透明熟化的粉丝。

（4）降温　从粉丝机出来的粉丝温度较高，且黏性强，必须马上降温，以免黏在一起，影响粉丝质量。一是要强制通风降温，二是要使粉丝间尽量分开。

（5）剪断　粉丝成型冷却后，在长度 1500mm（1.5m）左右即可剪断，以便后续工序的操作。粉丝的长度也可根据实际需要确定。

（6）冷却　剪断后的粉丝，根据环境温度和湿度的情况，需要阴凉 4～10h，一定要让粉丝充分冷却凉透，使粉丝内外温度一致。这样做的目的是使芭蕉芋粉丝不易断，柔韧性好。

（7）醒粉　冷却后的粉丝放入木制醒粉箱中，洒少量水，再用塑料薄膜盖严，醒 12～16h 即可。醒粉一定要醒透，这样做出来的芭蕉芋粉丝才筋道，耐煮。

（8）洗粉　经过醒粉的粉丝，有些会黏在一起，必须经过搓洗使其分开。用 35～40℃ 的温热水反复搓洗分开成丝。

（9）晾干　洗好的粉丝，挂在晾架上进行晾干。在晾干到一定程度时，按照要求进行捆扎成型，成型后再挂在晾架上晾干至粉丝的水分含量符合产品质量的要求。

（10）计量包装　干粉丝，按照不同规格的包装要求，分别计量后进行包装。即成为商品粉丝。

3．成品质量标准

（1）感官指标　色泽：白亮或产品应有的色泽。气味与滋味：具有芭蕉芋淀粉应有的气味和滋味，无异味。组织形态：丝条粗细均匀，基本无并丝、无碎丝，手感柔韧，弹性良好，呈半透明状态。杂质：无肉眼可见外来杂质。

（2）理化指标　淀粉≥75.00%，水分≤15.00%，长度≥600mm，添加剂按照标准 GB 2760—2014 规定执行。

（3）卫生指标　二氧化硫（以 SO_2 计）≤100.00mg/kg，砷（以 As 计）≤0.50mg/kg，铅（以 Pb 计）≤1.00mg/kg。

六、海胆珍味粉丝

海胆是一种海产珍味食品，自古以来就深受消费者欢迎，海胆风味粉丝是利用廉价原料生产，产品粉身爽滑，保存性好，风味独到，具有海胆的口感和风味，同时产品营养丰富。是一种新型的粉丝产品。

1．原料配方

晚籼米 2kg、早籼米 0.5kg、新鲜鳕鱼糜 2kg、水 1500mL、食盐 60g、单甘酯 5g、蔗糖酯 5g、天然维生素 E 30mg。

2．生产工艺流程

原辅料处理→混合→高压制粉机成粉→老化→散开→晾干→成品。

3．操作要点

（1）原料选择　①大米　应选用成熟、颗粒饱满的大米，其陈化度一般以陈放半年至一年为好。②水　粉丝生产用水包括洗水、浸泡用水、磨浆用水等。须达到日常生活饮用水的卫生标准。③鳕鱼　应鲜活，每条重约 2.5kg。④其他辅料　如食盐、单甘酯等，均为市售。严格按照配方比例加入。

（2）原料处理　①大米的处理　将大米浸入桶中浸泡 30～40min，再漂洗至水清为止。将浸泡好的大米倒入隔砂槽中除砂。除砂后的大米滤净水，装入润米斗中浸润 1～1.5h。润米结束后利用锤式粉碎机（机内筛筐筛片孔径为 0.6mm）将其粉碎，然后通过振动筛筛去粗粒及糠皮等杂质。②鳕鱼的处理　将活的鳕鱼去除鳞、头、尾及骨头，利用清水洗净，然后加入 5～8°Bé 的盐水，盐水与鱼肉混合的温度为 5℃。最后利用绞肉机、水油两用磨和胶体磨进行处理。

为防止鱼肉中的脂质氧化，应在 0～5℃的温度条件下对鱼肉进行操作和保存。

使用胶体磨及水油两用磨之前，应把与鱼糜接触的部分用热水冲洗干净，以防止金属离子进入而加速脂质氧化。

胶体磨正确的使用顺序是先开机后加料，先停止加料后关机。不要让较粗大的鱼骨进入胶体磨，以免损坏设备。

经过上述处理后得到的鱼糜和调味料（比例为 1：1.2）及其他辅料充分混合进行蒸煮，蒸煮的工艺条件是：温度为 95℃，时间 15min。目的是形成海胆风味。

（3）制粉丝及老化　将上述混合均匀的各种原辅料送入高压制粉机中进行粉丝的生产，在出粉口应用鼓风机使粉丝冷却，避免重新粘连。制成的粉丝老化一夜（12h）后，将其浸入自来水中，用手轻轻搓散开，立即从水中捞出晾干，如不及时捞出，粉丝会吸收大量的水分，不利于晾干和保存。

粉丝晾干的工艺条件：温度 18～22℃，风力 3～4 级，天气晴朗。

4．成品质量标准

色泽：应呈乳白色，粉丝光洁透明，底色一致为好。风味：带有海胆的特有口感和风味，无霉味、酸味及其他异味。外观：粉丝粗细一致，无夹杂物，无斑点，长度长而均匀，无断裂。复水性：煮、泡 6～8min 后不夹生，无杂质，柔软可口，不黏盘，不糊化。

七、竹香粉丝

1．原料配方

晚籼米 2kg、早籼米 0.5kg、新鲜嫩竹 1kg、水 150mL、食盐 60g、复合酶制剂 1g、味精适量。

2．生产工艺流程

幼竹→破碎→加水→调 pH 值→蒸煮→加酶制剂→过滤→浓缩
　　　　　　　　　　　　　　　　　　　　　　　　　　　　　↓
晚、早籼米分别称量→混合→浸泡→洗米→除砂→滤水、润米→粉碎→过筛→混合→高压制粉机制粉→老化→散开→晾干→成品。

3．操作要点

（1）原料的选择　大米、水及其他辅料的选择同"海胆珍味粉丝"。

（2）原料的处理　①大米的处理　同"海胆珍味粉丝"的操作。②幼竹的处理　将选择好的幼竹利用清水洗净，利用破碎机进行破碎，然后按 1kg 幼竹加 2L 水的比例加水，煮沸 20min。将煮沸后的液体冷却到 55℃，添加 1g 复合酶制剂，采用磷酸盐缓冲液将 pH 值调整到酶制剂作用的最适 pH 值范围内，在搅拌条件下于 50～55℃下保存两天。存放后的液体加热进行浓缩，使其液体的体积为初始体积的 $\frac{1}{2}$，以 1kg幼竹最终得 1L 浓缩液。

（3）制粉丝及老化　同"海胆珍味粉丝"的操作。

4．成品质量标准

色泽：应呈白色，粉丝光洁透明，底色一致为好。风味：带有竹子的特有清香味，无霉味、酸味及其他异味。外观：粉丝粗细一致，无夹杂物，无斑点，长度长而均匀，无断裂。复水性：煮、泡6～8min后不夹生，柔软可口，不黏盘，不糊化。

第二节　魔芋粉丝

一、普通魔芋粉丝

魔芋粉丝是以魔芋精粉为原料，采用先进的工艺技术和加工设备进行工业化生产的保健食品。魔芋粉丝的直径大小按模具（喷头）孔的尺寸来定，现在市场上以直径1.2mm和1.5mm的居多，成品以"打结"状袋装或盒装的占绝大多数。魔芋粉丝的烹饪方法主要有煮、炒、凉拌等，特别是火锅，风味别具一格。

1．生产工艺流程

优质精粉→搅拌膨化→静置→精炼→凝胶化处理→挤压喷丝→加热定型→碱水浸漂→打结成团→定量装袋（盒）→加保鲜液→热合封口→消毒杀菌→二次热合封口→检验→装箱→打包→成品。

2．操作要点

（1）魔芋精粉　按照NY/T 494—2010标准，采用一级以上优质魔芋粉，黏度≥18000MPa·s。

（2）膨化用水　水温20℃左右，加水量的比例为魔芋精粉质量的26～34倍（按黏度品质高低定比例）。

（3）凝固剂　采用魔芋食品专用石灰粉，其粒度为300目筛下物。

（4）精粉搅拌膨化　利用搅拌机和疏松泵边循环边搅拌5～10min，使精粉吸水膨润均匀，成为无明显颗粒混合均匀的胶体溶液。

（5）静置膨化　根据气温高低，静置膨化时间为90～180min，膨化好的胶体溶液应是半透明的魔芋糊状胶体。

（6）凝固剂配制及用量　将石灰粉与水混合，制得浓度为1.5%～2%的石灰水。其用量石灰粉：精粉=5：100。

（7）精炼搅拌　将静置膨化好的魔芋糊状胶体送至精炼机进行充分均匀地机械搅拌混合。

（8）凝胶化处理　搅拌混合好的糊状胶体连续不断地与预先配制好的凝固剂按比例同步添加拌和均匀。

（9）挤压喷丝　拌和均匀的糊状胶体经输送泵及时地通过粉丝模具挤压产生粉丝。

（10）加热定型　水温保持在 80℃左右，挤压产生的粉丝在粉丝槽内经泵循环流动的热碱水中进行熟化。

（11）碱水浸漂　碱水配比按 0.05%配制，浸漂时间为 24h 左右。

（12）打结成团　按销售要求进行人工打结，从外观看，打结好看；从大小看，质量一致。

（13）定量装袋（盒）　按要求进行装袋（盒），包装规格质量为 200g、250g、300g 等。

（14）加保鲜液　保鲜液浓度按 0.1%比例配制，保鲜液按每袋（盒）粉丝净重约 40%加入。

（15）热合封口　将定量装好的粉丝和保鲜液的食品袋（盒）进行热合封口，要求食品袋（盒）封口平整、美观，不允许漏气（液）。

（16）消毒杀菌　将热合封口后的合格包装袋（盒）放入杀菌箱中蒸煮，水温 90℃左右，时间 40～60min。从热水中捞出后放入冷水中冷却或自然冷却，待晾干后送入下道工序。

（17）二次热合封口　将杀菌后的食品袋（盒）检验合格后，放入印有商标的外包装袋中进行热合封口，要求封口平整美观，不漏气（液）。

（18）检验装箱　把按工艺技术要求检验合格的食品袋（盒）进行定量装箱，并排列整齐一致。

（19）打包贮藏　将装好的食品袋（盒）的包装箱进行打包，要求松紧一致，并按生产时间、批次顺序依次堆放贮藏在成品库中，要求整齐排列，不得超高堆放。成品库要干燥、阴凉、通风，气温保持在 20℃左右，避免阳光直晒。

3．成品质量标准

（1）感官指标　色泽漂白，手感细腻，粗细一致，具有一定的韧性、拉力，透明、无夹杂物、无气泡的丝状胶体，形态完整。适口性强，口感细滑，嚼劲较好，无明显异味，无变质现象。

（2）理化指标　固形物质量允许误差±10%，保鲜液占固形物质量的 40%左右，pH 值 10～12。其他指标符合食品卫生的要求。

（3）微生物指标　符合食品卫生的要求。

二、新型魔芋粉丝

1．生产工艺流程

原料选择→糊化→膨化→成丝定型→晾晒→包装→成品。

2．操作要点

（1）原料选择　淀粉要求选用白色、无霉变、无杂质且直链淀粉含量较高的马铃薯淀粉；魔芋胶要求白色、无霉变、无杂质食用精粉。

（2）糊化膨胀　将魔芋胶和淀粉分开使用或者二者同时使用，加水调成糊状，再用沸水冲糊料，同时搅拌 15～20min 后糊料呈透明或半透明状。最佳配比为：魔芋胶浓度为 2.6%～3.3%，魔芋胶占马铃薯淀粉质量的 3.5%。魔芋胶和淀粉复配后可以形成稳定性较好的热不可逆凝胶，所以不用加入碱凝固剂就可以制作出口感、风味、咀嚼性较好且营养的魔芋粉丝。

（3）成丝定型　将糊化膨胀的原料混匀，放入成丝设备中，成丝后直接落入 85～90℃ 水中加热定型，浮起后便可捞起。水温不宜过高，否则容易断丝。粉丝在热水里停留时间过短，熟化不够，晾干后无光泽，韧性差，出现白干条；如果粉丝在热水中时间太长，就会堆在锅里，出现乱条，粉丝表面由于吸收水分太多出现"溶化"现象，这样不仅使出粉率低，锅水发浑，而且粉丝煮后汤易浑，拉力小，不耐咀嚼。

（4）晾晒　粉丝捞起后，先将粉丝放在阴凉处摊晒，避免阳光暴晒和风吹，以免失水过快，粉丝复水性不好。一般将粉丝放 4～8h 后开粉，晾干后根据需要将粉丝切成一定长度，含水量为 15% 以下时，即可包装成品。

三、即食酸辣魔芋仿生粉丝

本产品是以魔芋精粉为主要原料，采用真空浸渍对魔芋食品进行赋味生产即食酸辣仿生粉丝，以期开发出风味多样化的方便即食食品，提高市场竞争力。

1. 生产工艺流程

魔芋精粉→膨化→精炼→吐丝成型→固化定型→脱碱→赋味→装盒保鲜→巴氏杀菌→成品。

2. 操作要点

（1）原料要求　采用经过二次碾磨的魔芋精粉，要求色白、无霉变、无杂质，黏度大于 810Pa·s，过 100 目筛通过的颗粒数大于 90%，水分含量低于 81%，SO_2 残留量小于 0.3g/kg，碘反应不呈蓝色。

（2）膨化　常温下将优质的魔芋精粉和水按（1∶28）～（1∶32）的比例在不锈钢膨化槽中混合，低速搅拌，防止气泡过多混入，膨化液不随搅拌器转动即停止搅拌，再静置膨化 1.5～2h，形成稳定悬浮液。

（3）精炼　膨化液以 60L/min 速度进料到精炼机中，同时加入预先配制好的 1.8% 的 Ca（OH）$_2$ 澄清溶液，以约 0.5L/min 的进液速度与膨化液混合，启动搅拌机以 400r/min 的转速搅拌，使其充分混匀。经不锈钢吐丝器将魔芋丝状凝胶吐入 85～90℃ 的流动热水中形成热不可逆凝胶，让魔芋丝保持在流动状态下定型，避免固化前产生丝体黏结现象。

（4）固化定型　随热水流出的魔芋丝进入盛有 Ca(OH)$_2$ 澄清溶液的贮槽内，静置固化 20h，在此期间采用 0.5%的 Ca(OH)$_2$ 澄清溶液更换浸泡液，常温下换水 2 次，夏季换水 3 次。稳定固化液中的 Ca^{2+} 浓度，避免粉丝发生脱水收缩。

（5）脱碱　温水配制一定量的柠檬酸溶液，在溶液中加入少量的焦亚硫酸钠，并调整 pH 值至 5.0，将粉丝从固化槽中捞出用酸液喷淋处理，然后再调配。

（6）赋味　将调配液与魔芋粉丝放入带真空泵的浸渍锅中，真空度为 80kPa，腌制时间为 45min。调味液的组成：乳酸+食醋 0.4%+4%、朝天椒+辣椒油 0.5%+0.02%、大蒜汁 0.5%，其中食盐的用量为 3.5%。

（7）隧道巴氏杀菌　将腌制好的仿生粉丝装入盒中，注满配制的 pH 值为 4.0 的混合酸液，魔芋仿生粉丝和汤汁的比例为 1.5：1。封口后转入杀菌器内，采用 85℃ 的热水杀菌 45min。

3．成品质量标准

（1）感观指标　洁白光亮，表里一致，有透明感；无杂质、无斑点、无可见絮状物，外表光滑，质地均匀；有嚼劲，柔和爽口，无魔芋粉的苦涩味道；拉伸复原性好，保存中无明显变形现象。

（2）理化指标　粉丝直径 0.6～0.8mm，断条率≤14.0%，SO$_2$ 残留量≤0.13g/kg，碘反应无色。

（3）微生物指标　细菌数＜1000 个/g，大肠菌群＜30 个/100g，致病菌不得检出。

四、魔芋黑木耳保健粉丝

本产品是应用黑木耳和魔芋葡甘聚糖在氢氧化钙、碳酸氢钠等碱性化合物的处理下脱乙酰基形成不可逆凝胶的作用机理加工制作魔芋黑木耳粉丝。

1．生产工艺流程

魔芋精粉膨化

↓

黑木耳浸泡→打浆碾磨、细化→精炼、脱气→吐丝、成型→固化、定型→装袋、保鲜→杀菌→成品。

2．操作要点

（1）原料要求　采用经二次碾磨的魔芋精粉，要求色白、无霉变、无杂质，黏度大于 8.0Pa·s，100 目筛通过的颗粒数＞90%，水分含量＜8.0%，残留 SO$_2$＜0.38g/kg，碘反应不呈蓝色。选择无虫害、无霉变、表面颜色深的优质黑木耳。

（2）原料的预处理　称取适量黑木耳，洗去表面附着物，加足量水浸泡，使其完全复水，时间约 50～60min，除去木耳根部的木屑后将浸泡好的黑木耳捞出沥干水分，按木耳：水为（1：1）～（1：1.5）比例加水打浆破碎后胶体磨细磨。

（3）膨化　常温下将优质魔芋精粉和水按（1：28）～（1：32）（质量浓度）在

不锈钢膨化机中混合，低速搅拌，防止气泡过多混入，之后加入磨细的黑木耳混合均匀，至膨化液不随搅拌翅转动即停止搅拌。再静置膨化 1.5～2h，形成稳定悬浮液。

（4）精炼、脱气　膨化液以 60L/min 速度进料到带真空装置的精炼机中，同时以约 0.5L/min 的进液速度加入预先配制的 2%的食用氢氧化钙溶液（或碳酸氢钠溶液），与膨化液混合，启动搅拌机以 400r/min 的转速搅拌，使其充分混匀。同时，打开真空泵，将精炼机中的空气和膨化液中小气泡抽尽，以保证喷丝后产品内部无大量小气泡，否则会造成产品外观美观度和质量下降。然后，经不锈钢喷丝机将膨化液以丝状凝胶吐入 85～90℃的流动水中形成热不可逆凝胶，让丝保持在流动状态下定型，避免固化前产生丝体黏结现象。

（5）固化定型　随热水流出的丝进入盛有食用氢氧化钙溶液的贮槽内静置固化 20h，在此期间采用 0.5%的食用氢氧化钙溶液更换浸泡液，常温下换水 2 次，夏季换水 3 次。保持固化液中的钙离子浓度，避免粉丝发生脱水收缩。

（6）保鲜杀菌处理　温水配制一定量的柠檬酸溶液，在溶液中加入少量焦亚硫酸钠，并调整 pH 至 5.0，将粉丝从固化槽中捞出用酸液喷淋处理后装袋，封口后转入杀菌器内，85℃热水杀菌 30min。

3．成品质量标准

（1）感官指标　色泽：黑亮，表里一致，有半透明感。外观：无杂质、无斑点、无可见絮状物，外表光滑，质地均匀，袋装 6 个月后无黏丝、化汤现象。口感：有嚼劲，柔和爽口，无魔芋粉的苦涩味道。弹性：拉伸复原性好，保存中无明显变形现象。

（2）理化指标　粉丝直径 0.6～0.8mm；断条率≤14.0%；SO_2 残留≤0.13g/kg；碘反应无色。

（3）微生物指标　细菌数＜1000 个/g；大肠菌群＜30 个/100g；致病菌不得检出。

五、魔芋银耳保健粉丝

1．生产工艺流程

魔芋精粉膨化
↓

银耳浸泡→打浆碾磨、细化→精炼、脱气→吐丝、成型→固化、定型→装袋、保鲜→杀菌→成品。

2．操作要点

（1）原料要求　选择无虫害、无霉变、表面颜色良好的优质银耳。采用经过二次碾磨的魔芋精粉，要求色白、无霉变、无杂质，黏度大于 8.0Pa·s，过 100 目筛通过的颗粒数大于90%，水分含量低于8.0%，残留 SO_2 小于 0.38g/kg，碘反应不呈蓝色。

（2）原料的预处理　称取适量银耳，用水洗去表面的附着物，将清洗干净的银耳加足量的水浸泡，时间约 100min，使其完全复水。然后除去银耳根部的木屑。将浸泡好的银耳捞出沥干水分，按银耳：水为（1：2）～（1：2.5）比例加水，用打浆机破碎，再用胶体磨进行细磨。

（3）膨化　常温下将优质的魔芋精粉和水按（1：20）～（1：25）（质量浓度）在不锈钢膨化机中混合，低速搅拌，防止气泡过多混入，之后加入碾磨细的银耳匀浆，混合均匀，至膨化液不随搅拌翅转动即停止搅拌。再静置膨化 2～2.5h，形成稳定悬浮液。

（4）精炼、脱气　膨化液以 60L/min 速度进料到带真空装置的精炼机中，同时加入预先配制的2%的食用氢氧化钙溶液（或碳酸氢钠溶液），以约 0.5L/min 的进液速度与膨化液混合，启动搅拌机以 500r/min 的转速搅拌，使其充分混匀。同时，打开真空泵，将精炼机中的空气和膨化液中小气泡抽尽，以保证喷丝后产品内部无大量的小气泡。然后，经不锈钢喷丝机膨化液以丝状凝胶吐入 85～90℃ 的流动热水中形成热不可逆凝胶，让粉丝保持在流动状态下定型，避免固化前产生丝体黏结现象。

（5）固化定型　随热水流出的粉丝进入盛有食用氢氧化钙溶液的贮槽内，静置固化 20h，在此期间采用 0.5% 的食用氢氧化钙溶液更换浸泡液，常温下换水 2 次，夏季换水 3 次。保持固化液中的钙离子浓度，避免粉丝发生脱水收缩。

（6）保鲜杀菌处理　温水配制一定量的柠檬酸溶液，在溶液中加入少量的焦亚硫酸钠，并调整 pH 值至 5.0，将粉丝从固化槽中捞出用酸液喷淋处理，然后装袋，封口后转入杀菌器内，用 85℃ 的热水杀菌 30min。

3．成品质量标准

（1）感官指标　色泽：雪白，表里一致，有透明感。外观：无杂质、无斑点、无可见絮状物，外表光滑，质地均匀，袋装 6 个月后无黏丝、化汤现象。口感：有嚼劲，柔和爽口，无魔芋粉的苦涩味道。弹性：拉伸复原性好，保存中无明显变形现象。

（2）理化指标　粉丝直径 0.6～0.8mm；断条率≤14.0%；SO_2 残留≤0.13g/kg；碘反应无色。

（3）微生物指标　细菌数＜1000 个/g；大肠菌群＜30 个/100g；致病菌不得检出。

第三节　其他粉丝

一、蕨根粉丝

1．生产工艺流程

蕨根→挑拣→清洗→浸泡→粉碎→沉淀→过滤→蕨根粉→配料→打芡→和面→

抽真空→漏粉→冷却→干燥→成型→检验→包装→成品。

2．操作要点

（1）原料预处理　选择新鲜、粗壮、无虫蛀、无腐烂的蕨根，去掉根茎上的杂物和泥沙，利用清水反复清洗，洗净后沥干。

（2）粉碎　将清洗后的蕨根利用粉碎机进行粉碎，倒入桶内用水冲洗，过滤其渣滓，反复粉碎冲洗、过滤，至无黏液呈白色为止。

（3）沉淀　把所有的滤液再反复搅拌过滤，沉淀多次，直到白色为宜。

（4）蕨根粉　将沉淀物取出烘干或晒干即为蕨根粉。

（5）配料　以蕨根淀粉为主，添加玉米淀粉、豆类淀粉，制取混合淀粉（蕨根淀粉 60%，玉米淀粉 20%，豆类淀粉 20%）。

（6）打芡　取混合淀粉总量 4% 的淀粉，先用少量温水（40～50℃）搅拌均匀后，再加入沸腾的水，迅速搅拌到淀粉糊成透明而黏稠的糊状。制好的芡糊要求不夹生、不结块、无粉粒，制芡时用水量根据淀粉质量的 2～3 倍加入，为改善粉丝的颜色、透明度和韧性，可加入适量的魔芋精粉或豆类淀粉打芡。

（7）和面　将芡糊倒入调粉机内，加入 0.6% 的明矾、0.5% 的 CMC-Na 和剩余的混合淀粉，0.6% 的食盐和适量的精炼植物油、亚硫酸氢钠。搅拌均匀，和面温度为30～40℃，和好的面团含水量应为 50% 左右，手感柔和，无颗粒，用水提起成丝状，往下流成不断的丝为宜。

（8）抽真空　和好的面团放入真空机中抽真空。真空度应达 0.08MPa 以上，抽真空时夹层应加水保温。抽真空后面团加工的粉丝表面光亮，内部无气泡，透明度及韧性好。

（9）漏粉　抽真空后的面团立即放入粉瓢漏粉，先装半瓢，再边漏边加，待粉丝下漏均匀后再转到锅上，粉瓢与锅面保持 30cm，同时加文火保持水温在 80～90℃或保持水微沸。

（10）冷却　经过煮烫的粉丝出锅后，迅速浸入冷水中进行冷却。

（11）干燥　捞出粉丝，按照要求的长度剪断，挂在木杆上晾干或烘干，使水分含量低于 15%，最好低于 10%。

（12）包装　干燥后的粉丝，剔除并条、断条等，按照规格称量进行包装，经过包装后即为成品粉丝。

3．成品质量标准

（1）感官指标　外观：表面光滑，粉丝粗细均匀，排列整齐，形状美观。色泽：产品呈紫褐色，有油润感。气味：产品具有蕨菜固有的气味和风味。口感：具有天然蕨菜香味，黏性适中、不夹生、爽滑可口。

（2）理化指标　淀粉≥70.00g/100g；条粗细≤1.00mm；长度≥600mm；断条

率≤10%；水分≤14%；铅（以 Pb 计）≤1.0mg/kg，砷（以 As 计）≤0.5mg/kg；食品添加剂按 GB 2760—2014 规定执行。

二、葛根保健粉丝

1．生产工艺流程

鲜料→清洗→一次浆渣分离→二次浆渣分离→淀粉洗分→保鲜（或干燥）→称量配料→粉芡→和料→上料→推进→熟化→漏粉→摊粉→洗粉→干燥→入库。

2．操作要点

（1）淀粉制备

① 原料清洗　选淀粉含量高、新鲜的葛根为原料，经洗料机清洗除去杂质后分类备用。

② 浆渣分离　为了提高出粉率，要求采取二次打浆，第一次浆渣分离后，浆渣分开进行第二次破碎，第二次出粉率高于第一次。浆渣分离设备第一台用卧式转轮 60 目筛分，第二台用立式带磨 100～120 目可调筛分。筛分出的渣料可用于制酒或饲料。

③ 淀粉分离　筛分后的温毛粉用适量澄清石灰水，将粉浆稀释，1h 后用事先制好的"四合酸"混合液按湿料 30%的比例加入料中，掺湿料 2～3 倍的 25℃水置脱色除杂机搅拌 30min，过 120 目滤分后进行第一次沉淀（最好采用旋式流槽沉淀），6～9h 后起出湿料，加 2 倍清水调 pH5 左右，再加适量石灰水和"四合酸"置脱色除杂机中搅拌 20min 后过 140～160 目滤分进行第二次沉淀，从而使制得的淀粉细嫩亮洁。

（2）粉丝制作

① 打芡　按湿料质量的 5%～7%称芡料加 90～100℃降温过滤的水（料水比 1：3）搅匀成物状透明粉芡。为使生产出来的粉丝洁白柔爽、耐煮，可在用作打芡的水中加入 1%左右的明矾吸附杂质沉淀，还可在芡粉中加入 0.4%的魔芋粉、0.3%的开粉剂，既可改变粉丝色泽又可增强粉丝韧性，更利于粉丝水洗开粉。

② 备料　将芡糊与湿粉倒入合料机内加入 40℃以下的水使和成的料含水量在 60%～70%（含水量逐渐减少，制成的粉丝透明度逐渐减弱，筋力韧性逐渐增强），要求手感柔软、无颗粒、粉团不黏手，上提成丝状下流不断丝即可。

③ 熟化　为了使粉丝光洁柔软耐煮，最好使用电热自熟式粉条机加工，通过筛板挤压出来的粉丝，采取"两摸、两看"即：用手摸粉丝发黏是熟化过度、手感粉丝发涩不光滑是成熟不够，剪断粉丝刀口发亮证明成熟度好，刀口发白是成熟度差。

④ 分离　一般采用水洗分离法，把加工出来的粉丝放在室内自然冷却 4h 以上再放入加疏散开粉剂的水中浸泡 1～2min，解除粘连，就可以上杆晾晒。

⑤ 干燥包装　将粉丝散开梳理，整齐均匀挂杆，水分低于 10%即可摘杆包装。

"四合酸"的制法：用谷类淀粉加 5 倍水，装入容器中，经 20℃静置 72h，出现酸味后，1 分为 4，每份淀粉加入 5g 淀粉酶和 PO 助剂，再加入 2 倍的水，静置 72h 后即为"四合酸"。

三、玉米粉条和粉丝

玉米是我国传统的农作物，年产量逾亿吨，占粮食产量的 39%以上。我国是仅次于美国的世界第二大玉米生产国。现在国际上围绕玉米的深加工，展开了全方位的深入研究。在我国，也被列为未来 10 项农副产品开发的重点。

粉丝是我国人民所喜好的家常食品之一。粉丝加工历来多以豆类、薯类淀粉为原料，玉米淀粉在我国粉丝加工中应用很少，一般仅作为辅料。主要原因是玉米淀粉中不溶性淀粉含量少，生产出的粉丝强度低、不耐煮、易断条、易糊汤。如能克服这些缺点，突显玉米粉丝本身色浅、有光泽、透明性较好、后味清香等优点，将会大大提高我国粉丝的产量，为市场提供质优价廉的粉丝新品。玉米粉丝加工是一个很有经济实用价值的课题。这里介绍玉米粉丝和玉米粉条的生产技术。

（一）玉米粉条

1．原料配方

玉米淀粉 45kg、淀粉磷酸酯 5kg、食盐 0.75kg、明矾 50g、羧甲基纤维素钠（CMC-Na）100g、植物油 50g。

2．生产工艺流程

玉米淀粉（少量）→调浆→勾熟芡→调粉芡→漏粉→成型→撕断→冷却→晾干。

3．操作要点

（1）调浆　取 3kg 玉米淀粉用 4.5kg 凉水调成淀粉浆。食盐、明矾、羧甲基纤维素钠分别用少量温水溶化、调匀，然后倒入淀粉浆内搅拌均匀。

（2）勾熟芡　将调匀的淀粉浆倒入盛有沸水的大铜勺内，边倒入边搅拌，然后把铜勺半浸在沸水锅内加热，边加热边搅拌并加入植物油，搅成薄糊，成为熟芡。

（3）调粉芡　把余下的 42kg 玉米淀粉和淀粉磷酸酯混合均匀，放进粉缸内。然后将熟芡和少量温水倒入粉缸内，将粉芡充分捏合，这道工序可用人工进行，也可用搅拌机进行，不论用哪种方法，都要把粉芡调匀，不能有疙瘩。经过 20～30min 的捏合，粉芡成为一种半流动状的均匀稠糊，用手握少量芡能自行下滑成均匀的条状即可。

（4）漏粉、成型　将大锅内的水烧至沸腾，将调好的粉芡放入铜瓢内（俗称粉瓢，用铜制成，底径 15cm，口径 16.6cm，底部有数个 0.8cm 的圆滑小孔），一只手握铜瓢，一只手用木棍敲打铜瓢，粉芡从瓢底的小孔自行滑落到锅内的沸水中，另一个人用长竹筷顺势从锅中捞出粉条。锅内的水一定要保持沸腾状态，粉条在锅内不能停留时间过长。用铜瓢离锅内水的高度来控制粉条的细度，高则条细，低则条粗。

（5）冷却、晾干　捞出的粉条根据需要的长度撕断，然后在酸浆中浸泡3～4min。凝固的粉条挂在竹架或绳架上通风干燥，即成为玉米粉条。

（二）玉米粉丝

1．原料配方

玉米淀粉50kg、食盐0.75kg、明矾20g、羧甲基纤维素钠100g、植物油50g。

2．生产工艺流程

原料→调制→挤丝→老化→揉搓→晾干→称重→包装→成品。

3．操作要点

（1）调制　将玉米淀粉放入和面机内，开动搅拌机，将食盐、明矾和羧甲基纤维素钠用温水溶化，放入和面机内进行调制，使各种原料充分混合均匀。总用水量约15kg。

（2）挤丝　用专用的粉丝机加工。调制好的淀粉面团静置15min，然后放进粉丝机内，通过细孔挤压成粉丝。淀粉在粉丝机内已经糊化，不需要再进行蒸煮。在挤压过程中，用鼓风机将粉丝吹散，达到一定长度后用剪刀剪断，整齐地码放在案板上，码放的高度在0.5m左右。

（3）老化　用塑料布将码放在案板上的粉丝包紧，使之密不透风，大约8h，室内的温度在10～15℃。

（4）揉搓　老化后的粉丝放进冷水中进行揉搓，使粘连的粉丝分开。

（5）晾干　将粉丝从水中捞出，整齐地挂在干净的竹架上晾干，也可在烘房内烘干。

（6）称重、包装　根据产品规格要求进行称重，用塑料袋进行包装，热压封口即为成品。

4．成品质量标准

（1）感官指标　洁白光亮，味道纯正，粗细均匀，无并条，无碎条，手感柔韧有弹性，无杂质。

（2）理化指标　淀粉含量≥70%，水分≤16%，砷（以As计）≤0.5mg/kg，铅（以Pb计）≤1.0mg/kg。

（三）天然玉米晶丝粉条

天然玉米晶丝粉条为一系列产品，产品分为直条型和方便型两类，直条型产品有各种粗细大小的圆条状，方便型产品有各地风味特色的碗装产品。该产品消除了以往直接食用的不适感，外观色泽金黄，口感滑爽细腻，筋道耐煮而且有嚼劲，风味别具一格，既保留玉米的原有色泽、香味及营养成分，口感柔韧优于大米的米粉条，符合城乡消费者的饮食习惯；又与当今日常饮食具有营养互补作用，因而市场前景广阔。

1．生产工艺流程

玉米原料→清理→湿度调节→剥皮→净胚→浸泡→磨粉→筛理→拌料→挤丝成型→A-时效处理→熟化→B-时效处理→干燥→切粉→包装→成品。

2．玉米晶丝生产线的主要设备

玉米清理系统设备、温度调节机、玉米破皮去渣机、挤压出丝成型机、蒸条熟化柜、低温烘干房、切条机、包装机等。

3．操作要点

（1）原料清理　除净玉米中的杂质，以保证制成品色泽均匀，保障机器设备安全运行。

（2）湿度调节　是使玉米果皮吸水而增加韧性及减少皮层与胚乳的结合能力，同时颗粒胚乳吸水膨胀质地变软，以利于下一工序操作。

（3）剥皮净胚　净胚机集打、擦、筛3种功能于一体，可同时完成剥皮、脱胚、破渣3种功能的操作，实现一机多能，工艺大为简化。

（4）米糁浸泡　将玉米糁放入浸泡池中加入清水进行浸泡 1～4h，期间应置换清水1～2次。浸泡时间为冬长夏短，使米糁充分浸胀为度。

（5）破碎　玉米糁浸泡后进行沥干，再用磨粉机进行粉碎，粉碎的粗细粒度要均匀，要求能通过60目筛。

（6）筛理去杂　刚磨碎的原料中玉米粉粒粗细不均，还夹带有玉米麸皮等杂质。粗粉粒会使玉米晶丝条表面粗糙不平，麸皮进入玉米粉条则成为清晰可见的杂质点，对产品质量均有较大影响，应筛理除去。粉料筛理通常过80目筛即可。

（7）拌粉　米糁粉碎后不能满足挤丝机的生产要求，必须补充适量的水分。在专用拌粉机内调节水分，及适当配料，应持续搅拌2～5min，使之均匀。

（8）挤丝　挤丝就是熟化成型，将拌匀的粉料喂入挤丝机料斗中，进行挤压出丝。挤丝应冷却充分，丝条粗细均匀、表面光亮平滑、有弹性、无夹生、无气泡为佳。

（9）挂杆　从挤丝机出来的玉米粉条按适当的长度用裁刀切断，一般按 1.3～1.5m 切取。刚上挂杆的玉米丝条条形比较乱，经整理后方可进入下道时效处理操作。

（10）时效处理　A、B 时效处理为晶丝老化操作，以条形不黏手、可松散、柔软有弹性为佳。

（11）熟化　熟化是一个蒸粉的过程，即采用专用的蒸柜将 A-时效处理后的玉米丝条再熟化，熟化时间为2～6min。

（12）干燥　丝条干燥采用高效的低温烘房，在房内干燥时间为5～8h，主区温度为28～36℃，完成区温度为22～25℃，湿度保持在70%～90%之间，成品丝条水分控制在13.5%左右。

（13）切割、包装、入库　干燥后的玉米丝条以专用切条机切断成 18～23cm 的小段，进行包装。用自动封口机封口，不得有漏气，以免袋中的干玉米丝条返潮变质，成品即入库。

4．成品质量标准

（1）感官指标　外观：条形挺直、光滑平整、粗细均匀，无杂黑点、气泡。色泽：呈均匀的金黄色或淡黄色。气味：正常，无霉味、酸味或其他异味。烹调性能：沸水煮 2～3min 或沸水泡 5min 后，不黏糊、不夹生、无明显断条。口感：爽滑、有韧性、无杂质。

（2）理化指标　水分≤14%，酸度<8°T，吐浆度<8%，断条率<10%。

（3）卫生指标　符合 GB 2713—2015《食品安全国家标准　淀粉制品》要求。

四、耐蒸煮鸡肉风味方便粉丝

耐蒸煮鸡肉风味方便粉丝是由北京博邦食品配料有限公司推出的，一方面让特色化方便食品鸡肉香味更明显且耐蒸煮，另一方面可以使特色方便食品的风味更稳定。下面就介绍其生产工艺及调味包制作。

1．生产工艺流程

原料→制浆→糊化→制丝→老化→浸泡→松丝→清洗→脱水→烘干成型→成品。

2．操作要点

（1）原料的选用　可以选用大米、玉米、小米以及大米淀粉、马铃薯淀粉、甘薯淀粉、豌豆淀粉、木薯淀粉、绿豆淀粉、小麦淀粉和玉米淀粉等。根据所制作的方便食品的具体要求、用途、特性和淀粉原料的特性进行复配使用，如选用相应的原料作为主要原料，这样的原料加工出来的方便食品要求复水性好、不断条、不浑汤，同时口感滑润度较好，弹性很好。

（2）制浆　采用 80℃的热水，边搅拌边加入适量的添加剂等辅料至完全溶解，在搅拌过程中加入"博邦"耐蒸煮肉粉，将其倒入淀粉原料中充分搅拌，即得具有肉类风味的淀粉浆液。随地区风味化的发展趋势，可以酌情增加其他肉粉，用以对其方便食品的特征风味进行改进，也可通过添加"博邦"9319 或者"博邦"8311 等产品，辅以特色的风味。这样的加工工艺完全改变了原先的方便食品胚料缺乏风味的不足。

（3）糊化、制丝　将具有鸡肉特征风味的淀粉浆液加入粉丝机中，进行加热糊化、制丝。产品的粗细通过粉丝机的筛板更换来加以调节，可以将其制成圆形、扁形以及细丝或空心等形状。然后将挤出的粉丝剪成 38cm 长的段。

（4）老化　通过摊晾的方式使胚料段老化，以使淀粉不再返生。老化时间随温度的变化而不同，通常夏天为 6～8h，冬季为 8～12h。这一过程相当于淀粉由 α 化向 β 化转化的过程。

（5）浸泡　将胚料段放入 40℃清水中浸泡 25～35min，随后捞出进行搓开，清洗后即可得到一根一根的条状产品。胚条是否筋道与添加的食品添加剂有很大关系，可以通过调整添加剂的品种和用量来提高胚料的筋道和食用的滑润程度。北京博邦食品配料有限公司可提供相关的技术服务。

（6）脱水　通过离心机快速旋转对清洗后的胚条进行脱水，然后成型，可以将其做成圆形、方形、球形、柱形和条形等新型装胚饼。经过特殊的加工方式可使其发出银亮的光泽，可谓晶莹透明。

（7）烘干　可以采用热风、微波、红外等方式进行烘干，干制后胚饼的含水量小于 10%。方便食品饼经快速烘干后通常会出现返潮现象，可以通过烘干的时间、水分的排除速度、热源供给状况等参数的调整来加以控制。一般厂家都是采用热风烘干方式加工。

3．农家鸡汤风味调味包的制作

（1）农家鸡汤酱包配方　精炼棕榈油 51%、鸡肉 4%、湿香菇粒 28%、海南白胡椒 3%、"博邦" 8810 香精 2%、鲜姜 4%、大葱 4%、食盐 4%。

酱包的制作　①将棕榈油倒入锅中，加热到 96℃；②加入鸡肉（经煮制后，用绞肉机绞成粒径小于 3.5mm 的鸡肉粒），炸至有大量泡沫时，加入葱、姜粒（用绞肉机绞成粒径小于 3.5mm），再炸至温度升到 105℃；③加入湿香菇粒（将干香菇发水，用绞肉机绞成粒径小于 3.5mm）；④炒至香菇色泽变深、发黑，温度达 110℃；⑤加入食盐和白胡椒，炒至均匀；⑥炒开（105℃）后起锅，然后加入"博邦" 8810 香精，混合均匀，冷却到室温进行包装。

（2）农家鸡汤粉包配方　食盐 56%、味精（99%）20%、I+G1%、白糖 5.8%、大红袍花椒 1.2%、奶粉 7%、麦芽糊精 1%、鸡肉粉 9319 香精 5%、香菇粉 1%、姜粉 2%。

建议用法和用量为：粉丝或其他方便食品胚饼 68g、酱包 20g、粉包 8g，加90℃热水 500mL，浸泡 3～5min。

五、橡子粉丝

橡子是一种天然绿色食品，含有大量的淀粉和较多的矿物质，它可以加工成各种食品原料。现有的技术大多数是像加工米粉一样，把橡子去壳、粉碎，再直接压制成粉丝，得到的粉丝具有苦涩味。这里介绍一种可以去除橡子粉丝中苦涩味的生产方法。该方法生产的粉丝，由于去除了橡子中的苦涩味，口感更爽滑，具有天然橡子粉的清香，并保留了橡子中的淀粉和有益矿物质。

1．生产工艺流程

橡子→去壳→研磨→打浆→过滤→沉淀→橡子粉→制粉丝→成品。

2．操作要点

（1）橡子处理　要求选用当年产的橡子为原料，水分小于 14%，无虫蛀、无霉变现象。由于采集的橡子含有砂石等杂质，所以先要将其中的杂质除去。经过除杂后的橡子经过晒干和去壳后，利用粉碎机进行粉碎。

（2）加水、打浆、过滤　将上述得到的干橡子粉加入 18～25℃的水，捞起洗净后再加入 1～1.5 倍的水，利用打浆机进行打浆，并利用筛孔直径为 0.3～0.5mm 的筛子进行筛理，然后再用 130～150 目的滤布进行过滤，以除去渣子。

（3）沉淀　将过滤得到的浆液加 1～2 倍 pH 为 5～6 的水进行沉淀。再将通过过滤已沉淀的橡子粉浆用搅拌机去除苦涩味，搅拌机转速为 500～600r/min，搅拌 20～30min，然后加入 pH 为 5～6 的水 3～4 倍进行沉淀 6～10h。倒出含有苦涩味的水，取出沉淀物再重复上述过程 2～4 次，得到去除苦涩味的橡子粉。

（4）生产粉丝　将上述得到的橡子粉送入粉丝机中经过挤压即可制成粉丝。

六、杂粮粉条

杂粮粉条是以各种杂粮为原料生产的各种粉条，它们保留了杂粮原有的营养成分和功能因子，不用任何添加剂，所以，是营养价值较高的粉条，具有广泛的开发利用价值。

1．生产工艺流程

（1）不同杂粮粉条原料制米工艺　各种杂粮必须先去除其中的杂质、外壳及表皮，剩下的胚乳方可用来生产粉条。原料的处理工艺如下。

① 玉米→清理→水汽调节→剥皮破渣→去除胚芽→玉米粉粒。

② 小米→清理→脱壳→粟壳分离→粟糠分离→成品小米。

③ 高粱→清理→分粒→碾米→成品高粱米。

④ 荞麦→清理→筛选去石→分级→脱壳→成品荞麦米。

（2）粉条生产工艺流程　杂粮胚乳→浸泡→脱水→粉碎→筛理→拌粉→挤丝→第一次时效处理→蒸条→第二次时效处理→松条→上架→干燥→下架→切割→称量→装袋→封口→装箱→打包→成品。

2．操作要点

（1）浸泡　将原料粉粒倒入浸泡池中利用清水浸泡 1～4h，期间应换水 1～2 次。浸泡时间冬长夏短，以使原料粉粒充分浸涨为宜。

（2）脱水　将浸好的原料粉粒送到脱水机中，离心脱水 1～5min，脱水时间的长短应以表面没有明显的游离水，粉碎时不堵筛片为准。

（3）粉碎　将脱水后的原料粉粒用粉碎机进行粉碎。粉碎机筛片孔径以 0.6mm 为宜。筛片孔径过大，原料粉粒粗细度不够；孔径过小，粉碎时易堵筛片，影响正常生产。

（4）筛理　刚粉碎的原料粉粒粗细不均匀，往往还夹带有糠皮等杂质。粗粉粒会使粉条表面粗糙不平，糠皮会成为清晰可见的杂质点，对产品质量均有较大影响，应过筛予以去除。粉碎筛理通常过 60 目筛即可。由于湿粉料中水分含量较大，一般在 26%～28%，用普通平筛分离较为困难，须采用振动筛或离心筛进行筛理。

（5）拌粉　经以上工序处理的原料还需要补充适量的水分，才能满足挤丝的生产要求。将过筛后的粉料倒入拌粉机中，加料量约占机桶容积的 60%～70%。加料后开机，边搅拌边加水，持续 3～5min，使之混合均匀。拌粉工艺的要求是：粉料含水量均匀一致，一捏即拢，一碰即散，含水量以 30%～32%为宜。

（6）挤丝　挤丝时，挤丝机的流量调节阀通常是根据挤出杂粮粉条的感官来调整的，一般以粉条粗细均匀、表面光亮平滑、无夹生、无气泡为宜。流量过小，粉料过熟，挤出的粉条色泽偏深，且易产生气泡；流量过大，粉料熟度不够，挤出的粉条无光泽，透明度差。

（7）挂杆　将挤丝机挤出的粉条用剪刀剪取适当的长度，顺理后进行时效处理。

（8）第一次时效处理　将粉条逐杆挂到时效处理房内的晾架上，其时间的长短依环境温度、湿度不同而不同，以粉条不黏手、可松散、柔韧有弹性为宜。老化不足，粉条弹性和韧性差，蒸粉易断，难松散；老化过度，则粉板结，难蒸透。

（9）蒸条　将时效处理后的粉条送入蒸柜中，用低压蒸汽蒸条，时间为 2～6min。

（10）第二次时效处理　将蒸毕的粉条逐杆送入时效处理房内，使粉条自然冷却。时间长短以粉条不黏手、可松散、柔韧有弹性为宜。

（11）干燥　采用专用低温索道式烘房烘干 6～8h。在粉挂入干燥房前，应预先将各区段的温度、湿度调整到设定值。在干燥过程中应通过控制供热和排潮，维持各区段的温度、湿度稳定，使先后进出烘房的粉条能在相同条件下得到适度的干燥。杂粮粉条干燥后的最终水分应控制在 13%～14%。

（12）下架、切割　将干燥后的粉条逐杆取下，用切割机切成 18～23cm 长的小段，送包装间进行称重、装袋、封口、装箱、打包、入库。

3．成品质量标准

（1）感官指标　外观：条形挺直、光滑平整、粗细均匀一致，无夹杂物和气泡。色泽：呈各类杂粮固有的色泽，表面有光泽。气味：具有杂粮的正常气味，无霉味、酸味或其他异味。烹调性：沸水煮 2～3min 或沸水冲泡 5～10min 后，不黏糊、无夹生、无明显断条。口感：爽滑、有韧性、无杂质。

（2）理化指标　水分≤14%，酸度＜14%，吐浆度＜5%，断条率＜15%。

（3）卫生指标　达到 GB 2713—2015《食品安全国家标准　淀粉制品》要求。

七、天然营养粉丝

天然营养粉丝是以浅水藕为主要原料，以黑米素为辅料生产的一种新型粉丝产品。

1．生产工艺流程

原料→浸泡→清洗→粉碎→分离→脱色、除沙→过滤→沉淀→藕泥→脱色、除沙→过滤→沉淀→藕泥→合粉→粉丝→定量包装→产品。

2．操作要点

（1）选料　藕选用的标准为新鲜、无病虫害、完整无损。黑米素选用上农牌天然营养黑米素。

（2）浸泡　由于藕身带泥，所以要用生活用水充分浸泡，以便将污泥去除干净。

（3）清洗　人工用刷子去除藕身上的污泥，然后再用水冲洗一次。藕节要人工去除，因为这一部分的存在会影响藕粉的色泽，从而影响最终产品的质量。

（4）粉碎　将清洗好的鲜藕放入锤片式粉碎机中进行初步粉碎，粉碎后的藕浆进入平衡槽中。

（5）粉碎、分离　利用泥浆泵将平衡槽中的藕浆送入粉碎分离机中进一步进行粉碎，粉碎后再经过 80 目的筛网滤去少部分藕渣，然后藕浆进入另一平衡槽中。

（6）脱色、除沙　利用泥浆泵将后一个平衡槽中的藕浆送入脱色除沙机中，加入 0.6% 次氯酸钙后搅拌 20min，再加入 0.3% 的焦亚硫酸钠后搅拌 20min，然后放浆并经过 120 目的筛网过滤。过滤后的藕泥送入沉淀池进行沉淀。12h 后再进行脱色、除沙、过滤、沉淀步骤。

（7）合粉　将沉淀池中的上清液去除，为了使藕粉中水分的含量较低以便粉丝生产，所以要尽量去除干净，然后将藕粉倒入合粉机中，边搅拌边加入各种辅料，然后再搅拌 20min 结束。

合粉是在合粉机中进行，合粉之前务必将机器清洗干净。合粉时先将一部分藕粉与辅料混合均匀，然后再与剩下的藕粉混合均匀。粉浆搅拌至合粉内无大块状物、不开裂、呈稀糊状时停止。

（8）产品粉丝　将混合均匀的原料由粉丝机入料口倒入，粉丝机开机时保证料斗中不能断浆。在 100℃ 条件下鼓风出丝，同时注意粉丝下降的速度，过快或过慢都不可。刚从粉丝机中出来的粉丝要硬化 4～5h，然后再进行洗粉丝和晾晒。

（9）切割、分拣、计量和包装　将晾晒干的粉丝经严格分拣后，按一定规格分割、计量、包装即为成品。

3．成品质量标准

（1）感官指标　外观：用肉眼观察其表面光滑，粗细均匀、排列整齐、形状美观。色泽：产品红黑色，有油润感。气味：具有正常藕的固有风味。口感：不黏稠、不夹生、爽滑可口，可与精粉丝媲美。

（2）理化指标　水分＜14%，断条率＜10%。

（3）卫生指标　按国家相关标准执行。

八、牛肉风味方便粉丝

牛肉风味方便粉丝是山东济宁市耐特食品有限公司结合粉丝特性和方便食品风味化开发的一种新型粉丝产品，此产品一方面突出了粉丝的牛肉味，另一方面可以使粉丝的风味更稳定。

1．生产工艺流程

精制淀粉及各种配料→制浆→糊化→制丝→老化→浸泡→松丝→清洗→脱水→烘干成型→产品。

2．操作要点

（1）淀粉选用　可以选用大米淀粉、马铃薯淀粉、甘薯淀粉、豌豆淀粉、木薯淀粉、绿豆淀粉、小麦淀粉、玉米淀粉等。根据制作的方便粉丝的具体要求、用途、特性和淀粉的特性进行复配使用。如选用马铃薯淀粉、甘薯淀粉、玉米淀粉作为制作方便粉丝的主要原料，加工出来的方便粉丝复水性好、不断条、不浑汤、口感滑润度好、粉丝弹性强。

（2）制浆　采用80℃的热水，边搅拌边加入淀粉、食用石蜡、聚丙烯酸钠、变性淀粉、复合磷酸盐、吐温60、碳酸氢钠、食盐等至完全溶解。在搅拌过程中加入天博21110、B-3，充分搅拌即得具有牛肉风味的淀粉浆液。随着地区风味化的发展趋势，可以酌情增加天博21110、B-3的用量，对粉丝的特征风味进行改进；也可通过添加天博B-6、6206等产品辅以粉丝的风味化。这样完全弥补了原先粉丝没有地区风味的缺点。

（3）糊化、制丝　将具有牛肉特征风味的淀粉浆液，加入粉丝机中通过粉丝机进行加热糊化、制丝。将制成的粉丝剪成38cm长的粉丝段。

（4）老化　通过摊晾方式使粉丝段老化，以至于粉丝不再返生。随温度的变化，老化时间不同，通常夏季为6～8h，冬季8～12h。

（5）浸泡　将粉丝段放入40℃清水中浸泡25～35min。随后捞出粉丝段，搓开，清洗后得到一根一根的粉丝条。粉丝条的筋道程度与添加的聚丙烯酸钠、食用石蜡、吐温60、变性淀粉、碳酸氢钠、复合磷酸盐等的含量有很大的关系，可以通过调整其部分用量来改善粉丝的筋道程度和食用的滑润程度。

（6）脱水 通过离心机快速旋转对粉丝段进行脱水，将清洗后粉丝表面的水分脱除。

（7）烘干 可以采用热风或微波、红外等方式进行烘干。根据不同烘干方式和不同参数进行干制，干制后粉丝含水量应小于10%。经过烘干得到的粉丝经过包装即为成品。

九、菜素粉丝

1．原料配方

配方1：豆制淀粉45kg，玉米淀粉5kg，蔬菜原汁15kg，食用天然色素50～100g，开粉剂150～250g。

配方2：薯制淀粉40kg，豆制淀粉10kg，蔬菜原汁15kg，食用天然色素50～100g，耐煮剂100～150g，开粉剂150～250g。

2．生产设备

榨汁机、合粉机、搅拌机、自熟粉丝机、鼓风机。

3．生产工艺流程

榨汁→打糊→合粉→成型→冷却→开粉→晾晒→包装。

4．操作要点

（1）榨汁 将蔬菜用水清洗干净，用榨汁机榨取汁液过滤后即得蔬菜原汁。

（2）打糊 打糊用粉量应按每次合粉量多少而定，一般取合粉量的3%～4%。淀粉加适量的水配成稀浆液，再用100℃的沸水冲调成糊化的粉糊。沸水用水量是打糊用粉量的2倍。

（3）合粉 将打好的粉糊、淀粉、蔬菜原汁及其他辅料加入合粉机进行搅拌，时间为2min。

（4）成型 将搅拌均匀的淀粉用自熟粉丝机挤压成型，详细操作方法见自熟粉丝机使用说明书。

（5）冷却 在自熟粉丝机出口处，用鼓风机不停地对刚挤出的粉丝吹风冷却，防止黏合。粉丝根据包装要求或食用习惯来截取长度，然后立即送入晾粉室用湿布捂起，以便以后开粉。

（6）开粉 加工完毕待3～5h后把粉丝搓散开来。

（7）晾晒 晴好天气将粉丝挂在晒粉架上让其自然晒干。晾晒时要及时整理粉丝，防止并条和干湿不匀。

（8）包装 当粉丝晒至含水量为16%时即可包装出售。

5．注意事项

① 蔬菜可选用青菜、胡萝卜、番茄等含汁比较多的品种。

② 食用天然色素应根据蔬菜原汁的颜色选用相应的颜色。

③ 合粉后的淀粉含水量应控制在 30%。

④ 淀粉含水量过高、冷却时间过短、鼓风机风力不足及剪粉时操作不当都可能造成开粉困难，针对具体原因采取相应措施即可解决。

十、菱角复合粉丝

本产品以菱角粉为主料，以玉米淀粉为辅料，按照一定的工艺制备而成。选用玉米淀粉用作辅料，不仅可以降低生产成本，而且可以改善粉丝的色泽，同时考虑到玉米淀粉能形成具有黏弹性、坚硬的凝胶，与菱角淀粉搭配可以优势互补，从一定程度上改善粉丝的品质特性。

1. 生产工艺流程

玉米淀粉+水→制粉芡+湿菱角粉→调粉团→漏粉→熟化→冷却→老化→干燥→成品。

2. 操作要点

（1）制粉芡　将 10kg 玉米淀粉与 50L 水充分混合均匀，然后置于沸水浴中，边加热边搅拌，直至玉米淀粉淀粉糊呈透明状，并具有一定的黏稠度，加热时间为 90s。

（2）湿菱角粉的制备　菱角经破碎浸泡后加水入磨，过滤，收集滤液，滤渣重复加水入磨过滤弃去滤渣，所有滤液经静置分层，弃去上清液，沉淀物即为湿菱角粉。

（3）调粉团　将制好的粉芡立即与一定量的湿菱角粉混合（玉米粉芡：湿菱角粉为 1∶4），搅拌均匀，形成具有一定柔韧度的软粉团，以便漏粉。

（4）漏粉　将调好的软粉团置于自制漏粉装置中，通过施加一定的压力将软粉团物料挤入沸水中，每次漏粉长度约 20cm，且漏孔与水面尽量保持同一的高度。

（5）熟化　将水温控制在 100℃，将粉丝加热至熟。

（6）冷却　粉丝熟化后，即刻用筷子挑起，放入冷水盆中冷却。

（7）老化　充分冷却后，沥干粉丝表面水分，在 4℃下冷藏 12h。

（8）干燥　冷藏后的粉丝在常温下风干或者 30℃鼓风干燥，直至水分降至 15% 即可。

十一、发芽苦荞粉丝

本产品是以发芽苦荞淀粉和绿豆淀粉为主要原料、以海藻酸钠作为凝胶剂生产的一种新型粉丝。该成品颜色呈亮黄色，粉丝粗细较均匀，无异味，无杂质。

1．生产工艺流程

$$打芡$$
$$\downarrow$$
淀粉→配料→合浆→漏粉→松丝→老化→冷冻→解冻→脱水干燥→成品。

2．操作要点

（1）原料及用量　确保发芽苦荞淀粉为粉状，无颗粒存在，淀粉品质较好。淀粉与水的比例1∶0.9。

（2）打芡　采用2.5%～3.0%的淀粉与打芡所用淀粉的1.5倍温水（40℃左右）。

（3）合浆　把水与海藻酸钠（用量为淀粉总质量的0.4%）一起加热到95℃以上，该条件下海藻酸钠便于溶解，然后倒入芡中，待温度降至70℃左右，迅速加淀粉和面，面团转移到40℃左右的面板上进行和面。

（4）漏粉　挤压粉丝机器距离沸水锅高度为30～40cm，挤压面团的时候注意力度均匀、平稳，粉丝在锅内停留3～5s后立即将其捞出。

（5）松丝　在20℃左右的凉水中冷却降温。

（6）老化　将制成的粉丝放置在温度较低的环境下一段时间。

（7）冷冻　冷冻时一定要把水沥干沥尽，这样对粉丝的冷冻形成空隙有很重要的影响，冷冻温度-6～-8℃，冷冻时间10h。

（8）解冻　用流水解冻可以提高解冻效率，这样也可以防止因人工造成的断条，解冻所需的温度为室温。

（9）脱水干燥　将解冻后的粉丝甩干即可，将冻好的粉丝在30～40℃干燥后即得到成品。

第七章
无矾粉丝生产技术

目前，制备粉丝（粉条）的原料主要有豆类淀粉、薯类淀粉和谷类淀粉，它们均由直链淀粉和支链淀粉组成，但二者之间的比例有所不同，从而造成其作为原料加工的粉条、粉丝质量明显不同。三种类型淀粉中豆类淀粉，尤其是绿豆淀粉含有最高比例的较大聚合度的直链淀粉，因此是加工粉条、粉丝的最佳原料，加工时无需使用任何添加剂就能得到口感细腻爽滑、弹性及韧性上佳、久煮不烂的产品。利用其他淀粉生产粉丝时，由于其淀粉含有较低的直链淀粉，老化后不能形成强的凝胶体，故此，传统配方使用明矾增强粉丝的韧性，减少断条、糊汤，但铝对人体免疫、循环和神经系统的影响显著，可引发阿尔兹海默病等高危疾病。所谓"无矾不成粉"的做法降低了粉丝的安全性，导致铝元素对人体健康造成极大危害。GB 2760—2014《食品安全国家标准　食品添加剂使用标准》与 GB 2762—2017《食品安全国家标准　食品中污染物限量》中规定淀粉制品的铝含量不超过 200mg/kg（干重）。开发优质无矾粉丝，探索安全、健康和天然明矾替代物具有重要意义。

第一节　替代明矾的方法

目前，粉丝生产中替代所用明矾的方法主要有两种，一是通过替代品替代配料中的明矾，二是通过生产工艺来达到取代明矾的目的，下面对其进行介绍。

一、增稠剂类替代品

增稠剂是指溶于水后形成黏稠状溶液的多糖类物质。由于其分子中含有许多羟基、氨基、羧基、磷酸基等亲水基团，因此能与水、蛋白质、淀粉等发生作用，形成分子量较大的复合体，还能促进淀粉颗粒之间形成三维空间网状结构。

1．魔芋胶

魔芋胶可以抑制淀粉分子间形成双螺旋结构，促使淀粉分子与魔芋胶中的氢键结合形成局部微晶束，多个微晶束共同作用维系网状结构，使整个体系稳定存在。从生产粉丝的角度看，魔芋胶能够吸附大部分淀粉颗粒，在粉丝中起着支架作用，增强淀粉分子之间的交联作用，由此提高粉丝的弹性和韧性。魔芋胶增加了整个混合体系中直链淀粉的浓度，加热可形成强度较大的凝胶。

有关利用魔芋胶生产无明矾粉丝主要有以下研究。岳晓霞等证实魔芋胶可以提高粉丝的剪切力和弹力，降低断条率。王家良等研究了魔芋胶对甘薯粉丝质量的影响，结果表明，加入魔芋胶可明显提高甘薯粉丝的筋性，减少其断条率。王蕊以蚕豆干淀粉为主，添加 2.4%魔芋精粉，制得的粉丝色白耐煮，糊汤率、断条率低且食用口感十分细滑、柔韧，同时提出压粉时水温应控制在 85～95℃，所生产出的魔芋蚕豆粉丝质量最佳。彭湘莲等采用新鲜的魔芋粉加入马铃薯淀粉中生产魔芋粉丝，制出的粉丝具有良好的蒸煮性和复水性。

2．沙蒿胶

沙蒿胶和魔芋胶改善粉丝质量的效果明显，与绿豆粉丝的各项指标相近。沙蒿胶能够促进淀粉的老化，改善甘薯粉丝的质构，可作为明矾替代物用于甘薯粉丝的加工。单独使用沙蒿胶、魔芋胶或二者复配使用时，甘薯淀粉并没有新的基团产生，而是通过无数个分子内、分子间的氢键来维持整个网状结构体系。苏晶证实了添加沙蒿胶对于粉丝耐煮性和弹韧性有显著提高，但增加了冷冻后粉丝的开粉难度。

3．海藻胶类

海藻胶是从天然海藻中提取的一类食品胶，包括卡拉胶、海藻酸钠和琼脂等，这三种是目前世界上应用最广泛的海藻胶。由于具有较强的凝胶性，常常被用于粉条、粉丝的加工，以改善其加工性能和品质。在无矾粉丝生产中研究应用较多的是海藻酸钠和卡拉胶。主要是在甘薯粉丝、马铃薯粉丝和芋头粉丝中应用较多。目前已被应用于鲜湿粉条的生产，孙震曦等以混合薯类淀粉（马铃薯淀粉：木薯淀粉=1∶1，质量比）为原料，以海藻酸钠为明矾替代品生产鲜湿薯类粉条，结果表明，添加1%海藻酸钠、成型1min、4℃冷藏24h后，薯类鲜湿粉条的弹性和咀嚼性较好、断条时间延长、表观结构更为均匀，与 0.30%明矾粉条相比无显著差异，可作为无明矾薯类鲜湿粉条的最佳工艺。

4．变性淀粉

变性淀粉是在淀粉固有的特性基础上，为改善其性能和扩大应用范围，利用物理方法、化学方法和酶法处理，在淀粉分子上引入新的官能团或改变淀粉分子大小和淀粉颗粒性质，从而改变淀粉的天然性质，使之具有其所欠缺的品质，是更适合于一定应用要求而制备的淀粉衍生物。变性淀粉具有较低的热糊黏度，能明显提高淀粉的凝胶性，因此，变性淀粉比原淀粉更适合于粉条、粉丝的加工。

在无矾粉丝生产中应用的主要变性淀粉有交联淀粉、磷酸酯淀粉以及其复合变性淀粉。研究较多的是薯类粉丝，另外还有玉米粉丝、豌豆粉丝等。交联淀粉通过交联剂的作用使淀粉分子间发生架桥反应，增加了分子链长度，有效地抑制了淀粉的膨润度，增加了粉丝的韧性，提高了粉丝的质量。磷酸酯淀粉为淀粉阴离子衍生物，其黏度、透明度和凝胶性等性质与原淀粉相比都有较大的改善，且冻融稳定性显著提高，使制作出的粉丝粘连性降低，耐蒸煮性提高，咀嚼性提高。

5．其他增稠剂

相关的一些研究证明了其他增稠剂也可应用于粉丝生产。岳晓霞认为，添加黄原胶后的马铃薯粉丝与添加明矾的粉丝断条率指标最相近，添加黄原胶有助于淀粉的回生。杜小燕等认为，明胶制成溶液后分子间作用力增大，相互交织形成致密的网状结构。增加明胶的用量可促使分子间形成的缔结区域以及分子内、分子间的氢键数量增加，三维网络结构越致密，整体的组织状态越坚硬。糯米粉糊黏度比淀粉高，有较好的增稠作用，在绿豆淀粉中添加糯米粉使粉皮硬度适中、持水力上升、口感佳。且当绿豆淀粉与糯米粉质量比为1∶1时，质构仪显示粉皮的质构性质最接近明矾粉丝。

二、盐类替代品

1. 食盐

食盐为一种强电解质，在水中可离解成 Na^+ 和 Cl^-，该两种离子的存在影响了体系中水分子与淀粉分子间的相互作用，与淀粉争夺水分，使淀粉脱水，缩小淀粉分子之间的距离，使其更容易取向而重新排列，加速淀粉的回生。此外，食盐还能降低体系的水分活度，抑制水分子与糊化淀粉分子之间的相互作用，从而促进了淀粉的老化。

在马铃薯粉丝生产中，食盐使马铃薯淀粉的热稳定性、凝沉性、凝胶性增强，更易回生。当添加食盐量在0.8%～1.0%时，所制粉丝耐煮透明、断条率低、不易浑汤粘连、口感筋道。在米粉条中食盐添加量应根据季节不同控制在0.1%～0.5%之间，如过量使用会导致米粉条变脆，且在潮湿季节易吸潮。

2. 钙盐

添加钙盐对粉丝咀嚼性、拉伸强度有明显提高，原因是钙盐提高了淀粉的吸水能力和持水性，使淀粉三维网络结构致密。

3. 磷酸盐

磷酸盐是世界各国应用最广泛的食品添加剂，我国已批准使用的磷酸盐共8种，包括三聚磷酸钠、六偏磷酸钠、焦磷酸钠、磷酸三钠、磷酸氢二钠、磷酸二氢钠、酸式焦磷酸钠、焦磷酸二氢二钠等，在食品中添加这些物质可以有助于食品品种的多样化，改善其色、香、味、形，保持食品的新鲜度和质量，并满足加工工艺过程的需求，在食品中是很重要的品质改良剂。

磷酸盐是一种强碱弱酸盐，其水溶液呈碱性。碱可促进淀粉的熟化，提高粉丝的复水性，增进粉丝的口感。碱能加速淀粉形成凝胶，增加面粉的黏度值，使粉丝蒸煮后坚实。同时也能减缓热度向粉中心的延伸速度，使粉条在蒸煮过程中吸收更多的水分。电解质对淀粉的回生也有很大的影响。因为它们具有较强的水化作用，可以与淀粉争夺水分子，使淀粉脱水，缩小淀粉分子之间的距离，使其更容易取向而重新排列，加速淀粉的回生。添加复合磷酸盐的甘薯淀粉糊的性能比较接近添加明矾的体系。

李小婷等将硫酸钾、多聚磷酸钠、焦磷酸钠、焦磷酸钾添加到甘薯淀粉中生产甘薯粉丝，结果证明，硫酸钾起到抑制淀粉膨胀的作用，降低峰值黏度，说明其提高淀粉热糊的抗剪切性和回生性能；断条率呈现出明显的下降趋势，说明可以提高粉丝的耐煮性；剪切力先呈上升趋势，在添加量达到 0.5% 之后又呈下降趋势；黏附性和拉伸性都呈上升趋势。多聚磷酸钠也起到了降低峰值黏度的作用；断条率随着其添加量的增大反而下降，可能是老化严重、硬度过大所致；随着多聚磷酸钠添加量的增大，剪切力和拉伸力呈现相似的波动，黏附力呈上升趋势。焦磷酸钠与焦磷酸钾的性质相似，其黏度速测仪（RVA）谱值的变化趋势也较为相似，但二者的断条率却出现相反的规律，可能是焦磷酸钾加强回复的能力更强，导致粉丝过于老化，复水性差所致，从质构仪的分析中也可看出，其剪切力呈增大的趋势，说明硬度有所增大。综合分析，4 种磷酸盐的添加量在 0.3% 时粉丝的感官品质较好。

三、复合替代品

复合替代品主要由复合淀粉、复合磷酸盐及复合增稠剂组成，复合磷酸盐一般多与增筋剂、黄原胶和魔芋胶等复配使用以增强粉丝耐煮性、减少糊汤度，根据配比不同添加效果各不相同。与明矾粉丝对比，添加复合替代品粉丝在断条率和耐煮性方面均与明矾粉丝接近。

1. 复合淀粉

研究显示，直链淀粉含量高有助于粉丝获得更好的口感和弹性。刘军朝等将豌豆淀粉与马铃薯淀粉复合，制得粉丝韧性好、耐煮、口感佳。李彩霞等以马铃薯淀粉、玉米淀粉、木薯淀粉为主要原料，研究无矾粉丝生产工艺，试验结果表明，3 种淀粉的比例依次分别为 5∶2∶3、6∶2∶2，不使用添加剂粉丝品质较好。赵萌等用天然高直链淀粉含量的绿豆淀粉与甘薯淀粉复配生产粉条，绿豆淀粉添加量 40%、加芡量 6%、含水量 40%，冷藏 4h、冷冻 8h 所得粉条，烹煮品质及感官品质最佳；相比传统的纯甘薯粉条，复配粉条顺滑透亮、不易糊汤与断条、口感细腻、无污染、更节能。邢丽君等发现，添加紫薯全粉有助于提高膨胀度、溶解度、回生特性，对甘薯粉条的品质提升明显。

2. 复合磷酸盐

复合磷酸盐是一类物质的统称，由于在食品加工中时应用了两种或两种以上的磷酸盐，所以称之为复合磷酸盐，同时也是为了达到最好的使用效果。增加复合磷酸盐用量有利于降低体系黏性，复合磷酸盐增强了淀粉的黏着性和吸水性，促进整个体系吸水膨胀，三维网络结构更加稳定，从而降低粉丝的断条率，增加爽滑的口感，但复合磷酸盐对成品整体颜色有影响，粉丝略微发红发暗。岳晓霞等认为，复合磷酸盐与明矾作用效果相似，可提高马铃薯淀粉的糊化温度并有利于淀粉的回生。杨志华等利用 0.2% 三聚磷酸钠、0.3% 焦磷酸钠、0.2% 大豆磷脂制成的马铃薯粉丝的断条率和糊汤度与明矾粉丝接近。索海英等利用 β-葡聚糖、氯化钙、氯化钾和葡萄糖酸内酯混合凝固剂代替明矾生产粉丝，当β-葡聚糖、氯化钙、氯化钾和葡萄糖酸内酯质量分数分别为0.16%、0.14%、1.8%、1.2%时，改善了马铃薯粉丝的感官、断条率、烹煮损失率等特性指标。王洋等以绿豆淀粉为原料，为了保证绿豆粉丝的韧性和耐煮性，采用复合磷酸盐取代明矾，制作营养健康的无矾绿豆粉丝，在复合磷酸盐添加量0.8%时，能明显提高绿豆粉丝的加工性能和成品品质。

3．复合增稠剂

复合增稠剂是指将复合磷酸盐、增稠剂复合使用的明矾替代物，复配方法多样。

（1）增稠剂复配法　当沙蒿胶、魔芋胶按0.05∶0.95的比例复配，总加入量达到淀粉质量的1.0%时所制得的甘薯粉丝品质与绿豆或明矾粉丝相近。李娟等证实，将0.30%魔芋胶、0.01%黄原胶、0.10%海藻酸钠、0.50%卡拉胶复配使用时，粉丝的断条率为15.00%，糊汤透光率为87.7%，对于粉丝品质有显著的改良作用。孙琛等以木薯磷酸酯交联淀粉和木薯辛烯基琥珀酸酯淀粉为原料，采用复配的方法制备了一种复合变性淀粉，用于制作无明矾粉丝。结果表明：沉降积为5.7mL和0.9mL的两种磷酸酯交联淀粉和取代度（DS）为0.017的辛烯基琥珀酸酯淀粉十分适合于无明矾粉丝的制作，将这三种变性淀粉按5∶3∶2的比例混合复配后用于粉丝制作，所制作的粉丝各个评价指标均良好。杨文英等采用马铃薯淀粉为原料，三偏磷酸钠为交联剂，应用湿法工艺制备了不同改性程度的马铃薯磷酸酯双淀粉，探讨了改性程度对马铃薯磷酸酯双淀粉糊特性的影响，并将其在粉丝中应用作比较。结果表明：沉降积为6.3mL的磷酸酯双淀粉具有较高的峰黏和较好的凝胶性，适合于粉丝制品的制作。李小婷等以90%甘薯淀粉＋10%木薯淀粉为主要原料，选择羟丙基二淀粉磷酸酯、蜡质马铃薯淀粉、沙蒿胶为明矾替代物。研究发现原料粉中加入羟丙基二淀粉磷酸酯5%、蜡质马铃薯淀粉3%、沙蒿胶0.50%，可明显提高甘薯粉丝的品质，显著改善其断条糊汤状况。杨海龙研究发现，0.2%魔芋胶、0.28%黄原胶、0.36%可得然胶复配时，粉丝整体感官评分和质构仪测定数据与明矾粉丝相似。张灿等为筛选鲜湿粉条生产中适宜的明矾替代物，以马铃薯淀粉为主要原料，采用挤压工艺加工鲜湿粉条，研究了8种添加剂对马铃薯淀粉凝胶特性、凝沉性和膨胀度的影响，并与明矾做对比，进而选择较优添加剂用以替代明矾。结果表明，琼脂、卡拉胶和海藻酸钠可作为传统鲜湿马铃薯粉条加工中的明矾替代品，且当琼脂添加量为0.6%，卡拉胶添加量为0.4%，海藻酸钠添加量为0.8%时，生产所得粉条断条率为0%，浑汤透光率为93.20%，粉条品质基本接近添加0.527%明矾的粉条。

（2）增稠剂、复合磷酸盐复配法　成玉梁等研究了无矾紫薯粉条的制作，结果表明，生产无矾粉条的最佳条件为紫薯全粉添加量为17%，复合磷酸盐的添加量为0.5%，魔芋胶的添加量为0.45%，可得然胶的添加量为0.25%；无矾紫薯粉条与有矾紫薯粉条品质没有显著性差异。程丽英等以马铃薯淀粉为原料制作无矾粉丝，结果表明：马铃薯无矾粉丝改良剂最佳配方为黄原胶0.125%、魔芋粉0.25%、刺槐胶

0.30%、蔗糖酯 0.025%、复合磷酸盐 0.05%，在该条件下，粉丝质构品质最佳。杜杰等利用 0.2%魔芋粉、0.3%瓜尔豆胶、0.4%复合磷酸盐、0.3%氯化钙用于无矾玉米粉丝的生产，生产出的玉米粉丝品质质构良好。张永强等采用绿豆淀粉、魔芋粉和复合磷酸盐 3 种物质替代明矾生产马铃薯粉丝，结果表明，绿豆淀粉对粉丝质量有一定改善作用，添加 4%～6%的绿豆淀粉、0.4%～0.6%的魔芋粉和 0.4%～0.6%的复合磷酸盐能明显改善无明矾马铃薯淀粉粉丝的品质，断条率为 6.7%，烹煮损失率为 7.2%，其品质接近或超过传统添加明矾的粉丝。苏晶等以甘薯淀粉、木薯淀粉、玉米淀粉为主要原料生产粉丝，研究粉丝的明矾替代物，结果表明，无矾粉丝替代物的最佳配方是复合磷酸盐 0.4%、玉米变性淀粉 5%、沙蒿胶 0.3%，以此配方制作的粉丝，弹韧性、耐煮性均可达到明矾粉丝的效果，口感更为爽滑。李敏等在甘薯粉丝制作过程中，证明添加 5%的绿豆淀粉、0.3%的复合磷酸盐和 0.4%的黄原胶对粉丝品质有很显著的改善作用，其品质接近于添加了 0.3%明矾的甘薯粉丝。董静等以淮山药粉、甘薯淀粉为主要原料，研制一种无矾新型粉丝，结果表明：当添加淮山药粉 8%、海藻酸钠 0.5%、复合磷酸盐 0.4%时，粉丝品质最佳。

四、其他替代品

孟凡玲等以马铃薯精淀粉为原料，加入适量的一水柠檬酸和盐进行无明矾粉丝的生产，结果表明，添加 0.5%一水柠檬酸的马铃薯粉丝与添加明矾的粉丝色泽、外观、组织形态、气味、滑爽程度、筋道程度和弹性等品质完全相同，添加柠檬酸的产品，在感官评定及物性分析上与添加明矾的产品品质相接近。张卓等将南瓜融入甘薯制品，利用南瓜中含有丰富的果胶成分，消除了传统粉丝中需加入明矾的弊端，使得粉丝营养更全面，口味更新鲜。王晓芳等以竹笋超微粉和木薯淀粉为原料，添加适量小麦淀粉制作食用粉丝，挤压制作竹笋超微粉无矾木薯粉丝。成品柔韧性好，耐煮，不易断，竹笋风味浓郁，弥补了普通粉丝缺乏膳食纤维的不足，消除了铝对人体健康的危害。

五、生产工艺改进

1．抽真空法

国家公布的部分专利中提及"合粉揣揉"步骤对粉团进行抽真空以代替明矾作用。具体操作为：将揉好的粉团放入抽真空机内，抽掉粉团里面的气泡。抽真空的作用是使粉团结构更加紧密，生产出来的粉丝干净匀直、断条率低无疙瘩，更加透明有光泽度。

2．二次挤压法

二次挤压法中第一次挤出的目的是糊化，第二次是成型，再通过改变挤出温度与时间确定最佳配方。经过二次挤压的粉丝具有光泽度好、粗细均匀、不并条和柔嫩爽口的特点。刘婷婷等以马铃薯淀粉为主要原料，采用二次挤压技术生产无矾粉丝。结果表明：一次挤出温度 90℃、二次挤出温度 90℃、水分添加量 32%时，生产的粉丝品质最好，具有良好的感官品质和蒸煮特性。采用二次挤压技术生产无矾马铃薯粉丝，与传统方式相比，工艺简单，具有省时、节能、节水的特点，而且产品质量稳定，适合企业连续化、规模化生产。

3．其他方法

河西学院的高慧娟等为了获得无矾马铃薯粉丝最佳生产工艺，以马铃薯淀粉为原料，采用新型涂布切丝成型工艺生产无矾马铃薯粉丝。研究了芡粉使用量、风冷时间、冷冻温度、冷冻时间及干燥温度对粉丝品质的影响，试验结果表明：芡粉使用比例 3%，风冷时间 40min，冷冻温度在 0～5℃，冷冻时间 50min，干燥温度 90℃时，生产的粉丝品质最佳，同时保持了较高的生产效率。

第二节　无矾粉丝生产实例

一、无矾绿豆粉丝

本产品选用脱皮绿豆作为主料，选用乙酰化二淀粉磷酸酯、蔗糖脂肪酸酯、海藻酸钠作为复配添加剂，利用挤压膨化技术制作无矾绿豆粉丝，制作的无矾绿豆粉丝不但形态完整、口感筋道、蒸煮损失少，在保证粉丝质量的前提下还提高了粉丝的营养价值，同时也为绿豆高值化综合利用提供了新的思路。

1．生产工艺流程

脱皮绿豆→粉碎→筛分→水分平衡→喂料→挤压、熟化、成型→冷却→老化、冷冻→干燥→无矾绿豆粉丝。

2．操作要点

（1）粉碎、筛分　筛选脱皮绿豆，去除霉变、虫害绿豆以及杂物后，将脱皮绿豆用粉碎机进行粉碎，粉碎过程中控制温度，避免高温对物料糊化产生影响。将粉碎后的脱皮绿豆进行筛分，制作无矾绿豆粉丝的最佳物料粒度为 120 目，将筛分后的粉体分别放置备用。

（2）水分平衡　由于粉体经过粉碎处理后粒度较小，在用拌粉机进行混料时，粉体容易飞溅到外环境中，不仅会对周围环境造成影响，对操作人员的健康也会产生不利的影响。因此在用拌粉机进行混料时，应轻拿轻放同时尽量避免粉体飞扬。充分搅拌使水分与粉体充分混合，直到混合粉颜色均一，物料呈团并碰触可散开为止。水分的添加量为 29%。在水分平衡过程中加入复配的食品添加剂，最优复配比为乙酰化二淀粉磷酸酯添加量 5%、海藻酸钠 0.5%、蔗糖脂肪酸酯 0.1%。

（3）喂料　采用单螺杆挤出机对脱皮绿豆进行高温挤压，进行无矾绿豆粉丝生产。喂料的速度会直接影响到机器的运行稳定性和生产效率，同时会对粉丝的品质造成较大影响。喂料速度不够，会造成物料在腔膛内时间过长，造成糊化度过高甚至焦化的现象，从而使粉丝出料不连续，粉丝外观不完整出现褶皱、断裂等现象。喂料速度过快，会造成物料在腔膛内停留时间不足，糊化度不够，造成二段挤出进料困难，同样会造成出料不连续，甚至导致断料等现象。因此，喂料速度应保持均匀且适宜，根据大量试验得出最佳喂料速度为30～32kg/h。

（4）挤压、熟化、成型　在进行挤出之前，应对挤出机进行充分预热，一般预热时间为1.5h，然后设置一段、二段的挤出温度，通常设置预热温度应比试验所需温度上调20℃，在挤出过程中再用引料调整试验过程中一段、二段的温度，引料的作用包括调整试验所需温度、保证挤出机运行稳定、带出腔膛内残留的废物。高温挤压技术在食品行业中被广泛应用，物料在高温挤压过程中会发生一系列变化，包括淀粉的糊化、淀粉与蛋白质交联、脂肪分子发生重组。本产品运用单螺杆二段挤出机对充分混合均匀的物料进行高温挤压处理生产无矾绿豆粉丝，一段挤出温度150℃，二段挤出温度110℃。挤出试验温度对粉丝的品质有很大的影响。一段温度过高则会物料过分糊化产生断裂、气泡等现象，对粉丝的品质造成影响；温度过低则会糊化不完全，二段挤出会受到影响，粉丝的品质也会相应地降低，比如表面不光滑，透明度和亮度不足等。

（5）冷却、老化、冷冻　经过一段、二段挤出处理后生产出的粉丝温度较高，同时含水量也相应较高，不适宜作为成品，应该在4℃室温放置4h，待粉丝充分冷却后，将冷却后的粉丝整理成束，放入−4℃的环境内进行冷冻老化处理4h。老化处理可以改善粉丝的断条率，同时降低粉丝的糊汤现象，因此选择适合的老化条件可以使粉丝的品质得到有效的保障。

（6）干燥　将充分冷却经过老化处理的粉丝放置在干燥阴凉的环境下进行干燥，也可以用干燥箱在低温条件下对粉丝进行干燥处理，待粉丝含水量为10%左右时，即可将粉丝进行包装。

二、豌豆复合粉丝

本产品以豌豆淀粉为原料，用马铃薯淀粉替代明矾来保证豌豆粉丝的韧性和耐煮性，采用乳酸发酵提取技术和物理生产技术生产，为消费者提供一种柔韧性强、耐煮性好、口感爽滑、老少皆宜、方便、快捷的绿色健康食品。

1. 原料配方

豌豆淀粉80%，马铃薯淀粉20%。

2．生产工艺流程

豌豆淀粉和马铃薯淀粉原料经预热加温→打糊→搅拌和面→真空排气→漏丝成型→熟制拉丝→冷却输送→切割理粉→冷冻脱水→热风烘干→常温回质→检验转序→包装入库。

3．操作要点

（1）豌豆淀粉提取　可按以下流程进行：豌豆清洗→浸泡→研磨→浆渣机械分离→淀粉乳酸分离→淀粉乳酸发酵→淀粉真空机械脱水→热空气干燥→商品淀粉。

（2）马铃薯淀粉提取　可按以下流程进行：马铃薯水洗清选→研磨→浆渣机械分离→粗淀粉机械重力分离→淀粉洗涤精制→淀粉真空机械脱水→热空气干燥→商品淀粉（优级品）。

（3）预热加温　在加温室内，将豌豆淀粉以 40℃加温 12～14h；马铃薯淀粉以 40℃加温 12h，再提升温度到 60℃，加温 4h。

（4）打糊　打糊马铃薯淀粉用量为豌豆淀粉的 5%～7%，按每次拌面 300kg 豌豆淀粉计算，马铃薯淀粉打糊用量应在 15～21kg 之间，马铃薯淀粉打糊实际用水量应控制在 50kg 左右。为提升粉糊的黏性，将淀粉加入打糊盆并加水搅匀，再通入蒸汽升温 90～95℃糊化，开起搅拌搅动使糊化均匀，待完全糊化成糊状后关闭蒸汽，继续搅动降温到 70～75℃待用。

（5）搅拌和面　先投入 250kg、40℃豌豆淀粉，开起搅拌，边搅拌边加 60～84kg 马铃薯淀粉糊，待搅拌 5min 后，再加入 50℃马铃薯淀粉 50kg 合并搅拌，拌面中用 50～55℃的温水 2kg 调节淀粉面软硬度，其温度控制在 40～45℃，以 70r/min 搅拌 12～15min。

（6）真空排气　真空度为−0.080～−0.075MPa，排出已搅拌完成面中的空气，获得 1600kg/m³ 高密度淀粉面，淀粉面筋值为 40%～45%。

（7）漏丝成型　漏丝瓢为锥台型，漏丝瓢锥台高为 30～40cm，底部开梅花形小孔，小孔直径为 8.5～9.6mm，漏丝瓢小孔总数量控制在 900～1000 孔之间，漏丝成型受机械搅拌的作用力下降至熟制容器内。

（8）熟制拉丝　将成型丝条经 95～98℃煮熟后，通过熟制容器内配装的网带以 40～45m/min 拖出；熟制容器为 8.0m×0.8m×0.7m 长方形水槽，槽内通入蒸汽管道加温，保持槽内温度 95℃左右；漏丝瓢锥台与熟制容器内水面的高度控制在 30～35cm，保持丝径为 0.7～0.8mm。

（9）冷却输送　输送网带的速度一般控制在 40～45m/min，粉丝经网带输送中需要喷洒水，水温低于 12℃，用流量为 0.85～1.00t/min 的冷却水进行降温，水压控制在 0.20～0.25MPa，丝条自身温度接近冷却水温为宜。

（10）切割理粉　将冷却后的湿粉丝切割成长度为 140～180cm，并整理挂杆。

在粉案蹾粉丝 2 次，使粉丝松散，在粉案停放 1min，转挂到推粉车上，并以 20～25cm 的距离均匀摊开，以便降温。

（11）冷冻脱水　在−12℃下，经过 18～22h 的冷冻排出水分。待粉丝呈冰块状后，采取冷水喷淋或浸泡方式进行消冰，在 6～8h 内达到彻底除冰为宜。

（12）热风烘干　烘干用蒸汽量以 0.3～0.4MPa 为宜，热风温度以表值 60℃ 为宜。

（13）常温回质　烘干的粉丝自然降温冷却，散失水分，自然降温需 7～10d。

（14）检验转序及包装入库　对粉丝进行检验转序并包装入库。

4．成品质量标准

（1）感官指标　色泽及组织形态：晶莹透亮、色泽橘黄色，粗细均匀，无并条，弹性良好。滋味及气味：具有豌豆粉和马铃薯淀粉应有的滋味及气味，无异味。复水性：煮、泡 10min 不夹生，柔韧性强，耐煮性好。

（2）理化指标　净重 150g/袋；水分含量≤15%；断条率≤10%；淀粉含量≥75%；粉丝直径≤1.0mm。

（3）微生物指标　菌落总数≤1000 个/g，大肠菌群≤70MPN/100g，致病菌（沙门氏菌、志贺氏菌、金黄色葡萄球菌）不得检出。

三、无矾甘薯粉丝

1．生产工艺流程

甘薯淀粉→打芡→和面→漏粉熟化→冷却→冷冻→解冻→干燥→成品。

2．操作要点

（1）甘薯淀粉磷酸酯的制备　取 6g 三聚磷酸钠加入 1500mL 水中，搅拌溶解，再加入 1000g 甘薯淀粉搅拌均匀，用质量分数 5%NaOH 溶液调 pH 值为 9，在 100℃下保温 2h，调 pH 为 6.5，抽滤脱水，洗涤 3 次，产品置鼓风干燥箱在 50℃烘干，备用。

（2）无矾甘薯粉丝生产关键工艺　固定甘薯淀粉磷酸酯的用量为 6%，将魔芋粉与复合磷酸盐复配作为复合增筋剂，其中魔芋粉：复合磷酸盐=2：3，使用量为 1%。

（3）匀浆　传统工艺所用的添加物为明矾，明矾在搅拌过程中的增稠、增黏作用不明显，容易搅拌均匀。改用复合添加物后，稠度增加，因此手工混匀较困难，所以，应采用搅拌机进行混合。

（4）熟化　漏粉时，锅内水应保持在微沸，否则粉丝一下锅容易被冲断。进锅后的粉丝在锅内停留 3～5s，时间太短，粉丝不熟，成型后无光亮，韧性差，出现白干条。时间过长，容易叠在锅中出现乱条，不仅使出粉率降低，而且使煮出的粉丝黏性大，拉力小，难晾粉。

（5）晾粉　晾粉的目的是为了使加热熟化的淀粉在逐渐冷却中老化（回生），在老化过程中，散发一部分水分，粉丝中的淀粉重新排列组合，形成胶束状结构，提高粉丝的韧性。一般晾粉的温度应控制在−5～25℃，时间以8～20h为宜。但由于使用甘薯淀粉生产得到的粉丝黏度较大，应采用冷冻晾粉较为适宜，研究证明，在−5℃条件下，冷冻12h粉丝能完全冻结，开粉时当用手握粉丝不觉得有黏性，松手后，粉丝可分散开，晾粉即完成。

（6）干燥　粉丝的干燥主要有晒干和烘干2种。晒干受自然条件影响大，为适应机械化生产，采用烘干。烘干时，温度越高，水分蒸发越快，干燥速度越快。但由于粉丝具有黏性和高温变质的特点，同时考虑到粉丝的表皮和中间干燥速度不一，造成表面光洁度下降等因素，所以可采用低温热风干燥法进行干燥，干燥温度控制在45℃，干燥时间为3h。

四、南瓜甘薯营养粉条

本产品将南瓜融入甘薯制品，利用南瓜中含有丰富的果胶成分，解决南瓜加工中存在的问题，又可优势互补解决传统粉条中需加入明矾的弊端，使得粉条营养更全面，口味更新鲜。

1．生产工艺流程

原料→打浆→煮粉糊化→漏丝成型→自然冷却→入库冷冻→清水解冻→梳理并条→自然干燥→包装入库。

2．操作要点

（1）原料准备　将准备好的纯甘薯淀粉经真空洗滤脱水机在−0.06MPa压力下真空脱水处理，脱水处理后甘薯淀粉的含水量为38%～41%，经过处理后的甘薯淀粉在打浆时不易结块，使所得浆液更加均匀细腻。

（2）南瓜鲜乳汁制备　南瓜表面凹凸不平，用洁净清水洗净表面泥污，并用毛刷将缝隙刷洗干净，去掉南瓜外表皮、蒂部、瓜子和瓤后，用粉碎机粉碎至浆状，再置于胶体磨，重复2次磨至120目筛，得到均匀细腻的南瓜鲜乳，在磨制的过程中可以加入25%南瓜质量的水，以利于南瓜鲜乳汁顺利流出。

（3）均匀打浆　将质量分数35%左右的南瓜鲜乳汁加入准备好的纯甘薯湿淀粉中，倒入打浆机充分打浆至均匀细腻，可溶性固形物含量达44%～47%为宜。

（4）煮粉糊化、漏丝成型　将浆液糊化锅内的水温控制在96～98℃，糊化温度过低时，所得湿粉条成熟度不足，出现泛白，并条现象严重；糊化温度过高则不利于出粉条，容易堵塞漏瓢眼，颜色暗褐色；糊化时间应控制在58～60s，时间过长和过短都不利于出粉条。糊化成熟的粉浆经挤压通过布满直径1mm孔洞瓢底成型，截取长度为150cm左右的长条，放置于长托盘中。

（5）自然冷却　糊化成型的粉条平放在晾台上，在室温下自然冷却，在晾制过程中用塑料薄膜包裹，以防水分散失过多，影响冷冻效果。

（6）入库冷冻　将冷却至室温的粉条运至冷库上架，根据粉条表面的水分情况适度泼洒些冷水，以增加湿度。根据冷库中粉条摆放的密度将冷库温度控制在−6～−8℃，时间控制在6～10h，直至粉条彻底冻透，经过冷冻后的粉条易于分散，无并条现象，并且能增加弹性。

（7）清水解冻　将冷冻完全的粉条平放入20～30℃清水中，直至粉条表面和内部的冰晶完全融化，粉条全部呈单丝状散开。

（8）梳理并条与干燥　将解冻散开的粉条上架，用大齿梳子梳理没有泡开的并条，待所有并条完全散开后置于室外晾晒，晾晒架应放在宽广通风的晒场，晾晒时应将粉条轻轻抖开，使之均匀自然干燥，水分保持在10%～13%，这样可防止粉条在储运过程中发生老化。

（9）包装入库　将晾晒干燥的南瓜甘薯粉条按品质标准进行分级去除碎条和有并条的粉条，取品相完好的粉条用切割机切割成长30cm小段，称量后装入包装袋，用封口机封口，打印生产日期，入库。

五、无添加纯红薯粉条

贵州印江红薯粉条生产历史悠久，晚清时期即享誉黔东，是当地传统特色食品，为推动红薯产业发展，提高红薯粉条品质，为消费者提供营养健康安全的红薯粉条加工产品，自2013年以来，在梵净山下以依仁食品有限公司为龙头，运用"一种纯红薯粉条的加工方法"的发明专利技术，依托科技进步，提高红薯粉条加工质量和竞争力，不断探索"龙头企业 + 基地 + 技术 + 农户"的红薯产业化开发模式，增加附加值，促进红薯生产增产、增收、增效，实现了兴产业、强企业、富农民的良好局面。

其加工技术主要包括以下三个方面。

① 按照纯天然红薯粉条加工工艺、技术路线（选择单元技术模块→工艺设计→小规模试验→反馈信息→优化设计→工艺参数确定→定型）以及技术规程生产。

② 为解决在机械化规模生产过程中红薯粉条粘连关键技术问题，利用和浆环节中未经脱水干燥的红薯淀粉和水的最佳配比、一次熟化环节挤压速度和温度的调试、二次熟化温度和时间控制工艺流程［红薯水淀粉→和浆→一次熟化→二次熟化→摊晾（老化）→切割→干燥→包装］，通过对红薯粉条加工装置、成熟冷却槽、熟化设备、淀粉除沙装置、加工传送筒、传送部件、传送机构技术改进达到"一种纯红薯粉条的加工方法"推广应用，实现机械化规模生产。

③ 产品严格执行国家标准（GB/T 23587—2009），无添加纯红薯粉条的营养指标、感官指标和理化指标可见表7-1、表7-2和表7-3。

表 7-1　无添加纯红薯粉条营养指标

指标名称	项目产品
脂肪/(g/100g)	1.9
蛋白质/(g/100g)	0.5
碳水化合物/(g/100g)	80.3
钠/(mg/100g)	2.9
能量/(kJ/100g)	1435

表 7-2　无添加纯红薯粉条感官指标

项目	传统产品	项目产品
组织状态	少量并条，不耐煮，易浑汤	丝条均匀，无并条，弹性好，耐煮，不浑汤
色泽	粗糙，无光泽，透明度低	浅灰色，有光泽，透明度高
气味与滋味	具有红薯粉条的气味与滋味，不爽滑	具有红薯粉条的正常气味与滋味，细腻爽滑

表 7-3　无添加纯红薯粉条理化指标

项目	GB/T 23587—2009	产品检测值	比较
淀粉/(g/100g)	≥75.2	76.7	提高 1.5
水分/(g/100g)	≤15	14.7	降低 0.3
丝径/mm	>1	1.4	提高 0.4
断条率/%	≤10	0	降低 10
二氧化硫/(g/kg)	≤0.1	未检出	—
总砷/(mg/kg)	≤0.5	<0.01	降低 0.49
铅/(mg/kg)	≤1	≤0.2	降低 0.8
黄曲霉毒素 B_1/(μg/kg)	≤5.0	≤2.5	降低 2.5

六、无矾魔芋甘薯粉条

1．原料配方

甘薯淀粉 5kg、魔芋粉 1.5kg、马铃薯淀粉 1.0kg、豌豆淀粉 1.0kg，黄豆浆 1.5kg。

2．生产工艺流程

原材料选取→制芡→煮粉糊化→老化→切条→干燥→自然冷却→入库冷冻→清水解冻→梳理并条→自然干燥→包装入库。

3．操作要点

（1）选取优质原料　分别称取甘薯淀粉 5.0kg、魔芋粉 1.5kg、马铃薯淀粉 1.0kg、豌豆淀粉 1.0kg。

（2）制芡　将称好的各种淀粉倒入盆中，加入黄豆浆 1.5kg，用清水调节，倒入打浆机充分打浆至均匀细腻，可溶性固形物含量达 44%～47%为宜，将其调制成制粉所需要的浆。

（3）煮粉糊化、成型　将已经搅拌均匀的浆均匀分布于制粉盘中，蒸熟成片，水温控制在 96～98℃，糊化时间控制在 58～60s，时间过长过短都不利于出粉条。

（4）老化、切条、干燥　将已经糊化的粉皮自然半干切成粉条，用传动的烘干设备在 60～70℃下，加热烘干 30min，自然冷却。在晾制过程中用塑料薄膜包裹，以防水分散失过多，影响冷冻效果。

（5）入库冷冻　将冷却至室温的粉条运至冷库上架，根据粉条表面的水分情况适度泼洒些冷水，以增加湿度。冷库温度控制在-8～-6℃，时间控制在 6～10h。

（6）清水解冻　将冷冻完全的粉条平放入 20～30℃清水中，直至粉条表面和内部的冰晶完全融化，粉条全部呈单丝状散开为止。

（7）梳理并条与干燥　将解冻散开的粉条上架，用大齿梳子梳理没有泡开的并条，待所有并条完全散开后置于室外晾晒，晾晒架应放在宽广通风的晒场，晾晒时应将粉条轻轻抖开，使之均匀。

（8）包装入库　将晾晒干燥的甘薯粉条按品质标准进行分级，除去碎条和有并条的粉条，取品相完好的粉条用切割机切割成长 30cm 小段，称量后包装，入库。

4．成品质量指标

色泽洁白有光泽，无并条碎条，粉条均匀一致，条直，柔软有韧性、弹性，无异味，无肉眼可见杂质。

七、天然富硒无矾甘薯粉条

本产品是以富硒水、魔芋精粉、甘薯淀粉为原料生产的一种新型粉条，成品粉条的硒含量为 203.688μg/kg，粉条韧性好、富有较好的弹性且不易断裂，口感优于传统产品。

1．原料配方

甘薯淀粉 400kg，魔芋精粉 2kg，富硒水 400L，碱 0.1kg。

2．生产工艺流程

精制淀粉

↓

富硒水→魔芋精粉→糊化→混合→挤压成型→沸水水解→水浴冷却→低温干燥→包装。

3．操作要点

（1）配料打芡　按照配方比例准确称量甘薯淀粉、魔芋精粉、碱和富硒水，快速搅拌均匀，然后放在锅中打制芡粉。

（2）和面　往搅拌机中加入一定量甘薯淀粉，再加入已打制好的芡粉，开动搅拌机搅拌均匀，保持面团合适的温度，促使淀粉发酵分解。

（3）挤压成型、沸水水解　锅内加水大火煮沸，再把经过充分发酵好的甘薯淀粉面团装入粉条机，用力挤压使淀粉成均匀线条状至锅中，煮沸且温度保持在微沸程度（90～98℃）。

（4）冷却、干燥　快速将煮沸的粉条捞出至冷水中降温，冷却温度为0～5℃，冷却时间为25min，然后挂在木棍上，-2℃冷冻，室温自然干燥。

（5）包装　按照常规粉条包装形式进行包装。

八、无矾马铃薯粉丝（一）

一般的马铃薯粉丝中均要添加一定量的明矾，甘肃省天水市引进上海龙峰机械设备制造有限公司生产的新型粉丝机，对传统粉丝加工技术进行了改进，取得了无矾粉丝生产新技术。

1．生产工艺流程

马铃薯淀粉→打芡→合粉→上料→熟化→试粉→剪粉→摊晾→开粉→晒粉→包装→成品粉丝。

2．操作要点

（1）加热　粉丝加工前先将加满水的水箱加热到设定温度，为减少水箱水垢和加热时间可加入预先烧开的热水，加工纯马铃薯淀粉时可将温度设定为85℃左右，当温度指针指向设定温度时按下加热按钮，指针复零，反复2次，指针指到设定温度时加热完成。

（2）清洗　每次生产前在料斗内加入1小桶清水，启动预热的机器，将上次加工的剩料和残余物清洗干净。

（3）合粉　将打好的稀芡糊加入合粉机，先加入适量的新鲜淀粉（干湿均可）和配好大麦添加物，在合粉机搅拌的同时缓慢地加入清水。先加水后加粉在粉浆中容易结块，粉浆和好后用手抓起放开自动成线即可。

（4）熟化　将和好的粉浆加入料斗，打开阀门，浆面稳定后，按下启动按钮约5s后停止，使粉浆充满螺旋加热桶，约5min后粉浆充分熟化。

（5）试粉　粉浆充分熟化后开动机器，调整调节阀开口，熟化的粉团随阀口挤出，成扁平状、手指粗细时即可安装模板生产，模板安装前应先预热到60℃左右，并在模板表面涂适量的食用油。

（6）散热　粉丝从模板孔挤出30cm左右时打开散热鼓风机，使粉丝充分散热，用双手轻拍粉丝束，使整束粉丝成扁平状，以便于粉丝摊晾。

（7）剪粉　当粉丝达到要求的长度时，用剪刀将粉丝从模板下 50cm 处剪断，剪粉时手不能捏得太紧，剪口要尽量整齐。

（8）摊晾　将剪好的粉丝平放在摊床上，摊床可用塑料布等代替，整齐排放，热粉丝不得重叠，摊晾时间最少要在 6h 以上，使粉丝充分冷却老化。

（9）开粉　将充分老化的粉丝用手从中间握住，放置于清水中轻轻摆动，粉丝束会自然分开成丝，剪口等粘连处可用手轻轻揉搓。

（10）干燥　将分开成丝的粉丝放置在预先做好的架子或铁丝上自然晾干，也可进入烘房烘干。

（11）包装　粉丝即将干燥时较柔软，可按要求包扎成小把，等完全干燥后即可包装入库。

3．常见问题和解决办法

（1）断条　粉丝从模板挤出后易断。出现这种现象的原因主要是粉浆太稀，加热温度不够或调节阀开口太大。解决办法：加稠粉浆，调节温度，调整调节阀开口使粉浆充分熟化。

（2）粉丝从模板孔挤出后黏结，模板口出现气泡　主要原因是加热温度过高。解决办法：调低温度，同时在水箱内加入冷水。

（3）粉丝黏结　粉丝束在清水中浸泡揉搓仍然黏结，主要原因是冷凝时间不够或合粉时加入分离剂不够。解决办法：充分冷却老化，合粉时加入适量的分离剂。常用的分离剂有麦芽粉等。

（4）粉丝易糊不耐煮　主要原因是粉浆过熟、不熟或耐煮剂加入不够。解决办法：调整并确定加热温度，合粉时加入适量的耐煮剂，常用的耐煮剂有强面筋或速溶蓬灰。

4．新技术生产粉丝的优点

（1）生产的粉丝直径小　传统粉丝加工采用先成型后熟化的生产工艺。由于马铃薯淀粉熟化前的黏度较低，生产的粉丝最小直径一般在 1~1.5mm 之间，新技术采用先熟化后成型的生产工艺，生产的粉丝最小直径可达 0.5mm。

（2）可生产无矾粉丝　传统粉丝加工时为了增强粉丝的耐煮性和强度，合粉时需加入一定的明矾。医学研究表明，长期食用明矾可导致多种疾病。采用新技术加工时只需加入适量强面筋或速溶蓬灰，在保证粉丝筋强耐煮的同时，又满足了人们对食品健康安全的要求。

（3）实现粉丝的四季生产　传统粉丝加工受气温限制，夏季开粉困难，新技术合粉时添加可食用的淀粉分离剂，克服了夏天开粉难的问题，使粉丝生产不受季节限制。

（4）产品的质量和经济效益更高　采用新技术生产的粉丝精白透亮，可直接加工新鲜的湿淀粉，同时所需操作人员很少，降低了加工成本，提高了经济效益。

九、无矾马铃薯粉丝（二）

本产品是以黑龙江省大兴安岭丽雪精淀粉公司生产的马铃薯精淀粉为原料，加入适量的一水柠檬酸和盐，利用原有粉丝生产设备，生产的一种无矾粉丝。

1. 生产工艺流程

制芡糊→调制糊浆→下料和铺料→蒸料→冷却→切丝→烘干→成品。

2. 操作要点

（1）制热蒸汽和沸水　启动锅炉，升温制汽，压力达到 0.04MPa，满足所需蒸汽要求。加热使水沸腾，供打芡糊之用。

（2）制芡糊　取淀粉 2~3kg 和一水柠檬酸，放在容器内，用少量水搅拌均匀后，加适量沸腾的水迅速搅拌至糊化，呈透明而黏稠的糊状，然后自然冷却到 40~50℃。

（3）调制糊浆　将制好并冷却的芡糊倒入桶内，加适量水搅拌芡糊至均匀，然后再向桶内加入淀粉 4 袋（25kg×4），同时陆续加入水，搅拌糊浆至均匀，连续搅拌，确保淀粉糊浆不沉淀。

（4）下料和铺料　将调制好的淀粉糊浆倒入料槽，然后从料槽中把适量的淀粉糊均匀地铺在钢带上。

（6）蒸料、冷却、切丝和烘干　由钢带输送到蒸锅，使其自然老化形成粉带，然后冷却，蒸熟并把冷却后的粉带脱离钢带，粉带切割成丝，烘干、冷却，最后得到成品粉丝。

十、竹笋超微粉无矾木薯粉条

本产品以竹笋超微粉和木薯淀粉为原料，添加适量小麦淀粉制作食用粉条，通过调整配方和改变制作工艺，无需添加明矾，即可提高粉条柔韧度和耐剪切力，竹笋风味浓郁，富含膳食纤维，弥补传统粉条的不足，更加有益于食用者的健康。

1. 生产工艺流程

木薯淀粉打浆→90℃恒温糊化→掺入小麦淀粉和竹笋超微粉→65℃恒温糊化→倒模挤压成型→水煮→出锅→冷水冰镇→烘干→剪切包装→成品。

2. 操作要点

① 竹笋超微粉即以广西产的新鲜毛竹笋为原料，经切片、烘干、粉碎、超微粉碎等系列程序制作而成，粒径≤15μm。

② 纯木薯淀粉因自身黏性大、不耐剪切力等特性，制作的粉条具有不耐煮、易断裂、韧性不足等缺点。加入 20%~25%小麦淀粉、1%~5%竹笋超微粉，即可改善上述不足，产品耐煮、筋道，不易断裂，无矾，且含有普通粉条不具有的膳食纤维，

营养结构更加合理，有利于身体健康。

③ 小麦淀粉的糊化温度较低，较易糊化。随着淀粉糊浓度的增加，黏度也增加。为使得后续粉条制作更加顺畅，采取分步糊化。原材料分别称取，分步糊化。木薯淀粉糊化温度较高，90℃恒温糊化。再掺入小麦淀粉和竹笋超微粉，转65℃恒温糊化。如果原材料一起搅拌打浆后再糊化，会导致粉条成型不佳，易断裂，影响产品外观和食用口感。

3．成品质量标准

（1）感官指标　粗细均匀，无并丝现象，泡煮后呈木薯淀粉应有的色泽与韧性，不易断裂，竹笋风味浓郁。

（2）理化指标　含水量≤15%，不含铝，竹笋超微粉1%～5%，木薯淀粉75%～80%。符合国家标准GB/T 23587—2009《粉条》。

十一、无矾淮山药红薯粉丝

本产品是以甘薯淀粉和淮山药全粉为原料，利用淮山药粉、海藻酸钠和复合磷酸盐替代明矾生产的一种粉丝。

1．生产工艺流程

甘薯淀粉→打芡　海藻酸钠、复合磷酸盐

淮山药粉、甘薯淀粉→和面→熟化→冷却→冷冻→干燥→成品

2．操作要点

（1）打芡　在甘薯淀粉（占总量的4%）中加入1倍40℃热水，搅匀，然后加入甘薯淀粉9倍的沸水，在沸水浴上搅拌直至完全糊化。

（2）和面　将海藻酸钠与10倍质量冷水混匀，浸泡12h备用，将淮山药粉与甘薯淀粉（两者占总量的96%，其中淮山药粉占总量8%）混匀，再加入制好的芡糊、添加剂（海藻酸钠0.5%、复合磷酸盐0.4%）、占淮山药粉与淀粉31.25%的40℃温水和面，粉团应无疙瘩、不黏手、均匀细腻、光滑。

（3）熟化、冷却　和好的粉团放入手动挤压机中，将粉团挤入沸水60s，将粉丝捞出，放于冷水中冷却。

（4）冷冻、干燥　冷却后的粉丝整理成束，置于晾架上，放入-12℃冷库中冷冻18h。待其自然解冻后放于40℃的条件下烘5h左右，取出包装。

十二、无矾保鲜粉丝

保鲜粉丝在加工过程中不需要干燥脱水，可有效地减少能源消耗，降低加工成本；在食用方面，预处理更简单、快捷，食用口感更细腻、滑爽，且具有新鲜、不

糊汤的特点。目前无矾保鲜粉丝的研究主要是针对甘薯淀粉和马铃薯淀粉保鲜粉丝，有的研究还未能在现实生产中进行应用，在此介绍其中的一些研究结果，以供参考。

（一）保鲜甘薯粉丝

1．生产工艺流程

原料→制芡→调粉团→漏粉→熟化→冷却→酸洗→包装→灭菌→冷却→冷藏冷冻→解冻→成品。

2．操作要点

（1）制芡　在淀粉中先加入淀粉质量约 1 倍的温水，搅匀后加入淀粉质量 8～9 倍沸水，充分搅匀，制成透明的芡糊。

（2）调粉团　在甘薯淀粉中添加 4%的芡糊和 40%温水，揉制均匀，要求粉团黏稠且可流动成型。

（3）漏粉、熟化　将制得的面团进行漏粉，将漏得粉丝放入沸水中充分熟化，温度为 98℃，时间为 7s，待完成后捞出。

（4)冷却、酸洗　将熟化的粉丝捞出，经过冷却在 1.50%的乳酸溶液中酸浸 5min。

（5）包装、灭菌　将粉丝在乳酸稀释液中浸泡后捞出密封包装，在 100℃高温水浴杀菌 5min。

（6）冷藏冷冻、解冻　将灭菌后的粉丝经冷却后，放入 4℃的环境中冷藏储存4h，然后再在−8℃贮藏 10h 后解冻即可得到保鲜粉丝成品。

（二）保鲜马铃薯粉丝

1．工艺一

取 10g 马铃薯和木薯混合淀粉（马铃薯淀粉：木薯淀粉=1：1，质量比）于烧杯中，加入 60g 蒸馏水，混合均匀后置于沸水浴中加热，使其充分糊化成芡。再称取100g 混合淀粉与芡粉以及占总淀粉 1%的海藻酸钠混合，并揉制成均匀光滑的淀粉粉团。将揉制好的光滑粉团置于压面机中使粉丝均匀漏至沸水锅内（压面机与锅的距离保持 30cm）煮制 1min，捞出置于冷水中冷却。之后，鲜湿粉丝的老化方式是：将鲜湿粉丝装入包装袋内，4℃冷藏 24h 后取出，得冷藏后鲜湿粉丝样品。

2．工艺二

取 75g 马铃薯淀粉，加入 75g、45～50℃的温水调浆，再加入 155g 沸水进行打芡，另在 425g 马铃薯淀粉中加入添加剂（琼脂 0.6%、卡拉胶 0.4%、海藻酸钠 0.8%）充分混匀后将制好的芡糊倒入，加入 50g、45～50℃的温水后置于和面机中进行和面。和好的面团置于漏粉机中，挤压成宽约 0.65cm，厚约 0.3cm 条状，漏入沸水中30s 捞起浸泡于冷水中 50min，滤去水分后密封装袋。

第八章
粉丝生产企业建设指南

第一节　各种粉丝生产机械

我国传统粉丝的生产主要是依靠手工操作，劳动强度大、效率低、粉丝质量不稳定。随着科学技术的不断发展，科研部门和生产单位相互联合，相继研制、生产出了不同类型的粉丝加工机械，为提高我国粉丝的产量和质量提供了可靠的技术保障。下面分别介绍几种粉丝加工机械。

一、和面机械

和面机械分立式搅拌型和卧式搅拌型两种形式。

1．立式搅拌型和面机

6HM-100 型和面机属于这种型号。它由机架、旋转托盘、电机架、减速箱、搅拌器、制动器等部分组成。其电动机、减速箱和搅拌器固定在一个可翻转的机架上，面盆为可拆卸式搪瓷圆盆。制动器的作用是利用调整制动弹簧的拉力，以改变制动器对旋转托盘的摩擦力，来保证和控制搪瓷盆旋转速度稳定在 20～30r/min 范围内（图 8-1）。

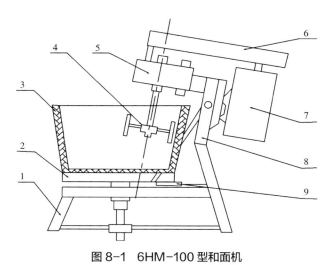

图 8-1　6HM-100 型和面机

1—机架；2—旋转托盘；3—和面瓷盆；4—搅拌器；5—齿轮减速器；
6—三角带转动部分；7—电动机；8—翻转立架；9—制动器

工作时，将翻转机架扳至工作位置，开启电机，利用搅拌器对旋转托盘轴心产生的偏心力矩，带动搪瓷盆同向异步旋转，达到和面均匀的目的。待面和好后，断电停机，松开支承拉杆，扳动旋转机架至水平位置，用支承拉杆固定，将面盆抬下，换上另一盆可继续工作。

该机结构简单、紧凑、设计合理，特别是采用面盆自转式，结构新颖，在性能和效果方面优于市场上其他类型的和面机。

该机的主要技术规格：

外形尺寸（长×宽×高），860mm×470mm×1000mm；结构质量，46kg；

电机转速，1300r/min；度电生产率，200kg/(kW·h)；

配套动力，1.1kW 单相或三相电动机；生产率，＞150kg/h（干淀粉）。

2．卧式搅拌型和面机

HM-40 型和面机属于卧式搅拌型，也是常用的一种和面机，是食堂、饭店、面食加工的专用设备，也可用于粉丝加工的和面，但在生产中的有一点缺点，如保温性能差、容易走芡等。

二、粉丝加工机械

1．流漏式粉丝成型机

流漏式粉丝成型机可分为机械振动式、电磁振动式和锤击式三种，它是靠成面自重和稍加外力漏制成粉丝（条）的一种小型粉丝加工机械。在我国广大农村十分受群众的欢迎，目前推广使用数量最多的是由河北省卢龙县农业化技术推广服务站研制生产的 6PZF-100 型漏粉机。其优点是：体积小，结构简单，能耗低，生产率高，漏出的粉丝（条）质量好。但所漏制出的粉丝（条）不自熟，需要有配套的锅灶和工艺（图 8-2）。

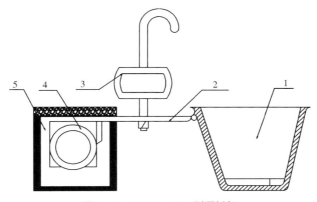

图 8-2　6PZF-100 型漏粉机

1—粉瓢；2—连接架；3—吊环；4—微型电动机；5—电动机护箱

6PZF-100 型漏粉机属于偏心机械振动漏粉机，由连接架、粉瓢、电动机、外罩等五部分组成。

工作原理：由电动机产生的高频率、低振幅振动，使淀粉形成面均匀下漏。漏制不同规格的粉丝（条）可用更换不同孔形的瓢底来实现。

主要技术规格：

外形尺寸（长×宽×高），400mm×200mm×500mm；

工作形式，连续振动式； 动力，40W 电动机； 机重，6kg；

工作电压，220V； 生产率，粉丝 40kg/h，粉条 140kg/h。

2．夹套加热式自熟粉丝机

它由电动机、皮带转动装置、夹套、料管、螺旋轴、进料斗、调节手柄、出粉头等组成。可用于普通粉丝和方便粉丝的生产。

这种机型的加工原理是利用螺旋轴旋转，将料向前推移，产生挤压力将经熟化的粉浆，强制推向出粉头，并让其穿过粉头上的孔盘，而使粉丝成型，然后通过风扇降温而老化定型。

在夹套中最简单的是加入水作为加热介质，在水中安装有一组功率为 3kW 电热管用以将水煮沸，由于夹套中的套管是完全被水淹没的，且套管有一定的长度，通常为 600mm 左右，故粉浆很容易被糊化，糊化后的粉浆被螺旋轴（直径为 60mm，螺距为 19.8mm，螺旋深度为 6mm，转速 1200～1400r/min）强制挤压通过孔板（孔板上的孔径视要求加工，一般为 0.5～1mm），从而完成熟化与成型工艺。

为了提高生产效率，夹套中也采用导热油或其他介质，它与水加热相比，生产效率大大提高，螺旋轴、轴径、转速都可较大限度地提高，还由于导热油油温可以达到 200℃以上，故它糊化的时间便可以大大缩短。用油作为传热介质的自熟式粉丝机，还可以较为方便地实现加热温度的自动控制，故一般生产规模较大的工厂宜采用这种粉丝机。

3．不粘粉丝机

上述的粉丝机由于孔板上孔的密度较大，尽管进行了冷却老化，粉丝仍然较易粘连，针对这一情况，人们在出粉头上进行改进，加大粉丝间的间隙，减少粘连糊化后的粉浆，在螺旋轴的作用下，被强制送入粉腔内，随着螺旋轴不停地转动，这种机头宽度为 300mm 左右，沿其宽度方向上均匀地分布着直径为 1mm 的小孔，孔与孔之间的距离为 8～10mm。粉腔内的压力不断增加，糊化后的粉浆便从位于粉腔下部的孔中穿过，从而达到成型的目的。

另一种不粘粉丝机，机头是由内外两根钢管组成的。内管直径为 25mm，外管直径为 50mm，长度为 800mm。内管上分布有直径为 3～5mm 的孔若干，外管上的孔视粉丝要求的直径而定，通常为 0.5～1mm，它主要用于粉丝成型，而内管则是将糊化后的粉浆均匀地分布到外管中，保证外管中各处压力一致，这样才能使出粉速度一致，否则会使外管上出粉一端较快，一端较慢，粉丝也会长短不一，使剪断工艺难以进行，内管上的孔径、孔距应经过几次实验才能保证达到出粉一致的效果。

不粘粉丝机，在出粉时可不用风扇冷却老化，而是将其用塑料薄膜摊晾，让其自然老化，这种粉丝机虽然不粘连，可免去松丝与洗粉工序，但劳动强度较大，塑料薄膜的耗用也较多。

4．去冷冻甘薯粉丝机

6FW-55型去冷冻甘薯粉丝机是典型的代表，它采用新型水导热原理，将甘薯粉丝传统加工工艺简化为调浆→成条→搓散→晒存，打破了人们长期人为加工甘薯粉丝必须冷冻的观念，省去了制芡、揉粉、煮粉、捞粉、冷冻等工具设施和工艺，适合专业户常年生产。除加工甘薯粉丝外，还可加工马铃薯、玉米、豆类、大米粉丝，主要零件采用不锈钢制造。该机由湖南省娄底市原农业机械化研究所研制生产。

结构特点与工作原理：该机以4kW电动机为动力，由机架、料斗、加热器、水箱、螺旋轴、轴套、机头、滚量调节阀、模板等组成。

该机采用新型水导热原理，以水为介质，间接煮熟淀粉。工作时，电动机通过带轮带动螺旋轴转动，淀粉糊在沸水里间接升温、糊化，螺旋轴带动糊化的熟粉向前输送、挤压，在机头阀门处形成强大的压力，通过模板强行挤出，形成粉丝或粉条。

主要技术参数：

型式，水套式电加热；　　　电热器功率，2×2kW；

生产率，30kg/h；　　　　　配套动力，4kW；

机重，80kg；　　　　　　　主机转速，800r/min；

操作者，2人；　　　　　　　模板规格，0.8mm、1.0mm、1.2mm、1.5mm；

外形尺寸（长×宽×高），970mm×410mm×1170mm。

5．多功能双嘴粉丝机

这种粉丝机是一种专利产品（专利号：CN00209781.8），它解决了传统粉丝机产量低、温度不易控制、淀粉熟化不良、粉丝开粉难，对豆类、玉米淀粉不能机械生产的难题。

该专利机器采用了电子智能控温，能精确地保证各类淀粉熟化温度和热量，集合粉、给料、抽真空、熟化、成型于一体，适合于各类淀粉生产粉丝，投资少，见效快。

该机操作简单，自动化程度高，每班3人，班产2～3t，大幅度减轻了劳动强度，降低了生产成本，使投资者获得更大的利润。

用该机生产以薯类、豆类、谷物类淀粉为原料的精制粉丝，条直均匀，精白透明，久煮不糊，柔软滋润，鲜香可口，是低糖、低脂肪、低热量的保健食品，深受广大用户喜爱。

6．多功能水晶粉丝机

FC-120型多功能水晶粉丝机结构合理，可一机多用，可以生产以马铃薯、甘薯、豌豆、玉米淀粉、小麦淀粉等为原材料的圆形、方形等形状不同的粉丝。该机操作简单，生产工艺先进，原料经挤压聚合而成，出机即熟，一次成型。该机出粉率高，1kg 大米可生产鲜米粉 2.8kg，从投料到出粉仅需几分钟，既可生产鲜米粉，又可生产干品。该机不仅适用于机关、团体、军队、学校、厂矿等食堂，而且适用于乡镇、城市食品加工厂。

主要技术参数：

生产效率，120kg/h；电压，220V；功率，3kW；质量，90kg；外形大小（长×宽×高），120cm×40cm×70cm。

7．高效粉丝机

GD-T-1 型高效粉丝机特别设置双层水箱，采用水煮原理，粉丝（粉条）在成型过程中经 100℃热水煮熟，与手工制作的粉丝（粉条）一样，不破坏粉丝（粉条）的分子结构，更好地保持了粉丝（粉条）的优佳品质、自然风味和耐煮度。该机热效率高，每小时可加工 100～150kg 粉丝（粉条），而耗煤不足 3kg（燃煤型）；电热型采用自动控温装置，加工粉丝时温度稳定，保证粉丝质量的一致性。该机可一机多用，适用性广，可生产纯红薯、马铃薯粉丝（粉条），纯玉米、小麦粉丝，还可将豆类、薯类、玉米类等多种淀粉按不同比例混合生产粉丝（粉条）。用户可以根据市场需求调整产品的品种和规格，GD-T-1 型高效粉丝机满足市场需求。

产品技术参数：

生产效率，100kg/h；生产动力，7.5kW；煤耗量，3～5kg/h；质量，180kg；外形大小（长×宽×高），1800mm×500mm×1350mm。

8．甘薯通心粉丝成型机

该机主要由机架、加热器、螺旋输送轴、糊化管、机头、模具、风扇等组成（见图 8-3），螺旋输送轴一端采用向心推力球轴承，另一端采用特制滑动轴承，使结构紧凑，并增加该轴的稳定性。

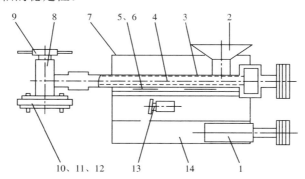

图 8-3　甘薯通心粉丝成型机结构示意图

1—电动机；2—料斗；3—糊化管；4—螺旋轴；5、6—加热器；7—水箱；8—机头模具；
9—流量控制杆；10—粉栓；11—粉板；12—机头连接件；13—风扇；14—机架

在糊化管周围设计一水箱，在水箱内安置电加热器升温，并调节温度以使淀粉浆料糊化。将一风扇安放于机架底部。机头模具由粉栓（气压平衡装置）、通心粉板、机头流量控制杆、紧固盘组成（图8-4）。

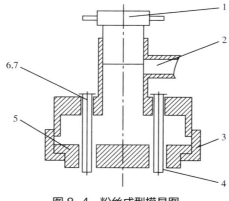

图 8-4　粉丝成型模具图

1—流量控制杆；2—螺旋轴；3—机头连接件；4—粉板孔；5—粉板；6—粉栓；7—气流孔

9．马铃薯粉丝成套设备

中国科学院黑龙江农业现代化研究所（现东北地理与农业生态研究所）在本所研究的"马铃薯淀粉加工粉丝工艺及其机械"的科研成果基础上，会同黑龙江省机械科学研究院，成功研究了马铃薯粉丝成套设备，满足了市场的需要。下面对其进行简单介绍。

（1）设备的组成　该成套设备主要由打芡（糊）机、和面机、制坯机、制丝机、煮丝机、冷却器等组成。

（2）该成套设备的主要技术参数　长×宽×高，12m×3m×2.4m（其中一种）；生产率，1～3t/d；配套动力，30kW；粉丝直径，0.6～1.0mm；粉条直径，1.0mm以上；粉皮宽度，30～50mm；适应原料，鲜薯制干淀粉。

（3）马铃薯粉丝成套设备及其加工的粉丝主要特点

①　马铃薯粉丝成套设备中含有专利技术液压粉丝机，结构紧凑，机械化程度高，工作稳定可靠，容易掌握，适合我国国情，可以替代进口设备，该套设备的价格仅是进口设备的1/5。

②　该套设备能将过去一直不能加工成长丝的马铃薯干淀粉生产出长粉丝。也适用于以其他鲜薯制的干淀粉为原料加工粉丝。

③　成套设备加工粉丝，以干淀粉为原料生产纯薯粉丝，不受产地限制。

④　如果原料不受污染，生产粉丝不加添加剂，属于绿色食品，有利于出口创汇。

⑤　粉丝外观是原料本色。煮食透明光亮，不化条，不断条，吸收佐料性能强，

细嫩、柔软、口感好。

⑥ 薯类粉丝煮 5～7min 没有硬心，相对耐煮，不费燃料，特别适合用液化气或煤气烹饪制作菜肴。

10．甘薯粉丝成套设备

河北省秦皇岛市昌黎金工机械厂经过对多家甘薯粉丝企业的考察和细致研究，结合生产实际研制出了适合甘薯粉丝加工成套设备。该成套设备是根据手工漏粉的工艺而设计的，主要由混料机、打芡机、真空和面机、漏粉机、冷却机和捯粉机组成，特别是其中的捯粉机的设计使原来由多人才能完成的工作简化为只有几人就可完成，大大提高了生产效率，降低了劳动强度，该套设备自投产以来深受甘薯粉丝企业的欢迎。有关该套设备的简介如图 8-5。

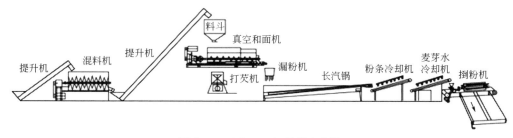

图 8-5　日产 5～6t 粉丝生产线

设备说明：本生产线根据纯手工漏粉工艺设计完成。凡接触物料部分均由优质不锈钢材料制造。本设备自动化程度高，劳动强度低，8 人即可轻松操作生产。设备生产流程符合漏粉工艺要求，粉丝成品率高，质量好。

主要技术规格：长×宽×高=30m×5m×6.5m；动力，36kW；生产率，日产 5～6t。

三、粉丝自动分拣称重装置

解冻后的粉丝，其分拣、称重、成型等工序基本上都是通过人工进行的，一条生产线往往需要许多工人操作，这对产品的质量、品质、生产效率都有很大的影响。为此，我国科研人员设计了粉丝自动分拣称重装置，为企业节省了人力物力，提高了生产效率和企业的经济效益。下面介绍兰州石化职业技术学院郝青龙等设计的一款装置。

1．系统概述

粉丝自动分拣称重装置硬件包括监控计算机、主站 S7-300PLC（可编程逻辑控制器）、从站 S7-200PLC，每个从站控制 12 个扒取装置，通过监控计算机可与互联网连接，实现在互联网上的操作与监控，主站 S7-300PLC 和从站 S7-200PLC 组成的网络系统可完成粉丝自动化生产线各个部件的协调运动。装置由粉丝输送带、多个分拣装置、粉丝称重以及分拣后粉丝盒的传送等部分组成，模型图如图 8-6 所示。

2．装置工作原理

将解冻甩干后的粉丝通过条形传送带输送到圆形转盘上，电动机带动圆形转盘缓慢转动使粉丝分散开，圆形转盘周围有多个分拣称重装置实现对粉丝的分拣称重，手爪通过溜槽将粉丝扒入到称重传感器上的盒子中进行称重，当盒中的粉

图8-6　粉丝自动分拣称重装置模型图

丝达到设定值（如 60g）后，PLC 控制步进电机停止扒取，相应传感器检测到圆形传送带上是空盒子时，PLC 控制翻转机构自动翻转，将粉丝倒入圆形传送带上的空盒子中，圆形传送带将装满粉丝的盒子送走，最后在出口由人工将满盒取下。

四、干燥机械

干燥是方便粉丝生产最关键、最重要的工序，也是设备投资最大的部分，目前常用的烘干设备大致有以下几种。

1．仓式低温干燥机

这种设备属于较典型的静止型干燥机，它主要由供热系统、电动控制系统、移动小车、承料盘、排湿及循环系统、烘室组成。

这种烘干机，结构简单，投资小，缺点是生产效率不高，烘干质量也不太理想。

2．单层循环烘干机

它主要由电动机、减速系统、链条拖动系统、粉盘、风机、螺旋翅片式交换器、排湿风机等组成。

该机的特点是结构较简单、投资小，缺点是生产效率不高，产量低，因而只适合于批量较小的生产。

3．多层式热风循环干燥机

针对以上两种机型，人们为适应市场的需要，一种新型的粉丝干燥机正在大量推行。

这种机型，是利用低温大风量的原理，采取多层式干燥方法而研制的。它的热风温度仅为 50～60℃，而风量却高达 100000m³/h，并配有两台风量为 5000m³/h、压力为 3kPa 的强制排风机，充分满足了物料的风量要求，同时较低的温度也更使烘干质量得到了可靠保证。该干燥机是目前适合大规模生产且效果良好的干燥设备。

五、全自动粉丝挂杆机控制系统

虽然我国的科研部门和生产单位相互联合，相继研制、生产出了不同类型的粉丝加工机械，为提高我国粉丝的产量和质量提供了可靠的技术保障。但其生产大多处于半机械化生产状态，尤其在某些关键工序，仍然是手工操作，这严重制约着粉丝经济的快速发展。其中粉丝挂杆工序一直是一道制约粉丝生产效率和质量的瓶颈工序。其程序就是将生产出来的源源不断的粉丝挂到杆上，然后送到冷冻箱冷冻。徐忠君利用 PLC（可编程逻辑控制器）和触摸式 HMI（人机交互）控制技术，研制了全自动粉丝挂杆机控制系统，将间断式、半自动化式的生产改变为全机械化、自动化生产，减去了手工操作部分，增加了预处理、低温熟成的工艺环节，实现了挂杆和冷冻的自动化和连续化，从而实现了制造工艺的现代化。该控制系统的研制成功，填补了我国在粉丝生产领域的空白，显著提高了产品内在品质，劳动强度降低，生产效率提高。

第二节　粉丝、方便粉丝工程建设投资概算及效益分析

由于粉丝种类比较多，所以这里主要是以甘薯粉丝、方便粉丝为例加以介绍。

一、农户家庭粉条厂工程建设

（一）挤出式粉条厂的建设

1．产量指标

每班 10h 生产粉条 1～1.5t，150d 生产粉条 150～225t。

2．设备

可选用 120 型或 GD-T-1 型挤出式粉条机（产量 100kg/h），150 型或 180 型多功能（生产粉条、粉丝、粉皮、川粉、粉带、米粉，煤、汽、电多能源）挤出式粉条机（产量 130～160kg/h，动力 10～13kW，设备投资 6000～8000 元），FM-500 型蒸汽式粉条粉丝机（适宜粉条专业户用，8h 班产可达 2t）。其他设备有：大缸 2 口，搅拌器（打糊、和面用）1 台，1.5m^3（3m×1m×0.5m）小水泥池 1 个，小型水井 1 眼（配小型泵、胶管等），粉竿 1000 根，晾粉竹席 10 条，塑料盆 4 个。

3．厂房与场地

漏粉房 10m^2，晾粉房 15m^2，晾粉场地 100m^2，晒粉场地 400～600m^2（也可利用空地）。

4．水、电条件

每日和面用水 1m^3，洗粉、搓粉用水 3m^3。动力用电 7.5kW，照明用电 200W。

5．生产人员

漏粉 3 人，晒粉、包装各 2 人（不包括管理人员）。

如每班 10h 产 1.5t，以上各条件需相应扩大一半左右。

6．经济效益

每天生产 1t，可获利润 800 元。全年生产按 150d 计算，可获利润 10 万～12 万元。若选用 150 型多功能自熟粉条机，每天生产 10h 产量 1.5t，生产半年时间可获利润 15 万元左右。

（二）农户瓢漏式普通粉条加工厂建设

1．产量指标

每班 10h 生产 2t，150d 生产 300t。

2．主要设备

和面机，揉面机或抽真空机，锤打漏粉机或吊式漏粉机，11 印（直径 110cm）大锅 1 口，粉竿 1300 根，炉灶（砖、灰、炉条），1.5m×0.5m 水泥揉粉板 2 块，水泥盘粉水槽 1 个，和面缸 3 个，大盆、小盆、水瓢、水桶、笊篱、锨、火钩各 1 个，盖粉塑料膜，搭粉架的木杆和晒粉用的粗绳用旧品代替。如生产一般粉条不用抽真空机，主要设备（包括和面机、揉糊机、吊式漏粉机）投资 1 万～1.2 万元。利用沉淀池和吊滤代替离心脱水机，采用机械和面、揉糊、漏粉，自然冷却，配合麦芽粉开粉剂和晾晒，各项设施（不含土建）总投资 2 万～3 万元。

3．厂房与场地

漏粉车间和老化车间分别为 50～60m² 的简易房（可用旧房代替）。晒粉场地在院子或其他空闲场地需 1500m²。采用塑料薄膜接粉条碎粉。

4．生产人员

漏粉共需 6～7 人操作，其中揉面、抽真空、漏粉、盘粉（上竿）、架粉、烧火各 1 人。晒粉需要 4 人。

5．经济效益

每天生产 2t，可获利润 1400～1800 元。全年生产按 120～150d 计算，产量 250t，可获利润 20 万元。

二、专业精制粉丝（条）厂工程建设

1．产量指标

无风干条件粉丝（条）厂每天生产 10h，产量 4t，每年生产 150～200d，年产量 600～800t。有风干条件的粉丝（条）厂每天生产 10h，产量 5～6t，每年生产 300d，年产量 1500t。

2．固定投资概算

无风干条件粉丝（条）厂总投资 35 万～40 万元。有风干条件的粉丝（条）厂（每天生产 8h、8 人漏粉，班产 5t 粉丝（条）流水生产线加风干条件，实现长年生产 300d，年产量 1500t），总投资需 65 万元左右。

（1）淀粉净化车间　共需投资约 5.65 万元（采取沉淀池、吊滤，旧房仅需 3.2 万元）。其中土建 50m^2，土建费 2.5 万元；设备投资 3.15 万元，包括淀粉溶解池（1.5m^3）、平面振动筛（双层，粗筛 80 目，细筛 240 目）、旋流除砂器（3 级一组）和离心脱水机。

（2）漏粉车间　共需投资 4.5 万～5 万元。其中土建面积 60m^2，土建费 2.4 万元；设备投资 2.5 万元，包括真空和面机或模拟人工揉糊和糊机、不锈钢和面机、臂端式漏粉机、双层预热锅或用大锅（直径 1.2～1.3m）和小锅（直径 0.6m），以及粉竿 4000 根、水盆 4 个、水桶 2 个。有风干生产条件的厂选用高效、省工漏粉生产线（淀粉提升机、打糊机、搅面机、真空机、真空粉丝机、不锈钢电气锅、粉丝输送及自动切断等），班产 5t，人员 9 人，动力 40kW。若接触粉丝（条）的均为不锈钢质设备，投资 14 万元，车间面积 120m^2。

（3）冷冻车间　4t 级冷库需投资 18 万元左右（包括土建 3 万元）。库容 175m^3（10m×5m×3.5m）。氨机制冷量 125kW，用水量 33m^3/h，动力 40～42kW，每班 3 人；若改用 5t 级冷库，一机一库氟机总投资 20 万元，一机两库总投资 25 万元。

（4）干燥车间（生产线）　选用 JFF-300 粉条风干机流水生产线，装机容量 18kW，每小时产量 300～400kg，设备投资 14.8 万元，总投资 20 万元（含车间建筑面积 120m^2，土建费 5 万元）。如无风干条件，用人工晒干，需建水泥晒场 2500m^2，需投资 4 万元。

3．经济效益分析

生产总成本约 5500 元/t（大包装 5000 元/t），精装粉丝（条）销售价 8000 元/t，每吨净利润约 2000～2500 元（大件包装利润 1500～2000 元/t），每日获利 7000 元左右。年生产 150～200 天，每日产 4t，年总产 600～800t，年获利润 140 万元左右。若用高产、高效粉丝（条）流水生产线加风干设备，实现长年生产达 300d 以上，年产 1500t 以上，年经济效益 300 万元左右。

三、水晶粉丝生产厂工程建设

（一）直条水晶粉丝厂工程建设

按项目规划年产 3000t 甘薯水晶粉丝，需引进 2 条 6FJT1200-5 型水晶粉丝生产线。

1．投资概算

总投资 485 万元。其中：①设备投资 288 万元，包括 6FJT1200-5 型水晶粉丝生产设备 2 套 272 万元，锅炉（规格 2t）16 万元。②配套厂房建投资 57 万元，建筑面积 1140m²。包括新建生产车间（长 75m，宽 8～10m，高 4.3m）面积 600～750m²、淀粉原料库面积 200m²、成品库面积 300m² 和锅炉房建筑面积 40m²。③流动资金 120 万元。④不可预见开支 20 万元。

2．经济效益分析

（1）生产成本　每吨 4830 元。包括：原料精制淀粉 4200 元/t，能耗费用（含用工费用）630 元/t。

（2）非生产成本　每吨 2170 元。包括：包装费用 1060 元/t，税金 660 元/t，管理费和杂费 100 元/t，设备折旧费 100 元/t，厂房折旧费 50 元/t，销售费用 200 元/t。

（3）综合成本　4830 元+2170 元=7000 元。

（4）经济效益　全年按 300d 生产，2 条生产线年产直条水晶粉丝 3000t，以每吨销售价 11000 元计，年产值为 3300 万元；按每吨纯利润 4000 元计算，年可获纯利润 1200 万元。

（二）电子计算机控制的水晶粉丝厂工程建设

选用 BLF-1300 型电子计算机控制的不粘连水晶粉丝生产线，日产 5t，年生产 300d，年产量 1500t。

1．投资估算

总投资为 500 万元。其中：①固定资产投资 260 万元，包括建设砖混厂房 1000m² 投资 45 万元，购置粉丝生产线成套设备 1 套投资 160 万元，开办费用 35 万元，安装调试费用 20 万元。②流动资金初步估算 240 万元。

2．经济效益分析

按每生产 1t 产品计算。

（1）生产成本　包括直接生产费用和企业管理费、固定资产折旧费、税金、产品销售费用，但未包括资金费用。

直接生产费用　包括电费［电价 0.67 元/(kW·h)］446.7 元，水费 2.3 元，人工费（6 人）133 元，原料费（0.7t 甘薯淀粉 2800 元，0.3t 玉米淀粉 660 元）3460 元，包装费用（按每袋装 500g 粉丝、每箱装 20 袋计算，1t 粉丝需 2000 个袋、100 个纸箱，袋的价格每个 0.2 元，纸箱价格每个 4 元）800 元，合计 4842 元。

税金　税率按 6%，普通粉丝出厂价 8000 元/t，税金 480 元。

企业管理费、杂费　100 元/t。

固定资产折旧费　其中设备折合 100 元/t，厂房折合 50 元/t，合计 150 元。

产品销售费用　250 元/t。

产品成本　合计 4842 元+480 元+100 元+150 元+250 元=5822 元。

（2）产品出厂价和纯利润　普通薯类粉丝　出厂价 8000 元/t，每吨纯利润：8000 元−5822 元=2178 元。

菜汁粉丝　成本每吨增加 400 元，每吨出厂价 10000 元，每吨纯利润=10000 元–6222 元=3778 元。

枸杞、天麻、杜仲等中药滋补型粉丝　每吨成本平均增加 500 元，售价每吨平均在 12000 元以上，每吨纯利润在 6000 元左右，一般以 5000 元计算。

（3）日产值和日利润　以每天生产 4t 粉丝计算。

普通粉丝　日产值=4t×8000 元/t=3.2 万元，日利润=4t×2178 元/t= 0.871 万元。

菜汁粉丝　日产值=4t×10000 元/t=4 万元，日利润=4t×3778 元/t= 1.5 万元。

中药滋补型粉丝　日产值=4t×12000 元/t=4.8 万元，日利润=4t×5000 元/t=2 万元。

四、年产 1350t 方便粉丝厂工程建设

（一）生产设备与主要技术参数

选用节约型方便粉丝生产线，全套生产设施投资 80 万元（一条生产线 58 万元，土建、包装机等 22 万元）。生产能力：8h 班产 2 万碗（每碗净重 75g），全年生产 300d（每天 3 班），产量 1800 万碗（1350t）。该生产线投资少，见效快，操作、使用及维护方便。粉丝成型采用的是电加热、一次熟化成型工艺。在烘干工艺中采用了低温、大风量、分层、循环式干燥方法，保证了干燥的均匀性，营养成分不致散失，从而使粉丝口感佳、形状好。在与粉丝接触的部位，全部用不锈钢制作，保证了食品清洁卫生、无污染。

1．粉丝成型机（5 台）

产量 70～80kg/h（单台）。配套动力（单台）：电动机 5.5kW，电热管 3kW，冷却风机 0.1kW。

2．合浆机

产量 2～3t/8h，配套动力 4kW。

3．松丝机

产量 2～3t/8h，配套动力 2.2kW。

4．洗粉机

产量 2～3t/8h，配套动力 1.1kW。

5．烘干机

产量 1.5 万～2 万碗/8h，配套动力 37.3kW。

（二）经济效益分析

该项目投入小、产出大，在满负荷生产时，年产值与设备的投资比可达 30：1 左右，风险率极低。该项目对厂房无特殊要求，只要有连片的房屋即可，对降低投资起了十分明显的效果。生产中几乎没有下脚料和废料产生，原料利用率可达 95%～100%，投产后很短时间内便可收回投资。

1．年总收入

按两班（8h 班产 2 万碗）生产 300d 计算（每碗出厂价 1.8 元），年生产 1200 万碗，年总收入 2160 万元。

2．年总支出

年总支出 1694 万元。其中：①淀粉原料支出＝［1200 万碗×75g（每碗净重）＋50t（损耗）］×4000 元/t（淀粉售价）＝380 万元；②调味包支出＝1200 万碗×0.3 元/碗＝360 万元；③包装材料费＝1200 万碗×0.5 元/碗＝600 万元；④工资支出＝100 人×12000 元/(年·人)＝120 万元；⑤电费＝100 万 kW·h/年×0.5 元/(kW·h)＝50 万元；⑥燃料费＝1200t/年×300 元/t＝36 万元；⑦固定资产折旧（按 5 年折完）＝80 万元÷5＝16 万元；⑧贷款利息支出＝ 200 万元×6%（年利率）＝12 万元；⑨管理费及销售费 96 万元；⑩不可预见费 24 万元。

3．年盈余

2160 万元－1694 万元＝466 万元。

第三节　小型粉丝厂存在问题及对策

粉丝以绿豆制者最佳，近年来开发了马铃薯、甘薯、杂豆、玉米、木薯等新资源。我国是世界上食用豆类主要生产国之一，甘薯的生产量居世界前列，粉丝生产有雄厚的原料基础。目前，我国粉丝生产厂技术状况相差较大，一些厂使用自动化的大型生产线，也有一些厂使用简单的小型生产设备，一些地区依然采用手工生产。近年来由于国内市场对粉丝需求量的不断上升，粉丝加工厂如雨后春笋般发展起来，其中以乡镇粉丝加工厂增长最为迅速，占 90%以上。

从目前情况看，在粉丝生产中还存在着一些亟待解决的问题，这些问题在一定程度上制约了粉丝生产的发展，必须予以足够的重视。

一、小型粉丝厂存在的问题

1．淀粉原料的质量低劣

由于价格体系和资源方面的原因，小型粉丝厂所采用的原料基本上为甘薯淀粉和少量玉米淀粉，很少采用豆类淀粉。原料一般是从农户手中直接收购，很少厂家自己加工淀粉。农户加工淀粉时，大多采用传统的加工方法，晒粉采用自然风干法，因此淀粉中含有较多的粉渣及泥沙。"土法"生产的淀粉价格要比机械化淀粉厂生产的净化淀粉价格便宜，因此小型粉丝厂家多以此种淀粉为原料。采用劣质淀粉生产的粉丝色泽较黑，含杂质较多，耐煮性及口感显著下降。

为改善甘薯淀粉的漏粉性能，一般在甘薯淀粉中加入少量的豆类淀粉或玉米淀粉。加入豆类淀粉生产的粉丝质量较好，色泽较白，柔韧性较高，耐煮。加入玉米淀粉后的粉丝色泽较好，呈淡黄色，理粉时容易剥离，不易并条，但是粉丝的耐煮性及口感有所下降。因为豆类淀粉的价格远远高于玉米淀粉的价格，小型粉丝厂多加入玉米淀粉。根据有关试验，玉米淀粉的加入量应控制在总量的10%～15%以内，此时淀粉粉团的漏粉性能较好，对粉丝的口感及耐煮性无较大影响。由于玉米淀粉的价格低于甘薯淀粉的价格，个别厂家为追求利润，将玉米淀粉加入量提高达30%～40%，这样生产出的粉丝色泽上虽然较好（呈淡黄色），但耐煮性特别差，口感较粗糙，严重影响了粉丝的质量。

2. 加工工艺不合理

粉丝加工合理的工艺流程一般为：糊化淀粉、主料淀粉→搅拌混合→脱气输送→漏粉过热水→冷水冷却→冷冻→解冻→干燥→包装→成品。

由上述工艺可以看出，粉丝在干燥前一般需要经过冷冻处理。冷冻处理的目的是使加热、糊化、冷却的粉丝经冷冻后粉丝间水分形成冰晶，拉开粉丝条间的距离，减少了并条的发生。同时，冷冻过程中淀粉发生变性，趋于老化，增加了粉丝的柔韧性及耐煮性，改善了口感。在小型粉丝厂，冬季依靠天气自然冷冻，其他季节则不经冷冻，因此很大程度上影响了粉丝的质量。

对于粉丝的干燥，小型粉丝厂普遍采用室外自然风干晒粉法，室外晒粉，天气对粉丝质量影响很大，如日光、风力、温度、空气湿度等（表8-1）。如果遇到连续阴雨，粉丝不能及时晾晒，有可能发霉变质。室外晒粉的另一大缺点就是卫生问题。晒粉场地面要求要用水泥铺砌，而一些厂家不铺砌水泥地面，仅把地面压实，加之晒粉场都是在比较空旷的地方，风沙较多，粉丝极易被污染。

表8-1　晒粉天气与粉丝质量等级关系

温度/℃	18～22		8～10	
风力/级	3～4		2～3	
天气	晴	阴	晴	阴
粉丝感官	色白有光泽整齐 质地柔软	色泽略暗整齐 韧性略差	色白整齐韧性差	等外品
粉丝等级	一	二	三	四（等外）

甘薯粉丝的色泽较黑，生产厂家为了得到较好的色泽，经常在晒干前进行熏硫处理。其办法就是将冷却后的粉丝悬挂在一密闭的室内熏硫。粉丝经硫熏后，色泽呈现淡黄色，但是熏硫量不当，致使硫的含量大大增加，对人的健康不利。

小型粉丝厂在产品的包装上也存在着很大的问题。目前粉丝生产厂家除少数机械化程度较高的大厂外，一般都是散包装运输和销售。一方面容易断条、碎条，损失率较高；另一方面，容易造成污染。

3．生产设备的影响

小型粉丝厂普遍采用半机械化手工生产，所采用的设备主要有 3 大类：自熟型粉丝机、振动漏粉粉丝机和挤压漏粉粉丝机。

自熟型粉丝机将混合均匀的淀粉团直接喂入粉丝机，通过机内加热糊化，挤出粉丝。这种粉丝机，淀粉损失少，易于干燥，能源消耗降低；存在的问题是粉丝中含有较多的空气，煮沸时易断条，口感不好。这主要是单螺杆挤压粉丝机，在粉团被推进、挤压、搓揉、糊化和挤出的过程中，夹在粉团中的空气无法排出而导致的。目前，只有少数厂家使用这种粉丝机。

现在，小型粉丝厂普遍使用的是振动漏粉粉丝机和挤压漏粉粉丝机，尤以振动漏粉粉丝机最普遍。在振动漏粉粉丝机中，淀粉粉团经过真空室脱气后喂入漏瓢，依靠漏瓢的振动和粉团自身的重力漏入热水锅中糊化成型，而挤压漏粉粉丝机则依靠螺旋的挤压作用使粉团通过孔板落入热水锅中糊化成型，然后冷却晒粉。这两种粉丝机生产出的粉丝质量较好。

由于小型粉丝生产设备结构简单，易于制造，加上近年来小型粉丝厂的迅速发展，导致一些小型机械厂和个体机械厂大量仿造粉丝生产设备。粉丝机在粗制滥造的过程中，搅拌桶和料斗等部件用一般碳钢制造，在使用一段时间后常常生锈，造成污染。另外，多数厂家的粉团捏合机都是采用电机在上的上转动方式，搅拌轴的轴承处却没有密封装置，润滑油很容易滴入粉团，造成污染。

现阶段，粉丝生产设备的设计依据主要是靠生产经验，缺乏科学的理论分析和计算，数据不完整，使设备很难定型和系列化。例如搅拌器的形式、淀粉粉团脱气的真空度、漏瓢振动的振幅与振动频率、漏孔直径的大小等都没有完整的数据，对粉丝的质量造成影响。

4．行业疏于管理，地区集中严重

近年来，对于粉丝产品，国家有颁布质量标准（GB/T 23587—2009）和检验方法。由于粉丝行业的管理松懈和检验手段有待健全，小型粉丝厂生产的粉丝检验不到位，较难达到质量标准。小型粉丝厂发展区域集中较为严重，由于粉丝市场呈地区性饱和状态，加之外销渠道没有打开，造成该地区粉丝行业的整体效益下降，制约了地方经济的发展，造成粉丝质量的下滑。

二、小型粉丝厂发展的对策

1．严把原料关，选用优质的淀粉原料，确定合理的物料配比

要想生产质量好的粉丝，选用好的原料是首要问题。目前厂家在收购淀粉原料

时应拉开质量差价；同时，有条件的生产厂家应该把收购的淀粉进行净化处理。粉丝生产厂家应着眼于长远利益，质量才是市场竞争的基础。

另外，生产者应通过实验，研究甘薯淀粉、豆类淀粉、玉米淀粉等以及其他食品添加剂的合理配比，而不应该因追求低成本或好的色泽而盲目添加玉米淀粉或其他食品添加剂。

2．加强粉丝生产的质量控制

小型粉丝厂的生产均为半连续化生产，即在生产中仅漏粉过程连续，而粉团的调制过程呈间歇性。这样，粉团在搁置过程中物性会发生变化，影响了粉丝的质量。生产时应尽量保证生产的连续性，减少粉团的搁置时间。在搁置粉团时，应采用水浴保温以保持粉团物性的稳定。由于自然晒粉法受天气影响较大，有能力的厂家应配置干燥设备，减少对自然条件的依赖。当采用自然晒粉时，应合理选择晒粉场地和建造晒粉场。晒粉场应建在不受工业污染的地区，四周空旷，易得阳光，地面水泥铺砌，时常清扫，不起灰尘。另外，粉丝成品应加强包装，以保证在运输和销售过程中不被污染。

3．完善设备的结构与性能

首先，粉丝设备的设计制造应符合食品机械"食品性"的原则。所谓"食品性"包括工艺性、时间性、卫生性、材料特殊性和安全合理性几个方面。

其次，通过试验对淀粉粉团的最佳脱气真空度，漏瓢的振幅、振动频率、漏孔直径与粉丝质量指标（如粉丝直径、粗细均匀度、断条率等）的关系进行研究，为粉丝机的设计制造提供依据。

4．加强粉丝生产行业的管理，引导合理的地域分布

地方政府应制定切实可行的政策，加强粉丝行业的管理，完善检测手段，严格控制粉丝质量。各地方应充分考虑本地区的产、供、销情况，制定合理的发展策略，有计划地发展粉丝生产，引导粉丝生产厂的合理布局，减少发展的盲目性。

5．兴建大型粉丝加工厂，进行规模化经营

小型粉丝厂由于设备简陋和对自然条件的依赖性，要想生产出高质量的粉丝是很困难的，而大型的粉丝生产厂有条件使用先进的设备，技术水平较高，检测手段比较完整，在能源消耗、产品质量的监控等方面有不可比拟的优势，所以，大型机械化的粉丝厂逐渐取代小型粉丝厂的趋势是不可逆转的。小型粉丝厂家们应看清形势，集中分散的资金，共同投资兴建大型粉丝生产企业，实行规模化经营，积极开发粉丝新品种，将粉丝的质量提高到一个新的水平，共同开拓国内和国际市场。

第四节　粉丝企业的品类管理

按照美国快速用户反馈（efficient consumer response）计划的定义，品类管理是指"消费品生产商、零售商以品类为业务单元的管理流程，通过消费者研究，以数据为基础，对一个品类做出以消费者为中心的决策思维"。这个定义的范围包括：了解顾客需要，提高顾客需求，确保适当的货品，在适当的时候，放置在适当的地点并且以顾客接受的价钱发售等。用更通俗的话来解释品类管理就是：分销商和（或）供应商把所经营的商品分为不同类别，并把每类商品作为企业经营战略的基本活动单位进行管理的一系列相关的活动，它通过强调向消费者提供超值的产品和服务以提高企业的运营效果。

现在已少有只生产一个产品、一种规格，只有一个品牌的企业了。企业建立了丰富的品牌和产品在市场上与消费者进行接触，不可避免出现企业内部各产品互相争夺顾客的现象。品类管理的侧重点在于：有效利用企业资源为特定的产品或品牌服务，保证多种品牌都能得到足够的重视，同时以各产品或品牌的特点为依据为不同类别或性质的产品分别设置管理部门，以此减轻由于品牌过多产生的内部矛盾，提高资源的有效利用及管理的效率，同时也是为了适应经销渠道及零售渠道对同类别产品采购的要求。

一、粉丝企业的现状

据有关资料报道，2020年我国方便面总产量为556.8万吨，食用粉丝总产量为138.9万吨，而方便粉丝只占粉丝中的一小部分，方便粉丝和方便面这两种替代性很强的产品为什么会存在如此大的差距呢?究其原因就是因为消费者没有把方便粉丝认知为一个新的品类，更有甚者仍将方便粉丝理解成做菜用的粉丝，而非可以作为主食的方便食品。

以方便粉丝行业的领军企业——四川白家食品有限公司为例来说，它除了拥有"白家"这个主品牌外，还拥有"够味""香香嘴""单身贵族""阿宽""川薯"等几个副品牌，每个副品牌下又有好几个单品，细数下来，白家公司拥有了好几十个粉丝单品。企业开发副品牌的目的，就是为了通过对市场的细分，针对不同消费人群生产合适的产品，让有不同需求的消费者在市场上都能找到与之对应的粉丝产品，从而扩大整个方便粉丝产品的市场空间，但实际情况却是这些单品之间除了包装图案不同外，在其他方面都极其相似，消费者认知上也无明显差别来进行分隔，由此造成消费者对各副品牌的认知混乱现象。类似的情况在其他粉丝企业中也同样存在，由此，不但没有扩大整个粉丝市场的空间，同时也不利于方便粉丝产品在消费者印象中形成完整的认知，相当部分的消费者不知方便粉丝为何物。由此导致方便粉丝产品被淹没在方便面的海洋中，也就不足为奇了。

二、粉丝企业如何进行品类管理

（一）向零售商学习

零售商的品类管理，是挖掘顾客需求，高效利用店内资源的一种管理工具，其核心是商品优化、货架陈列优化。随着大量外资零售企业进入中国市场，品类管理的理念也在国内得到实践。零售商可以利用基于POS系统的数据集成来进行消费者研究，不断跟踪消费者需求及消费行为的变化，及时调整自身的经营模式及服务体系，使之适应市场的变化。这一点，我们可以从纸杯这个产品在商场分类中的变化来感受到。最初纸杯出现时，商场是将它归入"杯子"这个产品大类中的。随着生活条件的改善，市场上出现了一次性筷子、一次性纸巾、一次性牙刷、一次性拖鞋等物品后，商场产品目录中就演变出了"一次性产品"这个品类，纸杯也被归入其中。随着现在一些方便面和方便粉丝企业对"非油炸"这个工艺的大力宣传，在市场上也大有愈演愈烈的趋势，相信在不久的将来，商场会在"方便食品"这个大类下，再细分出"非油炸方便食品"这个中类来。生产企业因为缺乏必要的信息来源，在品类管理的现阶段还只能处于配角的身份。企业要想及时满足市场的需求，一条可利用的途径就是向零售商学习，可以使企业迅速了解市场的变化，发现市场机会，开发出新的产品。

（二）科学的消费者行为分析

一名消费者首先按照产品的制作工艺来确定可能购买产品的大类，其次根据个人喜好来选择购买方便面还是方便粉丝，再次根据个人对粉丝外形的喜好来选择买宽粉还是细粉，最后就是在确定宽细粉后再选择品牌。

从这个过程可以看出，方便粉丝企业要想发展，就必须让整个粉丝市场的容量扩大，而扩大容量的途径只有不断刺激消费者购买你的产品，由此通过对非油炸的宣传来加深"方便粉丝是向消费者提供方便、健康、快速可食用的功能"这个观点，让消费者接受方便粉丝这个品类。接受这个观点后，消费者就会根据个人的偏好来选择购买宽的粉丝或者是细的粉丝，也有可能是购买用来做汤的粉丝或者是用来吃火锅的粉丝等。由此也迫使粉丝企业顺应需要，生产相应的产品投入市场。

举例来说，粉丝企业可以根据消费者的偏好来对产品进行归类，分成宽粉或细粉。市面上现有的粉丝产品多为细粉，宽粉产品较少。以前仅有一个扁担姑娘是专门生产宽粉的企业，其他粉丝企业都是生产细粉的，由此造成细粉市场竞争激烈，而宽粉市场无人对抗的现象。相对这样一个无竞争的细分市场，粉丝企业只要能开发出专门针对该市场的细分品类，就可以独享这个市场所带来的丰厚回报。针对空

　粉丝生产技术

白市场所制定的产品策略必然与竞争市场所制定的产品策略不同，企业的资源分配在这两类产品间的分配也必然存在差别。只有找到这样的差别，才能使企业有限的资源合理地被利用。

企业也可以根据消费者购买粉丝的用途来归类，分成煮粉或泡粉。四川人喜欢吃火锅，吃火锅时总是喜欢放一些粉丝在锅中一起煮着吃。煮着吃的粉丝和用热水泡着吃的粉丝相比，更注重产品的质量，对产品的生产工艺要求更高。企业选择进入哪个市场，或者是同时进入两个市场，这就需要对自己现有产品进行一个分类管理了。另外，企业还可以根据消费者食用场所来归类，分成散装粉丝和包装粉丝等等。

在对自己的产品分好类后，企业就要不断地丰富这类产品，使自己在这个小类别中形成一个完整的产品体系，这样才能在市场的竞争中胜出。现在我们经常能看到在商场内，一个企业的不同产品被放在了不同区域的货架上，作为企业来说，都想将自己的产品集中陈列在一起，方便向消费者进行宣传。但是现在商场都是以产品类别来进行货架规划的，如果企业的产品在某类产品中不能占有优势，那么必然会被分割。而如果企业的产品在每一类产品中都比较丰富，那么即使被分散到更多的货架上，也能在那一类产品中形成局部优势，提高企业产品整体与消费者的接触频次。

粉丝企业除了要对消费者进行研究和分析外，还要对零售商进行研究和分析。根据不同零售商所处的销售途径、零售商对店内产品的分类原则、产品陈列位置的大小、产品存储方式等因素进行综合考虑，在产品开发之初即为上市后所处的销售环境进行设计，使产品具有强大的市场适应力和生命力，为企业创造尽可能多的利润。

以上仅针对产品本身而言，未考虑其他因素。企业如要推行品类管理，还应具备一些相应的条件，如硬件方面的现代化管理工具、软件方面的人力资源的配备等。虽然品类管理为本土企业提供了一个先进的平台，但各企业还是要根据自身所处的发展阶段合理运用，切忌盲目引用。

第九章
粉丝生产副产品综合利用

粉丝加工中主要利用的是原料中的淀粉，而植物的种子、果实、根、茎中含有的化学成分并不是单一的。根据营养学研究的结果，植物中的所有成分几乎都有一定的生理作用，只是在数量上有一些限制。从粉丝的加工工艺来看，过程中产生了几种中间副产物，如果将它们弃掉或有些直接排放到环境中去，不仅造成资源浪费，还可能造成环境污染，况且有些成分具有较高的利用价值，进一步综合利用，不仅可以降低粉丝生产的总成本，而且可以提供有一定营养价值的人或畜、禽的补充剂或强化剂。

第一节　渣的利用

一、渣的利用价值

豆壳（皮）和薯的表皮在磨浆后筛分时因尺寸大、密度小、质轻而留存在筛面上，过去这类副产品通常被直接用作饲料甚至肥料，没有提高其附加值。

豆渣中淀粉含量为30%～33%，蛋白质含量为12%～15%，粗纤维含量为40%～42%，脂肪含量为1%～2%，灰分含量为3%～4%（均指干物质），并含有丰富的矿物质如铁、钙、磷以及维生素如硫胺素、核黄素、烟酸和胡萝卜素等具有较高生理活性功能的物质。

一般情况下，每加工100kg绿豆可产生70kg左右的湿渣，折合干物质约10.5kg，占绿豆质量的10.5%。如果以年产1000t粉丝的加工能力计算，一年需消耗绿豆2500t，产生豆渣260t，综合利用后可使每千克豆渣产生0.5元以上的价值，这样全年仅豆渣可实现13万元以上的产值。

二、渣的利用方法

渣最简单的利用方法是直接用作猪饲料或作果树肥料，尤其是对小型加工厂（坊）或农户来讲，这种方法最好，既不需要添置额外的加工设备，又可形成一定的养殖规模。

渣直接用作饲料时要注意尽可能趁新鲜时使用，放置时间过长会使渣因杂菌污染而变酸发臭，降低利用价值。渣不是全价饲料，只能作为畜禽饲料的补充剂，因此必须根据畜禽不同生长期的生理特点添加适当的配料如食盐、骨粉、钙粉和豆饼等，以保持营养平衡和全面。

因为渣中的有机物含量较丰富，所以可作为微生物的营养源，是很好的培养基。渣经灭菌后接入食用菌如香菇、平菇等，食用菌收获后，大量的菌丝体残留在渣中，将渣粉碎后作干饲料，其中含大量的蛋白质。渣经灭菌后接种生物量大、增殖快的细菌、霉菌或酵母菌可以生产饲用单细胞蛋白。

渣可以作为膳食纤维的原料加以利用。膳食纤维又叫作食用纤维，是人体不能消化的植物中的细胞壁物质。流行病学研究认为，膳食纤维缺乏会使人出现高血脂、高血压、高胆固醇等现象，并易患肠道癌变、便秘、胆结石、冠心病等，因此膳食纤维是人体不可缺少的。膳食纤维的主要组成是粗纤维，其作用是促进肠道蠕动，调节肠道菌群和改变粪便的性状，减少便秘，从而减少毒素在体内的停留时间，改善肠道环境。豆皮和薯皮纤维较短，含果胶质成分较多，对肠胃的刺激小，适合有轻微肠道疾患的人群，是优质膳食纤维的主要来源。用粉丝下脚渣加工膳食纤维，首先要将渣经高温处理，使其中的抗营养因子受到破坏，加热时可以直接在锅中蒸煮，有条件时也可以采用蒸汽加热。热处理过的渣用水洗涤 3 次并用筛过滤，滤渣脱水后干燥，干燥后用粉碎机磨细过 120 目筛，即得成品。因纤维质材料的口感粗糙，所以粉碎时应尽可能细，能达到 200～400 目细度最好，这样可以增加膳食纤维的应用范围。膳食纤维目前的应用形式多见于面制品如面包、饼干、面条等制品中，因为纤维的存在会降低面筋的筋力强度，所以使用量不宜太大，一般为 5%～10%。

渣还可以作为工业发酵的原料，生产有机酸等，这里不再多介绍。

三、粉丝厂下脚料生产优质饲料

1．粉丝厂的下脚料

① 粉丝厂经常产生残次产品、折断粉丝、过期粉丝等，经加工处理后才能喂养畜禽。因为它们往往是变质变馊的，有的还含有有害细菌及氨产物等，适口性极差，不宜直接喂养畜禽。

② 粉丝厂制取淀粉过程中产生的黄浆水（含有蛋白质，但含水量太多，不容易回收，也不宜直接喂养畜禽），很多研究单位研究出提取其中蛋白质的方法，虽然技术先进，但推广起来有困难，一是需要投资、设备；二是工艺比较复杂，操作上有困难；三是普及率较低。如果利用便宜的载体进行吸附，然后发酵降解处理，则不失为一种简单易行、容易推广的好方法。

③ 粉丝厂提取淀粉过程中产生的粉渣，含有大量粗蛋白和矿物质元素，但由于易变质和酸败，不宜直接喂畜禽，可以加入少量疏松剂进行发酵和降解处理，成为畜禽的优质饲料。

粉丝厂使用的原料如绿豆、蚕豆、甘薯和马铃薯等，除了提取其中的淀粉之外，其他的大部分营养物质被浪费。如浆水、粉渣中大都含有大量的粗蛋白、维生素、矿物质，通过发酵处理，这些下脚料可以成为优质的猪饲料，不仅适口性好，而且营养价值高，消化吸收率高；由于富含粗蛋白、维生素和矿物质元素，经过发酵后，成为益生菌的载体产品，具有益生菌、酸化剂、香味剂、多种维生素、氨基酸、低肽的功能。

2．粉丝厂下脚料的发酵操作技术

（1）残次粉丝产品、馊变粉丝等下脚料处理方法　这些下脚料收集后须尽快处理，否则营养价值越来越低，异味越浓，酸败更严重。由于粉丝有一定的黏性，最好选用一种疏松剂与之混合发酵，可以选用米糠或统糠粉、秸秆粉，也可以使用蛋白质原料如棉菜粕，方法如下。

900kg 下脚料，加入 100kg 棉菜粕（或用豆粕、花生麸等，主要目的是增加蛋白质）、食盐 1.5kg、玉米粉 10kg，最后加入 1 包粗饲料降解剂和 1 包活力 99 生酵剂（生酵剂先与 10kg 玉米粉混匀）。以上原料混合均匀，调节含水量为 60%，即用手捏能成团，以有水滴从手指间滴出为度。调节水分的水可以利用粉丝厂的黄浆水。然后聚集成堆，用塑料薄膜盖好，包边，压实，密封后进行发酵和降解处理。至少发酵 3d，冬天 10d 以上，至产生浓郁的酒香味为止。发酵中塑料薄膜会鼓起来，应作放气处理。

发酵完毕的物料在严格密封情况下可保存半年之久。最好尽快用完。如果一定要长期保存，则采用较好的密封方法，如铺有塑料薄膜的池子、装在瓦缸等密封容器中保存。聚集成堆的方法不容易密封，不适用于长期保存物料。

（2）浆水发酵操作技术　浆水收集后，装在密闭容器里保存。发酵方法其实很简单，就是把它当作发酵用水来处理，如同在降解发酵其他糟渣如统糠粉、秸秆粉、菌糠粉、花生壳粉、酒糟粉、豆渣、木薯渣等的发酵过程中当作调节混合料含水量的水来处理。

（3）粉丝厂粉渣降解发酵操作技术　可以参考木薯渣的发酵方法，或按下述方法实施。

取 1 包粗饲料降解剂和 1 包活力 99 生酵剂（先与 10kg 玉米粉混匀）用于发酵以下原料：取 1000kg 粉渣，加入 100～150kg 豆粕（菜籽粕、棉籽粕、花生麸均可，原则上可多加一点，以提高蛋白质含量）、食盐 3kg，含水量调控在 60%，即用手捏能成团，以有水滴从手指间溢出为度。调节水分的水可以用粉丝厂排放的黄浆水。然后将混合料装入池或缸内压实，用塑料薄膜盖好缸口，上面加一层编织袋保护塑料薄膜，用绳子扎紧。发酵 3～7d，待有甜酒醇香气味逸出时，即可用来喂养畜禽。

发酵好的粉渣密封良好，可以保存 1 年不变质（但最好在 1 个月内用完）。如果密封不好，会引起酒精度升高、酸度增加，可能引起动物酒醉。粉渣酸度过高，动物就不喜吃，这时可用 1%～3% 小苏打粉即碳酸钠来中和。

3．发酵粉渣的喂用方法

（1）猪的喂养方法　把发酵粉渣直接掺入市售全价饲料中一起喂养。配方如下。

15～30kg 小猪：10% 发酵料+90% 小猪全价饲料，另加 4% 型预混料 0.4%。

30～50kg 的中猪：20% 发酵料+80% 中猪全价饲料，另加 4% 型预混料 0.8%。

50～100kg 的大猪：30% 发酵料+70% 大猪全价饲料，另加 4% 型预混料 1.2%。

怀孕母猪的日粮配方如下。

怀孕期1～90d：30%发酵料+20%米糠+50%母猪饲料，另加青饲料。

怀孕期91d至哺乳期：30%发酵料+大猪全价饲料70%，另加青饲料。

种公猪：30%发酵饲料+40%大猪全价饲料+20%米糠+10%麦麸，另加青饲料。

（2）鸡的喂养方法　把发酵粉渣直接掺入市售全价饲料中一起喂养。配方如下。

0～4周龄：全价饲料90%，发酵料10%，另加4%型预混料0.4%。

4～10周龄：全价饲料80%，发酵料20%，另加4%型预混料0.8%。

10周龄以上：全价饲料70%，发酵料30%，另加4%型预混料1.2%。

（3）鸭的喂养方法　即直接用全价饲料配合少量发酵粉渣喂养。配方如下。

0～3周龄：全价饲料80%，发酵料20%，另加4%型预混料0.8%。开始喂发酵料时，先以10%的添加量驯化，然后慢慢增加到20%。

4～8周龄：全价饲料70%，发酵料30%，另加4%型预混料1.2%。

育成鸭到上市：全价饲料70%，发酵料30%，另加4%型预混料1.2%。

（4）鹅的喂养方法　1～21日龄雏鹅的饲料配方：玉米粉51%，鱼粉8%，豆饼10%，麦麸15%，草粉15%，骨粉0.7%，食盐0.3%，家禽营养宝预混料、生物催肥精适量。以上混合料用量占70%，发酵粉渣占30%，混合饲喂。

22～70日龄的饲料配方：玉米粉36%，麦麸15%，草粉18%，蚕蛹粉15%，菜籽饼15%，骨粉0.7%，食盐0.3%，家禽营养宝预混料、生物催肥精适量。上述混合料用量占50%，发酵粉渣占50%，混合饲喂。

因为粉渣为湿物，因此实际用量应按配方比例质量乘以2倍。

利用发酵粉渣养鹅注意事项：①添加量由10%开始，慢慢增加；②发酵粉渣混合后至少30min后才饲喂，让发酵粉渣的一些气体挥发；③每3d在饲料中加喂一次禽康宝，对家禽的健康有着明显的保护作用；④在雏鹅3日龄时使用1盒"一针肥"，用250mL葡萄糖注射液稀释注射400只，增强鹅的耐粗饲料能力和抗病力；⑤喂粉渣饲料后，添喂大量的青绿饲料。

在种鹅休蛋期间，可以加大发酵粉渣的使用量，最高可以用到70%。这样降低成本更加显著，每只肉鹅可以增加经济效益5元以上，种鹅每年节约饲料开支20元以上。

第二节　黄浆水的利用

一、提取食用、饲料和水解蛋白质

粉丝生产利用的是淀粉，其他成分都被视为有害成分而在加工的不同工序中被去除掉。渣中主要是纤维质，在最初的筛分中就被大量去除了。筛分后的粗淀粉乳中除了淀粉外，最多的就是蛋白质，沉淀分离时蛋白质存在于上清液中而被去除，习惯上将沉淀的上清液称为黄浆水。豆类原料因蛋白质含量较高（大于23%），所以黄浆水的利用就显得更为重要。众所周知，豆类蛋白质是植物蛋白质中的优质品，其氨基酸的含量丰富，特别是动物和人体所需的必需氨基酸含量较高，具有较高的营养价值。根据营养学的分析结果，蚕豆、绿豆以及豌豆蛋白质的营养价值与大豆蛋白质的营养价值相当。

每100kg绿豆产生的黄浆水中可回收15kg粗蛋白，回收率达65%，占绿豆总蛋白质的65%左右，每生产1t粉丝，就可以提取375kg左右的粗蛋白。

回收蛋白质最简单的方法就是将收集起来的黄浆水直接加热至95℃以上并保持10min，此时蛋白质因受热变性，溶解度下降而发生沉淀，经过滤（用筛绢）或脱水（用压榨机）后烘干即得到干燥的蛋白质，随后还可进一步进行粉碎和包装。这种方法加工过程简单，投资少，加热可以去除豆类所含抗营养因子。但是，因为黄浆水中所含蛋白质的浓度较低，需要消耗大量的热能，同时因热的作用，蛋白质完全变性，其溶解性、起泡性、搅打性、乳化性等功能性质完全丧失，只能用作蛋白质添加剂或填充剂，如添加到糕点、火腿等固体食品中或用作蛋白饲料。

如果将黄浆水在池子或缸中存放8~12h，使其自然沉降后去除上清液，然后加入适量的苏打（碳酸钠或碳酸氢钠）将悬浮液的pH值调节到7左右，加热到95℃以上，维持10min，再加入卤水或硫酸钙，使蛋白质沉淀，去掉上清液后用筛绢过滤或用压榨机脱水，得到含水量较低的固态蛋白质，进一步干燥后粉碎，则得到蛋白粉，这种方法制备的蛋白粉因含盐分较多，适宜作饲料或发酵原料用。

用等电点沉降法可以制备高纯度、高活性的蛋白粉。具体做法是先用氢氧化钠溶液将黄浆水的pH值调节至8.5~9.0之间，使蛋白质全部呈溶解状态，用筛分或离心去除少量的细渣和豆皮。用盐酸溶液调节去渣后的黄浆水，使其pH值达到5.0~5.2，此时因达到等电点，黄浆水中的蛋白质几乎完全沉淀下来，再过滤或用离心机脱水，再用氢氧化钠中和沉淀物，使其pH值达到6.5~7.0，并用少量水洗2~3次，脱水，最后喷雾干燥，由此可制得变性程度很低的蛋白粉。操作中要注意，在加入氢氧化钠溶液时，要缓慢加入，并且边加边搅拌，防止局部碱浓度过高而引起蛋白质变性。此外，还需严格控制体系的pH值，加碱量过多，体系pH值过高，容易使制品发黄，而引起产品品质下降。

利用黄浆水时还要注意下面一点。因为在分离淀粉时采用的是酸浆法，所以黄浆水中存在一定数量的微生物，黄浆水因而有一定程度的酸味，且不易长期存放，需及时处理。黄浆水的来源有3个，即缸头、二合浆和三合浆（盆浆），但三合浆蛋白质含量低，因此，黄浆水的主要来源是缸头和二合浆的沉淀物，在设计蛋白质制品加工能力时，必须考虑到这一点。

二、生产饲料酵母

饲料酵母（也可称菌体蛋白）是利用食品、发酵行业排放的有机废液，借助酵母菌细胞具有合成全效蛋白质，并能同化各种碳水化合物以及各种含氮化合物，再利用酵母菌迅速繁殖的生理特点，使废液通过发酵获得大量的菌体蛋白。采用先进的发酵设备，实现全废液饲料化。

工业化生产饲料酵母不受气候、地理环境条件的限制，也不占用农田，以生物技术为基础，提高资源的利用率。生产饲料酵母的资源相当丰富，如农副产品加工废弃物，酿造业、制糖、淀粉、有机酸以及粉丝加工等的废水，据估算，全国年排放量约为 5000 万吨以上，回收利用 1/3 的废水，可年产饲料酵母 60 万吨以上，相当于大豆种植面积 2666hm^2 以上。

采用无污染生产新工艺利用粉丝废水生产的饲料酵母，其营养成分为：粗蛋白≥45%，含有 18 种氨基酸、维生素、常量元素和微量元素。酵母中的硫胺素、核黄素、泛酸、胆碱等以及微量元素，超过任何单一性的植物性蛋白及动物性蛋白，是一种动物性菌体蛋白和植物性豆类蛋白的混合蛋白质。粉丝原浆废水通过酵母培养，直接蒸发浓缩干燥成菌体蛋白的全废液饲料化工艺，能把粉丝废水中可溶性物质全部回收，提高饲料蛋白的产量和质量，是一项综合利用，"变废为宝"做到生产工艺用水闭路循环无废水排放，解决环境污染和粉丝加工过程中的资源浪费的有效方法。

生产的主要工艺流程为：粉丝废水+玉米粉制糖+营养液→配料→接种→主发酵→发酵醪蒸发浓缩→干燥→成品。

具体操作时，首先将斜面菌种接入三角瓶中，在 30～35℃室温下摇瓶培养 12h，再接入 100L 循环喷射自吸式发酵罐中，保温 32～35℃，通风比为 1∶(1～1.2)，发酵 12h，即可放罐。

在生产中可采用无污染生产新工艺，发酵设备采用循环喷射自吸式发酵罐，可达到单产高、耗电量相对低的目的。成熟发酵液直接蒸发浓缩但干物质浓度为 16%～20%，需再用高速喷雾干燥机干燥成酵母粉。

三、生产营养酱油

生产酱油主要是利用原料中的蛋白质和淀粉在微生物酶的作用下，通过发酵使蛋白质分解成各种氨基酸，使淀粉分解成各种糖，从而组成酱油的主要成分。我国酱油生产厂家大都以豆饼和麸皮为原料，采用低盐固态发酵工艺生产酱油。根据酱油生产的原理，利用上清液分离出的蛋白质替代原料中的豆饼，采用低盐固态发酵工艺同样可以生产出酱油，而且生产出的酱油无论是色泽、味道，还是营养价值都与一般酱油基本相同。

用上清液制作酱油，首先要把蛋白质分离出来。根据蛋白质遇酸、热而凝固变性的特性，把上清液集中在水泥池中，通入蒸汽或以其他方式进行加热，当上清液温度上升到 85～90℃时，蛋白质变性凝固，通过过滤使其分离出来。这种凝固蛋白质俗称麻豆腐，是北京地区的一种传统食品，由于饮食习惯的变化和生活水平的提高，食用量大大降低，生产厂家也很少生产。其成分为：水分约 12%、蛋白质 55%～70%、脂肪约 3%。通过和普通豆饼进行对比（表 9-1）可以看出，这种凝固蛋白质的蛋白质含量要比豆饼的蛋白质含量高得多，而且可以利用。

表 9-1　凝固蛋白质与豆饼成分对比

项目	水分/%	蛋白质/%	脂肪/%
凝固蛋白质	12	55～70	3
豆饼	11～12	44～48	3～7

用低盐固态发酵工艺生产酱油，豆饼与麸皮的比例为 6：4，加水量为豆饼的 1.2 倍。其生产工艺为：豆饼→粉碎→与麸皮混合→加水→蒸料→冷却→拌入种曲→……

从上清液中分离出的凝固蛋白质其蛋白质含量比豆饼高，所以，在原料的配比上可采用 5：5 或 4：6。凝固蛋白质的水分控制在 50%～60% 之间，接近于豆饼加水后的水分含量。所以，拌入麸皮后不再加水。其生产工艺为：

将上清液集中到水泥池→加热→分离凝固蛋白质→挤压→拌入麸皮→蒸料→冷却→以后的工艺与低盐固态发酵工艺相同，具体方法可参考相关资料。

当上清液中蛋白质变性凝固后，将池内多余的液体放出，用兜粉团的布兜把凝固蛋白质兜起，进行初步脱水，然后利用机器挤压，使其水分含量在 50%～60%。将脱过水的凝固蛋白质与麸皮混合均匀，然后进行蒸料。蒸料锅最好使用压力为 88.2～98kPa，蒸料时间为 20～30min。出料后使其冷却，再拌入种曲……

利用上清液中的凝固蛋白质制作酱油，除了前部分工艺与用豆饼和麸皮作原料制作酱油的工艺不同外，其余部分基本都相同。在利用凝固蛋白质制作酱油时，首先应注意加热时的温度，温度过高或过低都会影响凝固蛋白质的质量。其次，应注意加入麸皮的比例，前面介绍的比例是按凝固蛋白质的干基计算的，即把凝固蛋白质换算成干物质后的量与麸皮的配比。所以，在生产中，也要先将凝固蛋白质换算为干物质，然后根据前面介绍的配比来决定加入麸皮的量。再则，上清液一般含有凝固蛋白质量约 1%，而二合浆的底部较浓稠，所含凝固蛋白质最多，一般比上清液高几倍至几十倍，所以要优先考虑使用。

对利用凝固蛋白质试制出的酱油的成分进行测定，并与国家标准进行比较（表 9-2）。

表 9-2　试制酱油成分与国家标准对照　　　　　单位：g/100mL

酱油种类	无盐固形物	总酸	氨基酸态氮	还原糖	全氮
二级酱油（标准）	15.00	2.00	0.60	3.00	1.20
三级酱油（标准）	10.00	1.50	0.40	2.00	0.80
试制酱油	14.17	1.89	0.78	1.80	1.54

从表 9-2 中可以看出，利用凝固蛋白质试制的酱油的各项指标（除还原糖外）都超过了国家三级酱油标准，接近二级酱油标准，甚至有两项指标超过了二级酱油相应的标准。试验证明其质量是较理想的。

一个中型粉丝厂如果每天投料 5000kg，排出上清液约 10 万千克，可获得凝固蛋白质约 1000kg，能制出二级酱油约 3000kg。如果每千克酱油盈利 0.1 元，每天厂家可盈利 300 元。

利用上清液制作酱油其意义如下。

①可充分利用原料，避免浪费；②在对副产品进行了再利用的同时，也净化了上清液，减少了上清液对环境的污染；③可节省制作酱油的原料购买资金及运输费和原料库的设置。

四、生产保健饮料

在粉丝生产过程中得到的上清液，经过特殊的处理后可用于生产新型的保健饮料，这里以绿豆粉丝生产过程中得到的上清液为例，介绍其生产保健饮料的新工艺。

本工艺也适用于分离豌豆淀粉后的蛋白质上清液的综合利用。

1．生产工艺流程

原料处理→浆渣分离→沉淀淀粉→蛋白质浆水煮沸→第一次均质→调质→第二次均质→脱气→灌装→封盖→杀菌→冷却→擦瓶→入库→检验→包装→成品。

2．操作要点

（1）原料处理　选用“鄂绿 1 号”绿豆，去杂去砂，清洗干净，用 0.04%的氢氧化钠作为浸泡剂提取绿豆淀粉，控制绿豆浸泡用水量为原料的 2 倍左右，使吸水率达到 110%以上，有利于绿豆淀粉的分离提取。

（2）浆渣分离　清除杂质的绿豆浸泡到预定时间，冲洗干净后加水进行浆渣分离，自然沉淀，上部的浆水留用，将沉淀的淀粉冲洗沉淀两次，然后吊粉，晒干备用。第一次分离的滤渣加水磨浆、过滤、沉淀，浆水与前面的合用，供作浆水保健饮料之用。

（3）第一次均质　将两次磨浆后的蛋白质浆水混合后加热煮沸，进行第一次均质，均质压力为 25MPa。

（4）调质　第一次均质后，调味并加入稳定剂（7%～10%白砂糖，0.1%～0.2%食盐，0.01%～0.02%柠檬酸，0.02%～0.05%羧甲基纤维素钠，0.02%～0.04%海藻酸钠或 0.04%的琼脂粉，0.002%香草香精），混合均匀。

（5）第二次均质　将调质后的绿豆蛋白质浆水进行第二次均质处理，均质压力为 10MPa。经过两次均质处理，使悬浮的蛋白质及少量脂肪球微细化，制得稳定、均匀的乳浊液。

（6）脱气　脱气机的真空度为 90kPa 左右，时间为 20～25min。

（7）灌装、封盖、杀菌　将上述经过脱气后的饮料利用灌装机进行灌装后，封口，然后进行杀菌，杀菌公式为：8′—15′—8′/108～110℃。杀菌结束后经过冷却、检验，合格者即为成品。

3．成品质量标准

（1）感官指标　具有绿豆特有的清香并略带有香草香味，呈乳白色，久贮无沉淀，口感细腻，酸甜可口，口味清爽，冰镇后口感更佳。

（2）理化指标　20℃下，固形物含量≥10%。

（3）微生物指标　细菌总数≤30 个/mL，大肠菌群≤3 个/mL，致病菌不得检出。

五、生产红曲色素

天然色素中，红曲色素一直是国内外学者研究的热点。红曲色素的生产在我国具有悠久的历史，劳动人民很早就掌握了它的生产技术，并且应用于红腐乳、酒类和其他食品中。传统生产红曲色素为不经提纯的固态发酵产品，劳动强度大、效率低、不适合大规模工业化生产。液态发酵法生产红曲色素，近年来受到重视，它具有原料来源广、工业化生产容易、设备简单等优点。

粉丝废水中含有大量的蛋白质和糖类，采用液态发酵的方法可直接发酵生产天然红曲色素。采用粉丝废水生产红曲色素的优点主要表现在：可降低粉丝废水直接排放引起的严重环境污染；可生产天然色素，将产生极大的经济和社会效益。下面介绍采用固定化红曲发酵法生产红曲色素的主要技术。

1．生产菌种

高产水溶性色素菌种——M_{101}。

2．培养基（浓度质量分数）及培养方法

斜面培养基础：可溶性淀粉 3%、葡萄糖 6%、蛋白胨 2%、琼脂 3%、pH5.0～6.0，$0.1×10^6$MPa 灭菌 30min。

增殖培养基：淀粉废水，硝酸钠 0.3%、磷酸二氢钾 0.15%、硫酸镁（含 7 个结晶水）0.10%、黄豆饼粉 0.3%、pH5.5～6.0，$0.1×10^6$MPa 灭菌 30min。

发酵培养基：①未经处理的粉丝废水，②液化后的粉丝废水，③糖化后的粉丝废水，均加淀粉 3%、硝酸钠 0.15%、磷酸二氢钾 0.15%、硫酸镁（含 7 个结晶水）0.10%、pH5.5～6.0，$0.1×10^6$MPa 灭菌 30min。

3．固定化红曲细胞粒子制备方法

将经 30℃培养 6d 的斜面红曲菌种加生理盐水制备孢子悬液（孢子浓度为 6×10^6 个/mL），与灭菌的 4%的海藻酸钠以 2∶8 的比例混合均匀，然后滴入直径为 3～4mm 的粒子，用无菌水洗涤 2～3 次，加于增殖培养基进行增殖培养 48h。

4．最佳发酵条件

发酵培养基 pH5～6，培养温度为 30℃，固定化粒子接入量为 20%，通气量为 1∶0.5，发酵时间为 80h 左右，即可获得较高的生物量和色价值。

六、生产蛋白质调味液

蛋白质调味液是利用生产粉丝的废液，经絮凝沉淀、离心分离、盐酸水解，混合调配而制得的。这种废物利用既避免了蛋白质资源的浪费，又减少了因废液排放而导致的环境污染。蛋白质调味液味鲜美，清澈透明，气味芳香，适合于各种凉拌菜、炒菜，是一种烹调佳品。

1．原料配方

水解液 75～80kg、黄酒 1kg、白砂糖 10～12kg、味精 0.3～0.5kg、食盐 4～6kg、酱油 3～5kg，增香剂适量。

2．生产工艺流程

粉丝废液→调整 pH 值→絮凝沉淀→离心分离→回收蛋白质→水解→中和→过滤→脱臭→过滤→配料→杀菌→瓶装→封口→成品。

3．操作要点

（1）选择粉丝废液　粉丝废液中蛋白质的含量关系到蛋白质的回收率，蛋白质含量低，回收意义不大。一般要求浆液中蛋白质含量高于 2%。

（2）调整 pH 值　视粉丝废液的 pH 值进行调整，最终调整至 pH 值 6.5～6.8，使蛋白质充分溶解。

（3）絮凝沉淀　将废液泵入沉淀罐或放入沉淀池，调整废液温度为 20～30℃，加入液重 0.0035%～0.004%的回收蛋白质絮凝剂，以 40～80r/min 的速度，搅拌 2～3min，自然沉淀 2～3h，使蛋白质沉淀，弃掉上清液。

用于回收蛋白质的絮凝剂种类很多，使用时以沉降速度快、回收率高者为佳（如中国科学院生态环境研究中心研制的高效无毒 CTS 絮凝剂、北京环境保护科学研究院研制的 1#回收蛋白絮凝剂等效果均较好）；同时，为了使絮凝剂与粉丝废液混合均匀，充分发挥絮凝作用，使用前必须先将絮凝剂配成 1%的水溶液，再根据用量折合溶液的质量，徐徐加入，轻轻搅拌。

絮凝沉淀时要严格掌握絮凝条件，如温度、pH、搅拌速度、时间等。温度不能过高或过低，搅拌速度不能超过 100r/min，搅拌时间不能超过 5min，否则不利于絮凝沉淀。

（4）离心分离　沉淀后的浓蛋白液经过碟片式离心机脱水得到回收蛋白质，其含水量约为 20%～30%。

（5）酸解　将回收蛋白质称重放入盐酸水解罐中加入蛋白质重 60%～70%的20%的食用盐酸，在 100～110℃下水解 20～24h，使蛋白质转变为氨基酸。

（6）中和　酸解液降温、冷却到 40℃左右时，加入碳酸钠中和至 pH5 左右，加热至沸，利用过滤机进行过滤。

（7）脱臭　在滤液中加入液重 0.5%～1%的活性炭，每 10～20min 搅拌 1 次，反应 3～4h；或经树脂交换器进行脱臭处理，消除豆腥味及酸解异味，经过滤去掉活性炭，即为水解液。

（8）调配杀菌　将水解液、白砂糖、食盐、酱油按配方质量称重，混合，加热至沸，冷却至 85℃左右时，加入味精、黄酒、增香剂，搅拌均匀，并在此温度下保持 20～30min，进行灭菌。

（9）装瓶　将灭菌后的蛋白质调味液用灌装机灌装于预先经清洗、消毒、干燥的玻璃瓶内，封口、贴标，即为成品。

4．成品质量标准

（1）感官指标　色泽呈棕褐色，液体透明，不得有沉淀；具有鲜味，且甜咸适中，不得有异味。

（2）理化指标　氨基酸态氮 0.5～1g/100mL，总糖 10～15g/100mL，食盐 12～14g/100mL，总酸 0.1～0.2g/100mL，无盐固形物 15～18g/100mL。

七、提取氨基酸

粉丝厂废水中的蛋白质，可以用酸水解转化为氨基酸加以回收利用，以干重蛋白质 400g 加入 6.0mol/L 的 HCl 1000mL 计算，在 110℃的温度下处理浆水 16h，将蛋白质水解液用 732 阳离子交换树脂提取，并以 1%流速上柱，上柱结束后，用去离子水洗涤，再用 2mol/L 氨水洗脱，洗脱液用活性炭脱色，再真空浓缩，最后进行喷雾干燥，得到粉末状的复合氨基酸，在复合氨基酸中必需氨基酸占 36%以上，具有极高的营养价值。

八、回收果胶

利用甘薯、马铃薯生产的粉丝的废水中含有丰富的果胶，加入葡萄糖淀粉酶水解，除去残留的淀粉质，即得到果胶。例如：240g 含水 75%的马铃薯粉丝废水，于120℃下加热 1h，再于 pH4.5、50℃加入淀粉葡萄糖苷酶水解 72h，然后用乙醇将淀粉物质再次沉淀，可得 16.5g 含 7.2g 聚半乳糖及 7.2g 聚半乳糖醛酸的果胶。

附录

一、食品安全国家标准——食用淀粉（GB 31637—2016）

1．范围

本标准适用于食用淀粉。

2．术语和定义

食用淀粉　以谷类、薯类、豆类以及各种可食用植物为原料，通过物理方法提取且未经改性的淀粉，或者在淀粉分子上未引入新化学基团且未改变淀粉分子中的糖苷键类型的变性淀粉（包括预糊化淀粉、湿热处理淀粉、多孔淀粉和可溶性淀粉等）。

① 谷类淀粉

以大米、玉米、高粱、小麦、荞麦等谷物为原料加工成的淀粉。

② 薯类淀粉

以木薯、甘薯、马铃薯等薯类为原料加工成的淀粉。

③ 豆类淀粉

以绿豆、蚕豆、豌豆等豆类为原料加工成的淀粉。

④ 其他类淀粉

以菱、藕、荸荠等为原料加工成的淀粉。

3．技术要求

（1）原料要求　原料应符合相应的食品标准和有关规定。

（2）感官要求　感官要求应符合附表 1 的规定。

附表 1　感官要求

项目	要求	检验方法
色泽	白色或类白色，无异色	取适量样品置于洁净、干燥的白色盘（瓷盘或同类容器）中，在自然光线下，观察其色泽和状态，闻其气味
气味	具有产品应有的气味，无异嗅	
状态	粉末或颗粒状，无正常视力可见外来异物	

（3）理化指标　理化指标应符合附表 2 的规定。

（4）污染物限量　污染物限量应符合 GB 2762 的规定。

（5）微生物限量　微生物限量应符合附表 3 的规定。

附表 2　理化指标

项目		指标	检验方法
水分^①/(g/100g)			
谷类淀粉	≤	14.0	GB 5009.3
薯类、豆类和其他类淀粉（不含马铃薯淀粉）	≤	18.0	
马铃薯淀粉	≤	20.0	

① 不适用于变性淀粉。

附表 3　微生物限量

项目		采样方案^①及限量				检验方法
		n	c	m	M	
菌落总数/(CFU/g)		5	2	10^4	10^5	GB 4789.2
大肠菌群/(CFU/g)		5	2	10^2	10^3	GB 4789.3
霉菌和酵母/(CFU/g)	≤	10^3				GB 4789.15

① 样品的采样及处理按 GB 4789.1 执行。

（6）食品添加剂和食品营养强化剂　①食品添加剂的使用应符合 GB 2760 的规定。②食品营养强化剂的使用应符合 GB 14880 的规定。

二、食用甘薯淀粉（GB/T 34321—2017）

1．范围

本标准规定了食用甘薯淀粉的术语和定义、技术要求、检验方法、检验规则以及标签、标志、包装、运输、贮存和销售的要求。本标准适用于以甘薯为原料生产的食用淀粉。

2．感官要求

应符合附表 4 规定。

附表 4　感官要求

项目	指标
色泽和形态	白色或稍带微青色的粉末
滋味	具有甘薯淀粉固有的滋味，无异味，无砂齿
气味	具有甘薯淀粉固有的气味，无异味
杂质	正常视力下无可见外来杂质

3．理化指标

应符合附表 5 的要求。

附表5　理化指标

项目		指标		
		优级品	一级品	二级品
水分/%	≤	14.0	15.0	
灰分（干基）/%	≤	0.3	0.35	0.4
蛋白质（干基）/%	≤	0.1	0.2	0.3
斑点/（个/cm²）	≤	3	7	9
细度，150μm（100目）筛通过率质量分数/%	≥	99.5	99.0	98.0
白度，457nm 蓝光反射率/%	≥	82.0	78.0	76.0
峰值黏度（6%干物质，700cmg）/BU	≥	500		
pH 值		6.0～8.0		

三、食用马铃薯淀粉（GB/T 8884—2017）

1．范围

本标准规定了食用马铃薯淀粉的技术要求、检验方法、检验规则、验收规则以及标签、标志、包装、运输、贮存和销售的要求。本标准适用于以马铃薯为原料而生产的食用淀粉。

2．感官要求

应符合附表6规定。

附表6　感官要求

项目	指标		
	优级品	一级品	二级品
色泽	洁白带结晶光泽	洁白	
气味	具有马铃薯淀粉固有的气味，无异味		
杂质	正常视力下无可见外来杂质，无砂齿		

3．理化指标

理化要求应符合附表7的要求。

附表7　理化要求

项目		指标		
		优级品	一级品	二级品
水分/%	≤	20.00		
灰分（干基）/%	≤	0.30	0.40	0.50

项目		指标		
		优级品	一级品	二级品
蛋白质（干基）/%	≤	0.10	0.15	0.20
黏度（4%干物质，700cmg）/BU	≥	1300	1100	900
斑点/(个/cm²)	≤	3.0	7.0	9.0
细度［150μm（100目）筛通过率质量分数］/%	≥	99.90	99.50	99.00
白度（457nm 蓝光反射率）/%	≥	92.0	90.0	88.0
电导率/（μS/cm）	≤	100	150	200
pH 值		6.0～8.0		

四、食用玉米淀粉（GB/T 8885—2017）

1．范围

本标准规定了食用玉米淀粉的技术要求、检验方法、检验规则、验收规则以及标签、标志、包装、运输、贮存和销售的要求。本标准适用于 GB 1353 中玉米为原料而生产的食用淀粉。

2．感官要求

感官要求应符合附表 8 规定。

附表 8　感官要求

项目	指标		
	优级品	一级品	二级品
外观	白色或略带浅黄色阴影的粉末，具有光泽		
气味	具有玉米淀粉固有的特殊气味，无异味		

3．理化指标

理化指标应符合附表 9 的要求。

附表 9　理化指标

项目		指标		
		优级品	一级品	二级品
水分/%	≤	14.0		
酸度（干基）/°T	≤	1.60	1.80	2.00
灰分（干基）/%	≤	0.35	0.40	0.45
蛋白质（干基）/%	≤	0.10	0.15	0.20
脂肪（干基）/%	≤	0.10	0.15	0.20

项目		指标		
		优级品	一级品	二级品
斑点/(个/cm²)	≤	0.4	0.7	1.0
细度［150μm（100 目）筛通过率质量分数］/%	≥	99.5	99.0	98.5
白度（457nm 蓝光反射率）/%	≥	88.0	87.0	85.0

五、食用豌豆淀粉（GB/T 38572—2020）

1．范围

本标准规定了食用豌豆淀粉的技术要求、生产过程要求、试验方法、检验规则以及标签、标志、包装、运输、贮存和销售的要求。本标准适用于食用豌豆淀粉的生产和检验。

2．感官要求

感官要求应符合附表 10 规定。

附表 10　感官要求

项目	指标		
	优级品	一级品	二级品
色泽	粉末呈白色，具有光泽	粉末呈白色	粉末呈白色或浅黄色
气味	具有食用豌豆淀粉固有的特殊气味，无异味		
外观	正常视力下无肉眼可见杂质、无异物、无砂齿		

3．理化指标

理化指标应符合附表 11 的要求。

附表 11　理化指标

项目		指标		
		优级品	一级品	二级品
灰分（干基）/(g/100g)	≤	0.2	0.4	0.6
蛋白质（干基）/(g/100g)	≤	0.4	0.6	0.8
斑点/(个/cm²)	≤	2.0	4.0	5.0
细度（100 目筛通过率）/(g/100g)	≥	99	98	97
白度（457nm 蓝光反射率）/%	≥	92.0	90.0	89.0
pH 值		4.0～8.0		
脂肪（干基）/(g/100g)	≤	1.0		

六、木薯淀粉（GB/T 29343—2012）

1．范围

本标准规定了木薯淀粉的术语和定义、分类、原料和食品添加剂、技术要求、检验方法、检验规则以及标签、标志、包装、运输、贮存、销售和召回的要求。本标准适用于食用木薯淀粉所定义产品的生产、检验和销售。

2．感官要求

应符合附表 12 规定。

附表 12　感官要求

项目	指标	
	食用木薯淀粉	工业用木薯淀粉
色泽和形态	白色或稍带浅黄色的粉末	具有该产品应有的色泽和形态
滋味、气味	具有木薯淀粉固有的滋味、气味，无异味，无砂齿	—
杂质	无正常视力可见的外来杂质	—

3．理化指标

（1）食用木薯淀粉　应符合附表 13 的规定。

附表 13　食用木薯淀粉理化指标

项目		指标		
		优级品	一级品	二级品
水分/(g/100g)	≤	13.5	14.0	15.0
灰分（干基）/(g/100g)	≤	0.20	0.30	0.40
斑点/(个/cm²)	≤	3.0	6.0	8.0
细度［150μm（100 目）筛通过率］/%	≥	99.8	99.5	99.0
黏度［6%（干物质），700cmg，峰值黏度］/BU	≥	600		
白度（457nm 蓝光反射率）/%	≥	92.0	89.0	86.0
蛋白质（干基）/(g/100g)	≤	0.20	0.30	0.40
pH 值		5.0～8.0		

（2）工业用木薯淀粉　应符合附表 14 的规定。

附表 14 工业用木薯淀粉理化指标

项目		指标		
		优级品	一级品	二级品
水分/(g/100g)	≤	13.5	15.0	
灰分（干基）/(g/100g)	≤	0.20	0.30	0.40
斑点/(个/cm²)	≤	3.0	6.0	8.0
细度［150μm（100 目）筛通过率］/%	≥	99.8	99.5	99.0
黏度［6%（干物质），700cmg，峰值黏度］/BU	≥	550		
白度（457nm 蓝光反射率）/%	≥	92.0	88.0	84.0

七、食用小麦淀粉（GB/T 8883—2017）

1．范围

本标准规定了食用小麦淀粉的技术要求、检验方法、检验规则、验收规则以及标签、标志、包装、运输、贮存和销售的要求。本标准适用于 GB/T 1355 中小麦为原料生产的食用淀粉。

2．感官要求

感官要求应符合附表 15 规定。

附表 15 感官要求

项目	指标			
	小麦 A 淀粉			小麦 B 淀粉
	优级品	一级品	二级品	
外观	白色粉末			白色或淡黄色粉末
气味	具有小麦淀粉固有的气味，无异味			

3．理化指标

理化指标应符合附表 16 规定。

附表 16 理化要求

项目		指标			
		小麦 A 淀粉			小麦 B 淀粉
		优级品	一级品	二级品	
水分/%	≤	14.0			14.0
酸度（干基）/°T	≤	2.00	2.50	3.50	6.00
灰分（干基）/%	≤	0.25	0.30	0.40	0.40
蛋白质（干基）/%	≤	0.30	0.40	0.50	3.00

项目		指标			
		小麦 A 淀粉			小麦 B 淀粉
		优级品	一级品	二级品	
脂肪（干基）/%	≤	0.07	0.10	0.15	0.45
斑点/（个/cm²）	≤	1.0	2.0	3.0	6.0
细度［150μm（100 目）筛通过率（质量分数）］/%	≥	99.8	99.0	98.0	90.0
白度（457nm 蓝光反射率）/%	≥	93.0	92.0	91.0	70.0

八、甘薯粉丝加工技术规范（NY/T 982—2006）

1．范围

本标准规定了甘薯粉丝加工企业的卫生及设施要求、原料要求、加工工艺及关键控制点、质量记录、人员要求、成品检验与成品包装、标签、运输和贮存。

本标准适用于以甘薯及其淀粉为原料的甘薯粉丝加工。

2．规范性引用文件

下列文件中的条款通过本标准的引用而成为本标准的条款。凡是注日期的引用文件，其随后所有的修改单（不包括勘误的内容）或修订版均不适用于本标准，然而，鼓励根据本标准达成协议的各方研究是否可使用这些文件的最新版本。凡是不注日期的引用文件，其最新版本适用于本标准。

GB 191 包装储运图示标志

GB 2713 淀粉类制品卫生标准

GB 2760 食品添加剂使用卫生标准

GB 5083 生产设备安全卫生设计总则

GB 5749 生活饮用水卫生标准

GB 7718 预包装食品标签通则

GB/T 8610 淀粉业用甘薯片

GB/T 8886 淀粉原料

GB 9687 食品包装用聚氯乙烯成型品卫生标准

GB 9688 食品包装用聚丙烯成型品卫生标准

GB 9689 食品包装用聚苯乙烯成型品卫生标准

GB 14881—1994 食品企业通用卫生规范

GB 14930.1 食品工具、设备用洗涤剂卫生标准

GB 14930.2 食品工具、设备用洗涤消毒剂卫生标准

SB/T 10228—994 淀粉通用技术条件

NY 5188—002 无公害食品　粉丝

3．卫生及设施要求

（1）加工企业卫生　应符合 GB 14881 的规定。

（2）生产设备与器具　应符合 GB 5083 的规定。

4．原料要求

（1）甘薯　粉丝加工企业可以利用新鲜甘薯或干片甘薯加工甘薯淀粉，新鲜甘薯应符合 GB/T 8886 的规定，干片甘薯应符合 GB/T 8610、GB/T 8886 的规定，加工出的甘薯淀粉应符合有关国家标准或行业标准、企业标准。

（2）采购的甘薯淀粉　应符合 SB/T 10228 的规定。

（3）食品添加剂　应符合 GB 2760 的规定。

5．加工工艺及关键控制点

（1）工艺过程　①所采用的加工工艺应能够确保产品质量正常稳定。②一般工艺要求和设备见附表 17 和附表 18。

附表 17　一般工艺要求和生产设备（漏粉法）

序号	工序名称	工艺要求	控制内容及参考限值	设备
1	原料（CCP）	① 利用新鲜甘薯和干片甘薯制取甘薯淀粉 ② 甘薯淀粉	① 原料淀粉的包装与标志、运输和贮藏应符合 SB/T 10228 中 6、7 和 8 的规定 ② 淀粉抽样检验应符合国家有关食品卫生标准要求 ③ 利用湿甘薯淀粉加工粉丝时，淀粉的含水量应低于 40%	检验设备
2	打糊（打芡）	用温水把少量淀粉混匀。在搅拌的同时，加入一定数量的沸水或用蒸汽加热，先低速搅拌，后逐渐提高搅拌速度，直至糊化。打好的糊应晶莹透亮。打糊机（搅拌机）应有分级调速或无级调速的功能	① 用水应符合 GB 5749 的规定 ② 温水温度为 30～40℃ ③ 打糊（打芡）用淀粉应占淀粉用量的 3%～4%	搅拌机、真空搅拌机等
3	和面（合芡）、抽真空（CCP）	在芡糊中加入称量好的甘薯淀粉和食品添加剂等，搅拌均匀，并避免在淀粉团中形成气泡	① 和面时淀粉团温度应控制在 40℃ 左右，和好后淀粉团的含水量应在 48%～50% 范围内 ② 漏粉过程中面团的真空度应保持在 95kPa 左右	螺旋和面机、真空和面机等
4	漏粉、煮熟、冷却（CCP）	① 搅拌好的淀粉经打瓢机的捶打，由漏粉瓢的孔中漏下，进入蒸煮锅煮熟、糊化定型 ② 控制蒸煮锅内水温 ③ 用操作棒将粉丝牵引流入冷水槽内进行冷却	① 煮锅内水温控制在 90℃ 以上，并保持水位一致，使粉丝煮透 ② 冷水槽内水温控制在 20℃ 以下，并及时补充冷水 ③ 粉丝截面形状由漏粉瓢的型孔形状确定。粉丝直径由型孔尺寸确定，并通过漏粉瓢的高度微调 ④ 拉锅时应注意拉锅速度，应及时捞出煮锅和冷水槽内的碎断粉丝	振动漏粉机（或真空挤压漏粉机）、夹层锅、蒸煮锅、冷水槽等

序号	工序名称	工艺要求	控制内容及参考限值	设备
5	冷冻、解冻（CCP）	① 冷却后的粉丝经切断与沥水后在晾粉室内进行晾粉处理 ② 晾粉处理后的粉丝在冷冻室内进行冷冻老化处理 ③ 解冻	① 晾粉室的温度控制在20℃以下，一般晾粉8～12h ② 冷冻室的预设初始温度为4℃，晾粉后的粉丝装入冷冻室后使冷冻室内的温度迅速降低，每降温1℃，保温1h，直至0℃后，使冷冻室的温度快速降至-18℃，并保持8～10h ③ 将老化好的粉丝进行喷水（淋水）解冻，解冻水温为15～20℃	晾粉室、连续式或间歇式冷冻装置、冷水槽、淋水解冻装置等
6	干燥（CCP）	① 可在晾晒场干燥粉丝。晾晒时，将粉丝均匀分布在粉丝杆上。晾晒过程中要及时翻杆，但要防止断条和并条 ② 把粉丝挂在烘干通道的传送链上，根据温度、湿度调整链条的运行速度 ③ 晾晒或烘干后的粉丝分班次码放整齐	① 晾晒时，应在晴天、风力小于4级的条件下进行；晾晒场地面及周围应避免灰尘飞扬，应防止禽畜进入晾晒场 ② 采用热风干燥时，热风温度一般应低于60℃ ③ 干燥后的粉丝含水量应小于14%	隧道式烘干机、烘干房或晾晒场等
7	包装、封口	① 根据市场要求，将粉丝切割包装或扎把包装，成品颜色均匀一致，无异物、黑点等，并计量准确 ② 合格的进行封口，封好的袋口要美观，严密整齐	① 包装材料应符合国家有关标准规定 ② 包装人员检查粉丝的外观质量并确保粉丝内无杂质	切割机、包装机、封口机等
8	检验入库	对包装后的产品进行抽检并合格	甘薯粉丝的卫生指标应符合GB 2713的规定；质量指标可参照NY 5188的规定执行	

注：1. 可根据实际生产工艺制定相应工艺要求。

2. CCP为关键控制点。

附表18　一般工艺要求和生产设备（挤压法）

序号	工序名称	工艺要求	控制内容及参考限值	设备
1	原料（CCP）	① 利用新鲜甘薯和干片甘薯制取甘薯淀粉 ② 甘薯淀粉	① 原料淀粉的包装与标志、运输和贮藏应符合SB/T 10228中6、7和8的规定 ② 淀粉抽样检验应符合国家有关食品卫生标准要求 ③ 利用湿甘薯淀粉加工粉丝时，淀粉的含水量应低于40%	检验设备
2	和面	称量甘薯淀粉与温水混合并搅拌	和面时热水温度应低于40℃，和好后淀粉悬浮液（浆）的含水量应控制在48%～50%范围内	螺旋和面机、真空搅拌式和面机等

序号	工序名称	工艺要求	控制内容及参考限值	设备
3	挤压、冷却（CCP）	① 将混合好的淀粉悬浮液（浆）直接经螺旋挤压机挤压完成熟化 ② 对挤压出的粉丝进行冷却	① 淀粉悬浮液（浆）进入挤压机前应进行过滤 ② 挤压机孔板直径约 1.2mm，挤压机内的温度应高于 110℃ ③ 对挤压出的粉丝进行常温风冷	自熟式粉丝（条）机、双螺杆淀粉蒸煮挤压机、加热式螺旋（单）挤压式粉丝机、冷风机等
4	冷冻与解冻（CCP）	① 切断冷却后的粉丝，在晾粉室内进行晾粉处理 ② 晾粉处理后的粉丝在冷冻室内进行冷冻老化处理 ③ 解冻	① 晾粉室的温度控制在 15℃ 以下，一般晾粉 6～8h ② 晾粉后的粉丝装入 -18℃ 的冷冻室内冷冻 8～10h ③ 将老化好的粉丝进行解冻：环境温度大于 10℃ 时，可进行自然解冻；当环境温度低于 10℃ 时，用 15～20℃ 的水进行喷水（淋水）解冻	晾粉室、连续式或间歇式冷冻装置、冷水槽、淋水解冻装置等
5	干燥（CCP）	① 可在晾晒场干燥粉丝。晾晒时，将粉丝均匀分布在粉丝杆上。晾晒过程中要及时翻杆但要防止断条和并条 ② 把粉丝挂在烘干通道的传送链上，根据温度、湿度调整链条的运行速度 ③ 晾晒或烘干后的粉丝分班次码放整齐	① 晾晒时，应在晴天、风力小于 4 级的条件下进行；晾晒场地面及周围应避免灰尘飞扬，应防止禽畜进入晾晒场 ② 热风干燥温度一般应低于 60℃ ③ 干燥后的粉丝含水量应小于14%	隧道式烘干机、烘干房或晾晒场等
6	包装、封口	① 根据市场要求，将粉丝切割包装或扎把包装，成品颜色均匀一致，无异物、黑点等，并计量准确 ② 合格的进行封口，封好的袋口要美观，严密整齐	① 包装材料应符合国家有关标准规定 ② 由检验人员检查粉丝的色泽、水分含量、杂质，避免不合格产品出现	切割机、包装机、封口机等
7	检验入库	对包装后的产品进行抽检并合格	甘薯粉丝的卫生指标应符合 GB 2713 的规定；质量指标可参照 NY 5188 的规定执行	

注：1. 可根据实际生产工艺制定相应工艺要求。

2. CCP 为关键控制点。

（2）粉丝加工过程中的卫生控制　①粉丝加工过程中的卫生控制应按照 GB 14881 的规定执行。②生产前应对生产设备与设施进行全面检查，并清洗消毒。使用的洗涤剂和消毒剂应符合 GB 14930.1 和 GB 14930.2 的要求，清洗后无残留。

6. 质量记录

（1）甘薯粉丝　加工过程中质量检验的管理应符合 GB 14881 中 7 的规定。

（2）采购记录、贮藏记录　应备有新鲜甘薯、干片甘薯和甘薯淀粉原料采购记录和贮藏记录。

（3）原始记录　各项检验控制应有原始记录。

（4）记录要求　记录格式应规范，填写应认真，字迹应清晰。

7．人员要求

甘薯粉丝加工厂从业人员的健康管理和个人卫生与健康要求应符合 GB 14881 中 5.1.2 和 9 的规定。

8．成品检验

（1）甘薯粉丝卫生指标　应符合 GB 2713 的规定。

（2）甘薯粉丝质量　可参照 NY 5188 的规定执行。

9．成品包装、标志、运输和贮存

（1）包装　①包装间的落地粉丝不得直接包装出厂，应经过再加工或适当处理后方可出厂，或直接作为废品处理。②包装材料应清洁卫生、无毒、无污染、无异味，符合食品卫生要求。包装应牢固、无破损，封口应严密，且能耐受装卸、运输和贮藏。包装容器的大小和装填质量要恰当，净含量应符合 NY 5188 中 8.1.3 的规定。③塑料包装材料应符合 GB 9687、GB 9688、GB 9689 等规定。④包装材料应存放在干燥通风的专用库内，内、外包装材料要分开存放。

（2）标志　标签应符合 GB 7718 的规定，包装贮运图示标志应符合 GB 191 的规定。

（3）运输　运输应符合 NY 5188 中 8.2 的规定。

（4）贮存　①甘薯粉丝的贮存应符合 GB 14881 中 8.1 的规定。②甘薯粉丝在贮存期间，严禁日光直射粉丝，其余贮存条件应符合 NY 5188 中 8.3 的要求。③成品库应有专人负责，并备有专门粉丝出入库记录。

九、粉丝（条）标准

（一）地理标志产品——龙口粉丝（GB 19048—2008）

1．范围

本标准规定了龙口粉丝的地理标志产品保护范围、术语和定义、要求、试验方法、检验规则及标志、包装、运输、贮存。

本标准适用于国家质量监督检验检疫行政主管部门根据《地理标志产品保护规定》批准保护的地理产品龙口粉丝。

2．规范性引用文件

下列文件中的条款通过本标准的引用而成为本标准的条款。凡是注日期的引用文件，其随后所有的修改单（不包括勘误的内容）或修订版均不适用于本标准，然而，鼓励根据本标准达成协议的各方研究是否可使用这些文件的最新版本。凡是不注日期的引用文件，其最新版本适用于本标准。

GB 2713 淀粉类制品卫生标准

GB 2760 食品添加剂使用卫生标准

GB/T 5009.3 食品中水分的测定

GB/T 5009.4 食品中灰分的测定

GB/T 5009.9 食品中淀粉的测定

GB/T 5009.34 食品中亚硫酸盐的测定

GB 5749 生活饮用水卫生标准

GB 7718 预包装食品标签通则

GB/T 10460 豌豆

GB/T 10462 绿豆

3．地理标志产品保护范围

龙口粉丝的地理标志产品保护范围限于国家质量监督检验检疫行政主管部门根据《地理标志产品保护规定》批准的范围。龙口粉丝地理标志产品保护范围包括山东省烟台市境内的龙口市、招远市、蓬莱市、莱阳市、莱州市。

4．术语和定义

下列术语和定义适用于本标准。

龙口粉丝 Longkou vermicelli 在 3．规定的范围内，以绿豆或豌豆为原料，利用当地水资源、地理环境、气候环境、气候和微生物体系，采用传统的工艺加工而成的粉丝。

5．要求

（1）原料 ①绿豆 符合 GB/T 10462 的规定。②豌豆 符合 GB/T 10460 的规定。③生产用水 选用本标准 3．规定范围内的水源，水质符合 GB 5749 的规定。

（2）气候环境 地理标志产品保护范围属典型的暖温带大陆性季风区，半湿润，气候四季分明，风力适中，气温适宜，空气湿度较低，日照时间长，微生物体系独特，适合龙口粉丝生产。

（3）传统工艺特点 龙口粉丝以绿豆或豌豆为原料，利用自然微生物体系，采用传统的酸浆发酵法独特工艺，提取高纯度的淀粉，然后经过打糊、漏粉、浸粉、晾晒精制而成。

（4）感官指标 感官指标应符合附表 19 的规定。

附表 19 感官指标

项目	要求
色泽	洁白，有光泽，呈半透明状
形态	丝条粗细均匀，无并丝

项目	要求
手感	柔韧，有弹性
口感	复水后柔软、滑爽、有韧性
杂质	无外来杂质

（5）理化指标　理化指标符合附表 20 的规定。

附表 20　理化指标

项目		指标
淀粉/%	≥	75.0
水分/%	≤	15.0
丝径（直径）/mm	≤	0.7
断条率/%	≤	10.0
二氧化硫（以 SO_2 计）/(mg/kg)	≤	30.0
灰分/%	≤	0.5

（6）卫生指标　按 GB 2713 执行。

（7）食品添加剂　①食品添加剂的使用应符合相应的标准和有关规定。②食品添加剂的品种和使用量应符合 GB 2760 的规定。

6．试验方法

（1）感官指标　色泽、形态、杂质：在自然光下进行。口感：龙口粉丝在沸水中煮 5min 后品尝。

（2）理化指标

① 淀粉　按 GB/T 5009.9 执行。

② 水分　按 GB/T 5009.3 执行。

③ 丝径（直径）　从试样中随机抽取 20 根粉丝截成 300mm 长，用精度 0.02mm 的游标卡尺，分别测其直径，取平均值。其中单根粉丝随机测量 5 个点，其平均值为单根粉丝的直径。

④ 断条率　截取 50 根长度为 10cm 的无机械损伤的粉丝，在 1000mL 烧杯中加水 900mL，水沸后放入粉丝并加盖表面皿，微沸煮 45min 后，滤去水分，用玻璃棒数其总条数，按下式计算断条率。

$$A = \frac{X - 50}{50} \times 100$$

式中，A 为断条率，%；X 为煮后完整条数。

按上述方法试验三次，取其平均值。

⑤ 二氧化硫残留量　按 GB/T 5009.34 执行。

⑥ 灰分　按 GB/T 5009.4 执行。

（3）卫生指标　按 GB 2713 执行。

7．检验规则

（1）组批　在同一条件下、同一生产周期下，用同一批原料生产的同一品种、同一规格的产品为一批。

（2）抽样　每批从 5 个不同部位随机抽取样品，样品量不少于 1kg。

（3）出厂检验　①龙口粉丝出厂前应由生产厂逐批进行检验，合格并附合格证方可出厂。②出厂检验项目为感官指标、丝径、水分。③判定规则：检验时若有一项不合格，应加倍抽样。对不合格项目进行复检，仍不合格则判出厂检验不合格。

（4）型式检验

① 型式检验项目为本标准规定的全部要求。

正常生产每半年进行一次型式检验，有下列情况之一时，应进行型式检验：

a．主要原料或工艺有重大改变时；

b．停产半年恢复生产时；

c．出现质量不稳定时；

d．国家质量技术监督部门提出型式检验要求时。

② 判定规则　感官指标、理化指标有一项不合格时，应加倍抽样。如仍有不合格项，则判该批产品不合格。卫生指标有一项不合格，则判该批产品不合格。

8．标志、包装、运输、贮存

（1）标志　标签应符合 GB 7718 的规定。不符合本标准的产品，其产品名称不得使用龙口粉丝（包括连续或断开）的名称，不得使用地理标志产品保护专用标志。

（2）包装　①内包装材料必须符合相应卫生标准和有关规定。②外包装应确保产品不受损坏或污染。

（3）运输　运输时应防雨、防潮，不得与有毒、有害、有异味或可能影响产品质量的物质混装运输。

（4）贮存　应放在阴凉干燥的库房内，不准露天存放，库内不得存放有毒物质和腐蚀性物质。

（二）地理标志产品——卢龙粉丝（GB 19852—2008）

1．范围

本标准规定了卢龙粉丝的术语和定义、地理标志产品保护范围、要求、试验方法、检验规则及标签、标志、包装、运输、贮存。

本标准适用于国家质量监督检验检疫行政主管部门根据《地理标志产品保护规定》批准保护的卢龙粉丝。

2．规范性引用文件

下列文件中的条款通过本标准的引用而成为本标准的条款。凡是注日期的引用文件，其随后所有的修改单（不包括勘误的内容）或修订版均不适用于本标准，然而，鼓励根据本标准达成协议的各方研究是否可使用这些文件的最新版本。凡是不注日期的引用文件，其最新版本适用于本标准。

GB/T 191　包装储运图示标志

GB 2713　淀粉制品卫生标准

GB/T 5009.3　食品中水分的测定

GB/T 5009.4　食品中灰分的测定

GB/T 5009.9　食品中淀粉的测定

GB 5749　生活饮用水卫生标准

GB 7718　预包装食品标签通则

GB 14881　食品企业通用卫生规范

国家质量监督检验检疫总局令[2005]第 75 号《定量包装商品计量监督管理办法》

3．术语和定义

下列术语和定义适用于本标准。

（1）卢龙粉丝　Lulong vermicelli　在 4．规定的范围内，以本地种植的甘薯为原料，利用当地水资源、地理环境、气候和微生物体系，采用传统工艺加工而成的粉丝。

（2）断条率 ratio of broken noodles　卢龙粉丝在微沸水中煮一定时间后断条粉丝的比率。

4．地理标志产品保护范围

卢龙粉丝的地理标志产品保护范围限于国家质量监督检验检疫行政主管部门根据《地理标志产品保护规定》批准保护的范围，为卢龙县全县。

5．要求

（1）地域环境　原产地域保护范围属低山丘陵区，土壤以褐色沙壤土为主，pH值 6.5～7.5。该地域属暖温带半湿润大陆性季风气候，昼夜温差大，日照时间长，微生物体系独特，适合甘薯种植及卢龙粉丝的生产。

（2）原辅料

① 甘薯　选用 4．规定范围内种植的甘薯。

② 水　选用 4．规定范围内的水源，水质符合 GB 5749 的规定。

（3）传统加工工艺　卢龙粉丝以甘薯为原料，利用自然微生物体系，采用传统的酸浆沉淀法独特工艺提取高纯度的淀粉，经过净化、打芡、和面、漏粉、煮粉、浸洗、冷冻、晾晒而成。

（4）分类、规格　卢龙粉丝按产品的宽度或直径分为：

a. 宽粉丝，宽度大于或等于 5mm；

b. 粗粉丝，直径大于或等于 1mm；

c. 细粉丝，直径小于 1mm。

（5）感官指标　感官指标应符合附表 21 的规定。

附表 21　感官指标

项目	要求
色泽	具有卢龙粉丝应有的自然色泽，有光泽，呈半透明状
形态	粗细、宽厚均匀，无并条
口感	复水后柔软、滑嫩、筋道、无异味
杂质	无肉眼可见杂质

（6）理化指标　理化指标应符合附表 22 的规定。

附表 22　理化指标

项目		指标
淀粉/%	≥	75.0
水分/%		13.0～17.0
断条率/%	≤	10.0
灰分/%	≤	0.9

（7）卫生指标　卫生指标应符合 GB 2713 的规定。

（8）净含量允许短缺量　净含量允许短缺量应符合国家质量监督检验检疫总局令［2005］第 75 号的规定。

（9）生产加工过程卫生要求　生产加工过程卫生要求应符合 GB 14881 的规定。

6．试验方法

（1）感官指标

① 色泽、形态、杂质：在自然光下进行。

② 口感：将宽粉丝截成 20cm 长，取 20 根放在 1000mL 烧杯中，加水煮沸 8min 后品尝；将粗粉丝截成 20cm 长，取 20 根放在 1000mL 烧杯中，加水煮沸 5min 后品尝；将细粉丝截成 20cm 长，取 20 根放在 1000mL 烧杯中，加水煮沸 3min 后品尝。

（2）理化指标

① 淀粉　按 GB/T 5009.9 执行。

② 水分　按 GB/T 5009.3 执行。

③ 断条率　截取 50 根长度为 15cm 的无机械损伤的粉丝，在 1000mL 烧杯中加水 900mL，水沸后放入粉丝并加盖表面皿，宽粉丝微沸煮 35min，粗粉丝微沸煮 25min，细粉丝微沸煮 15min，然后滤去水分，倒入瓷盘中，用玻璃棒计数其总条数，按下式计算：

$$S = \frac{X - 50}{50} \times 100$$

式中，S 为断条率，%；X 为煮后粉丝总条数。

按上述方法试验 3 次，取其平均值。

④ 灰分　按 GB/T 5009.4 执行。

（3）卫生指标　按 GB 2713 执行。

7．检验规则

（1）组批　在同一条件下、用同一批原料生产的同一品种、同一规格的产品为一批。

（2）抽样　①散装卢龙粉丝，每批随机抽取样品不少于 1kg。②预包装卢龙粉丝，每批随机抽取样品不少于 10 袋。

（3）出厂检验　①卢龙粉丝出厂前应由生产厂逐批进行检验，合格并附合格证方可出厂。②出厂检验项目为感官指标、水分、净含量及食品标签、包装标志。③判定规则：检验时若有一项不合格，应加倍抽样，对不合格项目进行复检，若仍不合格则判该批产品不合格。

（4）型式检验

① 型式检验项目为本标准规定的全部要求。正常生产每半年进行一次型式检验，有下列情况之一时，应进行型式检验：

a．主要原料或工艺有重大改变时；

b．停产半年恢复生产时；

c．出现质量不稳定时；

d．国家质量技术监督部门提出型式检验要求时。

② 判定规则：感官指标、理化指标有一项不合格时，应加倍抽样复检，如仍有不合格项，则判该批产品不合格。卫生指标有一项不合格，则判该批产品不合格。

8．标志、包装、运输、贮存

（1）标志　标签应符合 GB 7718 的规定。标志应符合 GB/T 191 的规定，不符合本标准的产品，其产品名称不得使用含有卢龙粉丝（包括连续或断开）的名称，不得使用地理标志产品专用标志。

（2）包装　①包装材料应符合食品包装材料卫生要求。②外包装应确保产品不受损坏或污染，并注明厂名、厂址、规格、毛重及地理标志产品专用标志。

（3）运输　运输时应防雨、防潮，不得与可能造成污染的物质混运。

（4）贮存　应放在阴凉干燥的库房内，不准露天存放，不得与有毒、有害物质存放在一起。

十、山东省粮油进出口分公司关于龙口粉丝品质的检验标准

一级粉丝条长 92.4cm，其中粉头（葫芦头）的长度为 6.6cm。条细度 0.6mm 左

右，均匀整齐，不紊乱，无并条，无酥碎。色泽白亮，波纹皱襞，手感柔软，筋力强韧，水分不超过 14%。

二级粉丝条长 92.4cm，其中粉头（葫芦头）的长度为 6.6cm。条细度 0.6mm 左右，比较均匀整齐，微有并条，无酥碎，强韧，水分不超过 14%。

三级粉丝条长 92.4cm，其中粉头（葫芦头）的长度为 6.6cm。条细度不超过 0.7mm，稍不均匀，略带并条，微有粗硬或细乱，色泽白亮，略带暗色，韧度强，不酥碎，水分不超过 14%。

四级粉丝次于三级粉丝。

十一、蚕豆和甘薯粉丝的等级检验标准

（一）蚕豆粉丝

蚕豆粉丝分一、二、三等和等外四档。

一等：色泽白亮，有韧性，干燥，含水量 15%以下，条杆整齐，无并条，无异味；长度对折不短于 0.83m，略有断碎，细度在 0.8mm 以内。

二等：色泽不纯或暗淡无光，无异味，干燥，条杆基本整齐；长度对折不短于 0.83m，略有断碎或部分断碎，细度在 1mm 以内。

三等：色泽不纯、暗淡无光或轻度变色，干燥，无异味；条杆粗细不一，长度对折不短于 0.67m，略有断碎或个别有严重脆性。

凡是长度在 0.03m 以上，0.17m 以下的均按统货断碎粉丝处理。

（二）甘薯粉丝

甘薯粉丝分一、二、三等三档。

一等：色白亮，略有光泽，无生条，条细匀，略有韧性，细度不超过 1.5mm，长度对折不短于 0.67m，断碎率不超过 8%。

二等：色白，无并条，条杆整齐，细度不超过 1.8mm，对折长度不短于 0.17m，断碎率不超过 10%。

三等：色泽较暗淡，条杆粗细不匀，细度不超过 2mm，断条率不超过 15%。

十二、粉丝商品检验方法

粉丝除了按照附录九和附录十一的标准、等级检验外，还可通过以下检验方法来进行品质检验。粉丝品质要求是：色泽白亮、干燥、条杆细、韧性足，无并条、冻条，含水量在 15%以下。

检验方法主要采取目察、耳听和手感三种方法，供销售者与购买者选用。

1．目察

粉丝色白光亮，透明度强，弹性好，表明干燥品质好；色泽较暗，透明度差，

间有白心和气孔的品质次。条杆细，既柔且韧，经扭曲不易折断的品质好；反之，条杆细、拉力差，搓即断的品质次。此外，粉丝成包后，包体积大，结实，铅丝加固处凹形较深者，干燥质量好。反之，包体短而松散，凹形较浅。这类包装的产品大部分都为阴天或粉团经过熏房加工的粉丝，品质次。其特征是条杆细，韧性差，较潮，断碎多，间有异味、酸味出现。在检验时应特别加以注意，防止混入。

2．耳听

粉丝成包落地发出"砰砰声"，弹跳性能强的干燥。其声"息息刹刹"，间有断碎，粉丝性摧脆，次。

3．手感

拆包用手拉出粉丝，戳手的干燥；戳手不明显的潮；有阴黏性，不爽滑的较潮；发软的更潮。拆包抽取粉丝，难抽的表明干燥，韧性好；将粉丝卷起放手即散开的干，反之潮。

十三、粉丝的质量鉴别

（一）甘薯粉丝的质量鉴别

甘薯粉丝、粉条是指以甘薯为原料经加工制成的条状、丝状干燥淀粉制品，粉丝直径一般小于 1mm，粉条相对较粗，并按形状分为圆粉条和宽粉条。

1．色泽鉴别

进行粉丝、粉条色泽感官鉴别时，取样在自然光条件下，直接目测。纯甘薯粉丝、粉条色泽青白色，有光泽，半透明状；玉米、马铃薯粉丝、粉条色泽洁白，带有光泽；劣质粉丝、粉条一般色泽灰暗，无光泽。

2．组织状态鉴别

进行粉丝、粉条组织状态的感官鉴别时，先取样直接观察，然后用手弯、折，以感知其韧性和弹性；纯甘薯粉丝、粉条粗细宽厚均匀，无并条，无碎条，手感柔韧，有弹性，不易折断，无杂质；玉米、马铃薯粉丝、粉条粗细宽厚均匀，无并条，少量碎条，手感柔韧，弹性稍差，易折断，无杂质；劣质粉丝、粉条粗细宽厚不均匀，有大量的并条和碎条，韧性和弹性均差，有杂质。

3．气味、滋味、口感鉴别

进行粉丝、粉条气味、滋味、口感鉴别时，可取样品直接嗅闻，然后将粉丝或粉条用热水浸泡片刻再闻其气味。也可以将泡软的粉丝或粉条放在口中细细咀嚼，品尝滋味。纯甘薯粉丝、粉条气味和滋味正常，口感柔软、滑嫩、筋道、无异味；玉米、马铃薯粉丝、粉条气味和滋味正常，口感柔软、滑嫩、不筋道、无异味。劣质粉丝、粉条有霉味、酸味、苦涩味及其他异味。

4．水煮试验鉴别

进行粉丝、粉条水煮试验鉴别时，取样品 10 根截取 15cm 长无机械损伤的粉丝或粉条，在 1000mL 烧杯中加水 900mL，水沸后放入样品并加盖，宽粉条微沸煮 30min，粗粉条微沸煮 20min，粉丝微沸煮 15min，在烧杯内进行第一次观察。两小时后继续加热至水沸腾后 5min，进行第二次观察。

第一次观察：

纯甘薯粉丝、粉条无断条，无粘连，清汤。

玉米、马铃薯粉丝、粉条少量断条，无粘连，汤稍浑。

劣质粉丝、粉条大量断条，汤混。

第二次观察：

纯甘薯粉丝、粉条无断条，无粘连，汤稍浑。

玉米、马铃薯粉丝、粉条大量断条，相互粘连，汤浑。

劣质粉丝、粉条浆呈糊状。

（二）龙口粉丝的质量鉴别

龙口粉丝和粉条是以豆类、薯类为原料加工制成的丝状或条状干燥淀粉制品。其中粉条按形状又可分成圆粉条和宽粉条两种。消费者如何选购和鉴别优劣的龙口粉丝，有以下三种鉴别方法。

1．色泽鉴别法

对粉丝、粉条色泽的感官鉴别时，可将产品在亮光下直接观察。良好粉丝、粉条应是色泽洁白，带有光泽。较差粉丝、粉条色泽稍暗或微泛淡褐色，微有光泽。劣质粉丝、粉条为色泽灰暗，无光泽。

2．组织状态鉴别法

对粉丝、粉条组织状态的感官鉴别时，先进行直接观察，然后用手弯、折，以感知其韧性和弹性。良好粉丝、粉条应是粗细均匀（宽粉条厚薄均匀），无并条，无碎条，手感柔韧，有弹性，无杂质。较差粉丝、粉条为粗细不匀，有并条及碎条，柔韧性及弹性均差，有少量一般性杂质。劣质粉丝、粉条有大量的并条和碎条，有霉斑或杂质。

3．气味与滋味鉴别法

进行粉丝、粉条气味与滋味的感官鉴别时，可取样品直接嗅闻，然后将粉丝或粉条用热水浸泡片刻再嗅其气味，再将泡软的粉丝或粉条放在口中细细咀嚼，品尝其滋味。良好粉丝、粉条应是气味和滋味均正常，无任何异味。较差粉丝、粉条为平淡无味或微有异味。劣质粉丝、粉条有霉味、酸味、苦涩味及其他外来滋味，口感有砂土存在。在选购时应首先选择正规商场和较大的超市。购买时可从感官上进行观察，注意是否有霉变，包装是否结实、整齐美观，包装上是否标明厂名、厂址、产品名称、生产日期、保质期、配料等内容。

参考文献

[1] 杜连启, 王爱云. 粉丝生产新技术[M]. 2 版. 北京: 化学工业出版社, 2011.

[2] 陈光. 淀粉与淀粉制品工艺学[M]. 2 版. 北京: 中国农业出版社, 2017.

[3] 曹龙奎, 李凤林. 淀粉制品生产工艺学[M]. 北京: 中国轻工业出版社, 2013.

[4] 余平, 石彦忠. 淀粉与淀粉制品工艺学[M]. 北京: 中国轻工业出版社, 2013.

[5] 高嘉安. 淀粉与淀粉制品工艺学[M]. 北京: 中国农业出版社, 2001.

[6] 王裕欣, 肖利贞. 甘薯产业化经营[M]. 北京: 金盾出版社, 2008.

[7] 张聚茂, 迟献. 粉丝加工[M]. 北京: 中国轻工业出版社, 2001.

[8] 杨君敏, 郭兰堂, 于智军. 龙口粉丝生产工艺与配方[M]. 北京: 中国轻工业出版社, 2007.

[9] 史晓云, 梁艳, 檀琮萍, 等. 变性淀粉应用于粉丝中的研究进展[J]. 山东食品发酵, 2015(1): 23-27.

[10] 杨金玲, 张娟, 丁锡强. 龙口粉丝的晾晒与气象条件的关系研究[J]. 安徽农业科学, 2012(9): 5357-5358, 5659.

[11] 刘军朝, 刘志毅, 陈晓文. 豌豆粉丝生产工艺[J]. 现代农业科技, 2015(21): 299, 302.

[12] 刘文鼎, 曾凡逸. 酸浆法生产粉丝的工艺特点及其设备改进[J]. 农业工程技术(综合版), 2016(8): 61-64.

[13] 舒巧云. 鹿亭农家手工番薯粉丝生产及制作工艺简介[J]. 浙江农业科技, 2017(4): 32.

[14] 刘建平. 南陵县茶林村山芋粉丝制作工艺[J]. 现代农业科技, 2021(14): 227-228.

[15] 丘春平, 李义辉, 谢彩锋, 等. 木薯粉丝的研制及工艺优化[J]. 中国食品添加剂, 2016(9): 156-163.

[16] 雷霞, 丁翻弟, 吴茂江. 西北农家马铃薯粉丝的加工技术[J]. 现代农业, 2013(7): 17.

[17] 李佑江. 葛根蕨根保健粉丝加工技术[J]. 农家科技, 1999(10): 30-31.

[18] 金玲. 用菜素加工粉丝技术[J]. 生意通, 2011(5): 113.

[19] 李丽, 文卓琼, 桂震, 等. 菱角复合粉丝的制备及品质研究[J]. 食品科技, 2016(10): 74-78.

[20] 陈春旭, 杜传来, 高红梅, 等. 一种发芽苦荞粉丝制作工艺的研究[J]. 农产品加工, 2020(4): 22-26.

[21] 张卓, 谢新华, 杨峰. 南瓜红薯营养粉条生产工艺[J]. 农产品加工, 2011(10): 130-131.

[22] 王蕊. 魔芋蚕豆粉条加工工艺[J]. 江苏食品与发酵, 2007(4): 29-31.

[23] 吴仲珍, 刘治江, 李育生, 等. 无矾魔芋红苕粉条的研制及加工工艺[J]. 安徽农业科学, 2013(24): 10122-10124.

[24] 李旋. 无添加纯红薯粉条加工技术[J]. 农技服务, 2017(11): 28.

[25] 王晓芳, 邓瑶筠, 龚霄, 等. 竹笋超微粉无矾木薯粉条加工技术[J]. 热带农业工程, 2016(5/6): 27-28.

[26] 廖彪, 王浩东. 天然富硒无矾魔芋红薯粉条生产工艺的优化[J]. 贵州农业科学, 2018(1): 94-96.

[27] 岳晓霞, 王梁, 刘广, 等. 五种食品添加剂对马铃薯粉丝品质特性的影响[J]. 中国调味品, 2013(10): 32-35.

[28] 彭湘莲, 付红军, 冯伟. 魔芋粉丝的研制及感官评价[J]. 中南林业科技大学学报, 2012(6): 192-196.

[29] 王家良, 周光远, 王改玲. 无矾红薯粉丝的研制及加工工艺[J]. 食品与发酵工业, 2008(12): 94-97.

[30] 苏晶, 姜英杰, 陈玉波. 无矾粉丝复合添加剂的研制[J]. 食品研究与开发, 2013(9): 133-136.

[31] 史晓云, 梁艳, 檀琮萍, 等. 变性淀粉应用于粉丝中的研究进展[J]. 山东食品发酵, 2015(1): 23-27.

[32] 陶瑞霄, 张海均, 贾冬英, 等. 薯类粉条粉丝加工中明矾替代物的研究进展[J]. 粮食与饲料工业, 2012(2): 39-41.

[33] 鄂晶晶, 张晶, 雒帅, 等. 无矾粉条、粉丝明矾替代物的研究进展[J]. 中国食物与营养, 2019(3): 19-24.

[34] 李彩霞, 陈天仁, 高慧娟. 无矾粉丝的研制及加工工艺[J]. 农产品加工, 2016(4): 28-30, 32.

[35] 赵萌, 王珊, 沈群, 等. 红薯淀粉与绿豆淀粉复配粉条的工艺研究[J]. 食品研究与开发, 2017(12): 58-63.

[36] 刑丽君, 木泰华, 张苗, 等. 紫薯全粉添加量对甘薯淀粉物化特性及粉条性质的影响[J]. 核农学报, 2015(3): 484-492.

[37] 杨志华, 王德宝, 李美君, 等. 焦磷酸钠无矾粉条的研制及品质特性分析[J]. 食品科技, 2015(4): 241-247.

[38] 索海英, 德力格尔桑, 张航. 无明矾马铃薯粉丝制作工艺及其性能的研究[J]. 粮食与食品工业, 2011(2): 27-30.

[39] 王洋, 张兆丽. 无矾绿豆粉丝加工工艺研究[J]. 中国果菜, 2015(6): 26-29, 33.

[40] 成玉梁, 朱相忠. 无矾紫薯粉条的研制[J]. 食品工业, 2012(9): 56-58.

[41] 程丽英, 任红涛, 王慧荣, 等. 无矾马铃薯粉丝改良剂的研究[J]. 食品与机械, 2018(6): 216-220.

[42] 杜杰, 钟耀广, 田燕楠, 等. 响应面法优化玉米无矾粉丝加工工艺及品质研究[J]. 山东农业大学学报(自然科学版), 2018(3): 449-455.

[43] 李娟, 魏春红, 李兴革. 复合食用胶对无矾马铃薯淀粉粉丝品质的影响[J]. 黑龙江八一农垦大学学报, 2011(6): 60-63.

[44] 孙琛, 曹余, 何绍凯, 等. 两种酯化变性淀粉用于无明矾粉丝的制作研究[J]. 粮食与饲料工业, 2013(9): 35-38.

[45] 杨文英, 张盛贵, 何绍凯, 等. 马铃薯磷酸酯双淀粉的制备及在无矾粉丝中的应用[J]. 粮油加工, 2017(1): 44-46.

[46] 杨海龙. 鲜湿红薯粉丝品质改进研究[D]. 郑州: 河南农业大学, 2015.

[47] 张永强, 于学聪, 张建波, 等. 明矾替代物生产马铃薯淀粉粉丝的研究[J]. 食品研究与开发, 2012(4): 96-99.

[48] 苏晶, 姜英杰, 陈玉波. 无矾粉丝复合添加剂的研制[J]. 食品研究与开发, 2013(5): 133-136.

[49] 李敏, 吴卫国, 杨韵. 无矾红薯粉丝加工工艺研究[J]. 农产品加工(学刊), 2014(3): 30-34.

[50] 董静, 王利国, 姚妙爱. 无矾淮山药红薯粉丝的研制[J]. 食品工业, 2019(5): 79-81.

[51] 田龙, 杜敏华. 干法制备交联淀粉磷酸酯的工艺优化[J]. 粮食加工, 2006(6): 79-81.

[52] 李小婷, 宿丹萍, 沈群. 磷酸盐对甘薯粉丝品质的改进[J]. 食品科技, 2011(6): 200-204.

[53] 杜小燕, 吴晖, 赖富饶. 变性淀粉—明胶复合软糖的生产工艺研究[J]. 食品科技, 2013(12): 117-121.

[54] 高群玉, 黄立新, 林红, 等. 糯米及其淀粉性质的研究—糯米粉和糯米淀粉糊性质的比较[J]. 郑州粮食学院学报, 2000(1): 22-26.

[55] 孙震曦, 木泰华, 马梦梅, 等. 无明矾薯类鲜湿粉条的加工工艺优化及其理化特性[J]. 现代食品科技, 2020(12): 153-159.

[56] 张灿, 曾雪丹, 蒋光阳, 等. 鲜湿马铃薯粉条中明矾替代物的筛选[J]. 中国粮油学报, 2019(10): 95-100.

[57] 孟凡玲, 梁志刚, 张春英. 无矾马铃薯粉丝加工研究[J]. 科技创新与应用, 2014(5): 34.

[58] 高慧娟, 陈天仁, 李彩霞, 等. 无矾马铃薯粉丝生产工艺研究[J]. 粮食与油脂, 2015(7): 173-176.

[59] 董彦夫. 无矾绿豆粉丝制备及其品质改良技术研究[D]. 长春: 吉林农业大学, 2018.

[60] 杨海龙, 谢新华, 艾志录. 保鲜红薯粉丝的加工工艺研究[J]. 农产品加工(学刊), 2014(3): 36-38.

[61] 陈丽娟. FC-120 型多功能水晶粉丝机[J]. 农村百事通, 2015(24): 59.

[62] 科阳. GD-T-1 型高效粉丝机[J]. 农村百事通, 2013(5): 57.

[63] 郝青龙, 张斌, 张朋. 粉丝自动分拣称重装置设计[J]. 工业仪表与自动化装置, 2020(3): 118-120, 131.

[64] 上海酿造科学研究所. 发酵调味品生产技术[M]. 北京: 中国轻工业出版社, 2007.